U0573127

集人文社科之思 刊专业学术之声

集 刊 名：中国美学
主办单位：首都师范大学文学院
主　 编：邹　华

CHINESE AESTHETICS VOL.16

第16辑

集刊序列号：PIJ-2016-165
中国集刊网：www.jikan.com.cn/中国美学
集刊投约稿平台：www.iedol.cn

中文社会科学引文索引（CSSCI）来源集刊
AMI（集刊）入库集刊
中国学术期刊网络出版总库 CNKI 收录
集刊全文数据库（www.jikan.com.cn）收录

邹华主编

中国美学

Chinese
Aesthetics
Vol.16

主办单位

首都师范大学
文学院

第16辑

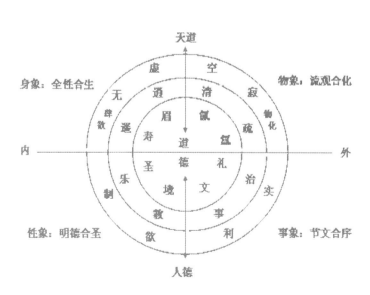

社会科学文献出版社
SOCIAL SCIENCES ACADEMIC PRESS (CHINA)

编委会

主编的话

本辑收录了欧阳祯人主持的"陆王心学美学思想研究"专题。欧阳祯人的文章从良知学的前提、本体、境界三个方面探讨了阳明心学的审美体征；文章既对阳明学进行溯源，揭示其历史厚重感，又对具体的论题进行了深入的探讨。杨永涛的文章以"气质"作为考察陆象山美学思想的重要角度，系统论述了象山人学天人贯通、上下浑一、表里一致的特点，内容条理清晰。李想的文章探讨了阳明学派中何谓美、美的载体与美的类型等问题，具体分析了阳明及其后学有关变化气质的论述，归纳出阳明学的衍化所呈现的不同类型的美，角度较为新颖。崔亮亮的文章则聚焦中晚明时期阳明学派的重要学者杨复所，对其学说中的"生""虚""身"等概念进行了系统论述。以上专题文章既有对阳明学美学思想的宏观把握，又有具体的理论研究，并从"气质"这一角度进行了有说服力的论述，推进了当前心学美学的研究。

在"中国古代美学研究"栏目中，杨宁的文章系统梳理了戴震思想在当代阐释的四种理论框架，在此基础上，讨论了从美学视角研究戴震思想的可能性；文章是对当代戴震研究的一种理论反思，值得我们关注。邹茜的文章引入作者的阅读视角，对陆机的《文赋》进行新的解释，进而探析其写作美学价值。黎臻的文章从庄子的"体道"思想出发，认为"体道"在《文心雕龙》中具体表现为艺术创作论中的审美进程，"意象"则是"体道"的最终艺术显现；文章逻辑清晰，论证有力。王启迪的文章认为庄子的"散"思想是中国古代美学重要范畴"萧散"的理论根源，它决定了"萧散"的精神内核与意涵走向；文章选题新颖，论证全面。刘伟的文章考察了葛洪《抱朴子》对美的认识以及在此基础上形成的文章风格论，对我们重新思考葛洪的美学史地位具有一定的启发意义。

"中国古代审美文化研究"栏目刊出三篇文章。张兵、王维的文章从图文关系的角度研究了清初的一种特殊文本形态——文人雅集图像及其题咏诗文，选题新颖，资料翔实。丁利荣的文章围绕《听琴图》探讨了宋代的插花及其蕴含的美学精神；文章从形式、哲理、功能三个层面分析了宋代插花美学中的美、真、善三个维度。曾婷婷的文章研究了李渔美学中的"态"范畴，认为"态"是认识古代女性审美观的重要视角，并对古代女性的生活美学进行了较为全面的探讨。以上三篇文章，既有审美文化的感性描绘，又有美学理论的深入思考，值得一读。

在"中国现代美学研究"栏目中，刘阳的文章反思了当代中国生存论美学中对"陌生化"这一概念的阐释，认为这些阐释存在诸多疑点，进而试图在当代"事件思想"中寻找将其激活的可能路径；文章观点新颖，逻辑严密。罗卫平的文章从问题意识、情理关系、生命诗意与境界超拔、直透的观照方式等方面，对"诗哲"方东美的审美主义哲学建构进行了论述，对在科技高速发展时代反思人的生存境域有一定启发意义。

"中日美学交流"栏目刊出一篇访谈和两篇研究文章。围绕着当下数字游戏这一美学的新领域，张莹对东京大学教授、日本美学会会长吉田宽进行了采访；访谈内容新颖，见解独特，具有启发性。李妍、杨光的文章较为全面地探讨了日本艺术教育家阿部重孝的艺术教育思想，并梳理了他对吕澂等中国学者的影响，在一定程度上填补了国内对阿部重孝艺术教育思想专门研究的空白。张旎的文章主要探讨了日本美学家中井正一的艺术时间观，认为其时间观与日本文化中"间"的概念密切相关，这一理论拓展、丰富了东亚现代艺术的时间理论，对世界美学和中国美学的理论建构具有一定的借鉴意义。

"北京审美文化研究"栏目刊出文章为方兆力对北京题材电视剧中经典胡同意象的研究。该文运用中国古代美学的"游观"理论，分析了长镜头是如何表现北京的"胡同"空间，并最终赋予观众沉浸式"具身游走"与静观的美学视觉效应的。

"书评"栏目刊出薛富兴的文章，他从中国美学的学科意识自觉与学术方法等角度出发，对朱志荣的《中国古代美学思想研究方法论》一书作了比较中肯的评价。

本辑执行编辑廖雨声。

邹华

2024 年 7 月 15 日

目 录

中国现代美学研究

中日美学交流

北京审美文化研究

书　评

专题　陆王心学美学思想研究　◀

主持人语

欧阳祯人

　　由陆象山导乎先路，王阳明集其大成的陆王心学具有丰富的美学思想。陆王心学是传承先秦儒家思想，融合儒释道，千里伏脉而来的独特理论体系。它以"心即理"为灵魂，以"知行合一"为思维方式和行为方式，在个体致其良知之省察克治、进德修业之中达成天地万物一体之仁，由此构成了陆王心学独特的审美特质。陆王心学因为是建立在"心即理"基础之上的，它的审美质素是不言而喻的。它追求的就是我的灵明与天地万物的感通，是心外无事、心外无理、心外无美的当下呈现。本专辑中欧阳祯人的《论良知之学的审美透视》一文，从天地万物一气流通、"乐"是良知的本体、致良知就是致中和三个方面研究了良知学的审美特征，在天人合一的整体背景下，分析了良知之学"乐"的独特性和审美价值。杨永涛的《象山人学之美的三重意蕴》一文从三个层面讨论了象山的人学之美：通过表征"本心"的人人具足、纯粹至善，强调人的气质之美，并提出涵养人气质之美的诸多工夫；通过阐发圣贤之道的心所同然，共进而至，超克人与人之间道德互动的时空障碍，进而体现出里仁之美；通过下学上达，以《易传》《中庸》的人文特质展现人道与天道相互激荡所蕴含的溥博渊泉的天人之美。李想的《良知与气质：论阳明学派中的美学之维》则细致讨论了致良知是践行"充实之谓美"、知情意合一交融的过程。并且从良知学的演化导致阳明后学不同的美学类型：王阳明之学莹彻与温厚，王畿则偏向高洁与空灵，聂豹更趋向荒冷与静穆，罗汝芳则侧重温醇之象等，精彩纷呈。崔亮亮的《杨复所心性说的美学意蕴》讨论了阳明后学杨复所继承陈白沙的"致虚"之说，进而发扬了泰州学派重身的传统以及罗汝芳注重《周易》复卦的学风，标举"心如谷种"的著名观点，豁显了心性的生生之美和无执不滞、虚通灵妙之美。文章还着重讨论了杨复所强调心性不离身形、耳目乃是真心之发窍，形色即是天性，心与身浑融一如的审美特色。

论良知之学的审美透视[*]

欧阳祯人^{**}

摘要：阳明心学的身、心、意、知、物是通过未发之中到已发之和的体用不二、一气流通。虽然思想的展示是因病立方、有的放矢、渐顿交错，而以顿为主的理论形式表现为性灵激荡、物我涵泳、合外内之道的当下良知呈现，但是时时刻刻与天地宇宙相续相联。所以，"乐"是良知的本体。即使"大故"当前，恶病缠身，百死千难，我们依然至死不变，而且简易直截、轻快洒脱。和乐就是工夫。这正是审美主体的前提。当个体的良知之心已经惟精惟一、勿助勿忘、荒漠无朕、至大至刚的时候，我们就已经抵达了未发之中、无声无臭、於穆不已的中和境界。致良知就是致中和。中和之美，是儒家美学的最高境界，更是阳明心学继承与发展先秦儒家思想的典范。

关键词：良知之学　先秦儒学　阳明心学　审美向度　一气流通

阳明良知之学的基本前提是心即理，是仁义礼智与四端之心整全性的投入，是天理之性与气质之性由"未发"到"已发"的一气流通、一体贯注，显发于心，落实于事事物物的当下呈现。在心即理的框架之下，以知行合一为途径，以致良知为目的，在追求良知之心诚纯无朕、惟精惟一、简易直截的同时，体用一贯、本末一贯、动静一贯奠定了"致良知"理论

* 本文系国家社会科学基金冷门绝学专项学术团队重大项目"钱绪山学派、龙溪学派与近溪学派文献整理及思想研究"（22VJXT001）阶段性成果。

** 欧阳祯人，武汉大学中国传统文化研究中心教授，博士生导师，主要研究方向为儒家哲学、陆王心学。

的思维模式和行为模式。阳明学的这种心即理的理论模式把四端之心与七情六欲裹挟起来整体性推出，使阳明的良知之学具有了审美的特征与性质。于是，良知之学就理所当然地产生了审美的维度。

一　天地万物一气流通

阳明曰："身之主宰便是心；心之所发便是意；意之本体便是知；意之所在便是物。如意在于事亲，即事亲便是一物；意在于事君，即事君便是一物；意在于仁民爱物，即仁民爱物便是一物；意在于视听言动，即视听言动便是一物。所以某说无心外之理，无心外之物。"① 一切视、听、言、动的发用都源于"心"之主宰。"身之主宰"的"心"通过身体的视、听、言、动决定了"知"的取向，这就同时形成了"意"的本体。我的"意"投向哪里，我的"心"与"知"就投向哪里，就涵摄到哪里，于是，只有被我的心灵投射、涵摄到的东西才能够成为我心中的"物"。我与物之间本来相续相联，它是我主体性的一个组成部分，更是天地万物的一个组成部分。我们的人生过程就是这样在一次又一次地投射、涵摄中重组而构成交融的不同景象。换言之，只有把审美的维度加入进来，良知之学的研究才能够真正通透起来。

王阳明的这种表述与先秦时期的儒学其实是一脉相承的。郭店楚墓竹简《性自命出》曰："凡见者之谓物，快于己者之谓悦。"② 先秦儒家认为，这个"物"并不是独立于我的情感意识之外的存在，只有被我的意识所关注，并且引起了我的快感、美感、愉悦的事物，在我的意识世界中才能够称之为"物"，而且，也只有这个特殊的"物"才能够在我的意识世界、情感世界引起独特的诠释角度和理解性的重组，同时成为我主体意识的一个组成部分。所以，王阳明"意之所在便是物"的观点，由来有自，在先秦儒学思想中是根深蒂固的观点。"无心外之理，无心外之物"与其说是体用不二、心与理一，还不如说是人的情感投入、主体的涵摄，也就是"心即理"的理论导向展现在事事物物之中的当下呈现，不仅呈现了人之所以为人的良知之心，而且点石成金，带动人的快感与美感。致良知的工夫既要

---

① （明）王守仁撰，吴光等编校《王阳明全集》第 1 册，浙江古籍出版社，2011，第 6 页。
② 李零：《郭店楚简校读记》（增订本），中国人民大学出版社，2007，第 136 页。

求内心的允执厥中，省察克治，同时也在轻快洒脱之中追求孔颜乐处的境界。①

　　虽然这个"心即理"是有"未发之中"的天理作为底蕴的，但是，从王阳明的表述中，我们看到的"当下呈现"时时刻刻丝毫都没有脱离事事物物，通过事事物物也就是时时刻刻贯注了道义的提升、情感的激发和审美的升华，毫无疑问，其中同时充盈了人的道德情操和审美情感。这就是阳明心学从思想体系上对人之所以为人的尊重之处。王龙溪说："'人生而静，天之性也'，物者因感而有，意之所用为物。意到动处，便易流于欲。故须在应迹上，用寡欲功夫。寡之又寡，以至于无，是之谓格物。非即'以物为欲'也。夫身心意知物，只是一物；格致诚正修，只是一事。身之主宰为心，心之发动为意，意之明觉为知，知之感应为物。正者正此也，诚者诚此也，致者致此也，格者格此也。"② 这段表述与王阳明的相关思想可谓一脉相承，但是王龙溪更强调做足寡欲的工夫，要"寡之又寡，以至于无"，把一切私心涤荡干净，才能够真正达到"身心意知物，只是一物；格致诚正修，只是一事"的高度。所以，从审美的角度上看，王龙溪更接近审美的纯粹与圣洁，充满了物与身、心、意、知等各个方面的"感应"。值得重视的是，对王龙溪的相关论述后人多有批评，但是在笔者看来，从审美的角度出发，他的相关论述更加接近先秦儒家正宗经典《礼记·大学》："身有所忿懥，则不得其正；有所恐惧，则不得其正；有所好乐，则不得其正；有所忧患，则不得其正。心不在焉，视而不见，听而不闻，食而不知其味。"③《大学》是从诚意、正心和修身的正面角度来讨论人心的喜怒哀乐与外物在感知过程中出现的变形问题。《大学》的作者所描述的"正心"的精神状态，只能在"寡之又寡，以至于无"的前提下才能够出现。孟子继而指出："养心莫善于寡欲。其为人也寡欲，虽有不存焉者，寡矣；其为人也多欲，虽有存焉者，寡矣。"④ 此时此刻，我们深刻体会，《大学》的"正心"与孟子的"寡欲"其实是相通的。这种理论思路完全被王阳明与王龙溪所继承，并且有了重要的发展。因为，从主观上，王阳明与王龙

---

①　见（明）王守仁撰，吴光等编校《王阳明全集》第1册，浙江古籍出版社，2011，第114页，王汝中、省曾侍坐条。
②　吴震编校整理《王畿集》，凤凰出版社，2007，第163页。
③　（宋）朱熹撰《四书章句集注》，中华书局，1983，第8页。
④　（宋）朱熹撰《四书章句集注》，中华书局，1983，第374页。

溪并非以寡欲为目的，在批评佛道清心寡欲为自私自利的同时，他们提倡的是廓然大公，是在知行合一基础之上致其良知，是充满情感、带着节奏的。王阳明与王龙溪都把传统的认识论落实到了道德实践论，又把道德实践论提升成了百感交集的审美活动。由此导致了中国传统儒家哲学完全提升为行动的哲学，乃至人生的美学、生活的美学。三大纲领、八大条目的理论目标在孔子的思想体系中，最终归结为"吾与点也"的审美状态，而王阳明、王龙溪的心学正是深度的继承了这一思路，运用天地万物一体流行的手法，把儒家哲学与审美过程完全通透地融合起来，使之成为一种审美性的哲学体系。

《系辞上传》云："易无思也，无为也，寂然不动，感而遂通天下之故，非天下之至神，其孰能与于此？"① 章太炎亦云："《易》无体而感为体。人情所至，惟淫泆搏杀最奋，而圣王为之立中制节。"② 无思无为，寂然不动，感而遂通天下万事万物，以此立中制节，这是中华文化的根本，也是王阳明致良知理论的核心要义。于此，王阳明把先秦儒学的相关思想推向了极致。

> 问："人心与物同体，如吾身原是血气流通的，所以谓之同体。若于人便异体了，禽兽草木益远矣，而何谓之同体？"先生曰："你只在感应之几上看，岂但禽兽草木，虽天地也与我同体的，鬼神也与我同体的。"请问。先生曰："你看这个天地中间，什么是天地的心？"对曰："尝闻人是天地的心。"曰："人又什么教做心？"对曰："只是一个灵明。""可知充天塞地中间，只有这个灵明，人只为形体自间隔了。我的灵明，便是天地鬼神的主宰。天没有我的灵明，谁去仰他高？地没有我的灵明，谁去俯他深？鬼神没有我的灵明，谁去辨他吉凶灾祥？天地鬼神万物离却我的灵明，便没有天地鬼神万物了。我的灵明离却天地鬼神万物，亦没有我的灵明。如此，便是一气流通的，如何与他间隔得？"③

---

① （宋）朱熹撰《周易本义》，中华书局，2009，第 238 页。
② 章太炎：《易论》，载傅杰编校《章太炎学术史论集》，中国社会科学出版社，1997，第 94 页。
③ （明）王守仁撰，吴光等编校《王阳明全集》第 1 册，浙江古籍出版社，2011，第 136 页。

　　虽然这段文字的灵魂只是一个"感"字，但是思想更为深刻，气象更为辽阔，立意更加高远，打穿了先秦儒学与阳明心学的山川隔阻。美学史家刘纲纪先生指出："情感的表现是中国古代艺术哲学的核心。"① 但是，王阳明超越了个体独立的情感问题，实现了人与世界、与宇宙的感通。既然人是天地鬼神万物之心，那么，人心的主宰就是个体的灵明，于是"我的灵明，便是天地鬼神的主宰"。杳邈的天高地厚，鬼神的吉凶灾祥，万物的溥博渊泉都不能离开我的灵明，因为离开我的灵明之后，谁去感受到它们的存在呢？同时，我的灵明也不能离开天高地厚、鬼神、万物而存在。因为我的灵明必须依托于天地万物、鬼神吉凶，它才能具有天命性情不断流转的活性渊源。所以，天高地厚、鬼神万物与我们的灵明是不能间隔的，是一气流通的，是古今一日、圣凡一贯的。空间、时间都被王阳明打通了。所以，王阳明说："圣人只是顺其良知之发用，天地万物，俱在我良知的发用流行中，何尝又有一物超于良知之外，能做得障碍？"② "须要时时用致良知的功夫，方才活泼泼地，方才与他川水一般。若须臾间断，便与天地不相似。此是学问极至处，圣人也只如此。"③ 正是由于天地万物都在我的良知之发用流行之中，所以，我的生命才能活泼泼，犹如长江、黄河的流水一样，没有丝毫的间断，奔腾不息。即使是圣人也不过如此。

　　这样的思路和理论格局就奠定了一个宇宙的前提和审美的基础。阳明曰："你未看此花时，此花与汝心同归于寂。你来看此花时，则此花颜色一时明白起来。便知此花不在你的心外。"④ 这个故事告诉我们，致良知的时候，往往就是审美情感"一时明白起来"，是我的灵明与天地万物的共鸣，并达到极致的时候。不仅"此花"不在我的心外，整个天地宇宙都不在我的心外。明道先生曰："天地之间，只有一个感与应而已。"⑤ 王阳明深受启发。所谓致其良知的当下，在很多情况下就是审美情感交集"感"与"应"的艺术效果。王阳明上述"天地灵明"之论，都是在讲述一个"感"与"应"的问题，它的背景是天地万物的一气流通，"一时明白起来"。这种审美的精神与西方哲学主客观彼此对立的状态其实相去甚远。康德说："一个

① 刘纲纪：《艺术哲学》，湖北人民出版社，1986，第586页。
② （明）王守仁撰，吴光等编校《王阳明全集》第1册，浙江古籍出版社，2011，第117页。
③ （明）王守仁撰，吴光等编校《王阳明全集》第1册，浙江古籍出版社，2011，第113页。
④ （明）王守仁撰，吴光等编校《王阳明全集》第1册，浙江古籍出版社，2011，第118页。
⑤ 陈荣捷：《近思录详注集评》，华东师范大学出版社，2007，第25页。

审美判断在其种类上是惟一的，并且绝对不提供关于客体的任何知识（哪怕是一种含混的知识），这后一种情况惟有通过逻辑判断才发生；与此相反，审美判断使一个客体借以被给予的那种表象仅仅与主体发生关系，并且不是使人注意对象的性状，而是仅仅使人注意在规定致力于对象的表象力时的合目的的形式。"① 这个观点貌似与中国先秦儒学、阳明心学相似、相通，其实有根本的区别。因为康德和海德格尔注重的是主体的意识对客体的投射，主体与客体之间是彼此阻隔的，而中国哲学，特别是阳明学讲的是天地万物一气流通，天与人、心与理、我与物、我与万物都是感应相通的。这种思维模式与我们在中国的艺术作品之中感受到的审美体验是一致的。在全世界，自古及今，在世界所有哲学体系中，中国式的思维模式、认知模式和行为模式都是极其特殊的。

二 "乐"是良知的本体

阳明指出，我们每一个人都可以抵达良知之境，通过修习的工夫，都可以抵达圣贤的境界、"至善"的境界，而且是绝对的圣洁的境界。虽然可能经历种种百死千难，但终究是简易直截、轻快洒脱的，甚至是与我们所处的世界审美交融的，因为天地之大美就是"乐"，于是，人之所以为人的本体就是"乐"。相关描写见于下面的对话。

> 乐是心之本体，虽不同于七情之乐，而亦不外于七情之乐。虽则圣贤别有真乐，而亦常人之所同有。但常人有之而不自知，反自求许多忧苦，自加迷弃。虽在忧苦迷弃之中，而此乐又未尝不存。但一念开明，反身而诚，则即此而在矣。②
>
> 九川卧病虔州。先生云："病物亦难格，觉得如何？"对曰："功夫甚难。"先生曰："常快活便是功夫。"③

这种"乐"的心之本体既超越了七情六欲，又在七情六欲之中。既是

---

① 康德：《判断力批判》，载李秋零主编《康德著作全集》第5卷，中国人民大学出版社，1990，第236页。

② （明）王守仁撰，吴光等编校《王阳明全集》第1册，浙江古籍出版社，2011，第76页。

③ （明）王守仁撰，吴光等编校《王阳明全集》第1册，浙江古籍出版社，2011，第103页。

未发之中，又是已发之和，二者相续相联，体用不二，浑然天成。圣贤有此真乐，常人只要努力，亦有此真乐。对于一位追求良知之心的君子来讲，他认为即使是家里发生"大故"①、即使是受到各种病痛的折磨，都是对我的锤炼，无法动摇我本体之"乐"的拓展与稳定。这当然是致良知之后的精神境界。阳明的意思是，不论困难有多大、灾难有多沉重、环境有多险恶，我们都要保持恒常的、超越的本体之乐，因为这是天人冥合的本真状态。我们如果本体不"乐"，就无法面对艰难险阻，也就不可能做一个顶天立地的人。阳明的良知之心的本质就是诚纯简易、轻松晓畅、明白快活，富有审美性、艺术性的加持。阳明说："琴、瑟、简编，学者不可无。盖有业以居之，心就不放。"② 这句话看似说的是琴、瑟、简编，其实说的是良知的工夫。他是说学者在读书之余，可以用琴、瑟、简编作为牵引；士农工商有自己的工作，如果与人为善，惟精惟一，专心致志，像庖丁解牛一样沉醉于自己的工作，同样可以通过各位的工作把自己的良知之心收拾起来，把工作做成进德修业的道场。可惜很多人却"反自求许多忧苦，自加迷弃"，为了蝇头小利，心气浮躁而得陇望蜀，失却了做人的本体之"乐"。通过这些文字的引证，笔者是要带领大家到更深层次的地方领略阳明心学的审美性质。孟子曰："仁言，不如仁声之入人深也。善政，不如善教之得民也。"③ 与王阳明的观点性质相通，孟子是在讲由乐教进入仁的美德，而王阳明是在讲由乐教进入致良知的境界。前者具有古典的精英雅致，后者则更具有穿越现实各阶层的针对性、实践性。

王阳明的根本观点是，我们人人都有天植的灵根，心中都有一颗圣人之心。只要这颗"圣人之心"没有被遮蔽，人们积极向上，自然小德川流，大德敦化，溥博渊泉，就会无声无臭，於穆不已，显发出来。即使是盗贼的心中也原本是有那圣人之心的，就像天上的太阳被云雾遮蔽了一样，只要他有机缘省察克治，悔过迁善，就会云雾散去，那圣人的心就像阳光一样，在那个盗贼身上逐渐显发出来。阳明反复说："天下无不可化之人。"④即使是在江西担任南赣巡抚的时候，王阳明也没有放弃对被裹挟的、期盼改过自新的土匪的挽救。所以，王阳明特别推崇《中庸》未发之中、已发

---

① （明）王守仁撰，吴光等编校《王阳明全集》第1册，浙江古籍出版社，2011，第122页。
② （明）王守仁撰，吴光等编校《王阳明全集》第1册，浙江古籍出版社，2011，第125页。
③ （宋）朱熹撰《四书章句集注》，中华书局，1983，第360页。
④ （明）王守仁撰，吴光等编校《王阳明全集》第3册，浙江古籍出版社，2011，第936页。

之和，以及《论语》中孔子"一以贯之"的理论体系，承前启后，发挥得非常好。

> 问："古人论性，各有异同，何者乃为定论？"先生曰："性无定体，论亦无定体，有自本体上说者，有自发用上说者，有自源头上说者，有自流弊处说者。总而言之，只是一个性，但所见有浅深尔。若执定一边，便不是了。性之本体原是无善无恶的，发用上也原是可以为善，可以为不善的，其流弊也原是一定善一定恶的。譬如眼，有喜时的眼，有怒时的眼，直视就是看的眼，微视就是觑的眼。总而言之，只是这个眼，若见得怒时眼，就说未尝有喜的眼，见得看时眼，就说未尝有觑的眼，皆是执定，就知是错。孟子说性，直从源头上说来，亦是说个大概如此。荀子性恶之说，是从流弊上说来，也未可尽说他不是，只是见得未精耳。众人则失了心之本体。"问："孟子从源头上说性，要人用功在源头上明彻；荀子从流弊说性，功夫只在末流上救正，便费力了。"先生曰："然。"①

这段文字的高妙处在于，它表面是在讨论古往今来的"性"，但骨子里却依托于"未发之中"的本体，前后照应，在文脉上成为一个主体。在这里，王阳明敢于批评孟子"收放心"的"费力"，敢于冒天下之大不韪，犯了程朱理学的忌讳，为荀子说了一句公道话。这正是阳明的过人之处。这段文字的核心，是阳明展示了他致良知的理论依托于《周易》《中庸》的理论根源。融汇佛道，提出了"性之本体原是无善无恶的"超体，是性之至善。虽然他深受孟子的影响，但是他的观点与孟子的性善论有着根本的区别。此其一。王阳明反对一切形式的"执定一边"。这正是良知之心的基本形态。阳明认为，"未发已发"本为一体，切不可分成两截说性，如果人的性是一口巨大的钟，那么"未扣时原是惊天动地，既扣时也只是寂天寞地"②。未扣时本身就与生俱来，拥有圣人之心，吾性自足，存神过化，忠恕之道，一以贯之，所以"惊天动地"；已发之后，则能涵化一切，荒漠无朕，"寂天寞地"，断绝一切偏见短视，处变不惊，风吹沙打不迷。此其二。

---

① （明）王守仁撰，吴光等编校《王阳明全集》第 1 册，浙江古籍出版社，2011，第 126 页。
② （明）王守仁撰，吴光等编校《王阳明全集》第 1 册，浙江古籍出版社，2011，第 126 页。

阳明的良知之学纯任天然，从未发之中到已发之和，体用不二的一体流行是天命之性的下贯流转。阳明认为，致良知的工夫只能在事事物物的行动之中呈现出来。犹如埋锅造饭，次第先后，井然有序，"必有事焉"①。阳明心学自始至终都是一种地地道道的、建立在进德修业基础之上的行动哲学，是良知的呈现，更是灵感的激发，而且始终是主体与对象、灵明与天地万物的精神交融、激荡。这就是他对"孔曾思孟"以及荀子的继承，是在新的时代的具体情况下的发展与提升。此其三。

正因为是纯任天然，天命性情的下贯，所以阳明认为，人的本性具有溥博渊泉、於穆不已的快乐本质，因此审美的特色就是人之所以为人的本质属性。整个良知之心的工夫，都是快乐的，也是简单直接、轻松自然的，上下与天地同流。

> 庚辰往虔州，再见先生，问："近来功夫虽若稍知头脑，然难寻个稳当快乐处。"先生曰："尔却去心上寻个天理，此正所谓理障。此间有个诀窍。"曰："请问如何？"曰："只是致知。"曰："如何致？"曰："尔那一点良知，是尔自家底准则。尔意念着处，他是便知是，非便知非，更瞒他一些不得。尔只不要欺他，实实落落依着他做去，善便存，恶便去。他这里何等稳当快乐。此便是格物的真诀，致知的实功。若不靠着这些真机，如何去格物？我亦近年体贴出来如此分明，初犹疑只依他恐有不足，精细看无些小欠阙。"②

阳明认为，良知的功夫有一个"真机"，这就是"格物致知"的依靠。只要抓住了这一依靠，就可以踏踏实实，就可以稳当快活，就可以为善而去恶、去恶而存善。关键是至诚无息，惟精惟一，不要自欺，进而欺人。只要在自家的良知面前踏踏实实，不要隐瞒，体贴分明，真诚面对，"是便知是，非便知非"，自然就稳当快活起来，一了百当，好不简易直截、轻快洒脱。其实，阳明心学这一"乐是心之本体"的命题，有深厚的先秦儒学的根源。在先秦时期，"孔曾思孟"包括荀子，都是非常重视"乐"的。这样的观点从孔子到孟荀，俯拾即是。

---

① （明）王守仁撰，吴光等编校《王阳明全集》第1册，浙江古籍出版社，2011，第90页。
② （明）王守仁撰，吴光等编校《王阳明全集》第1册，浙江古籍出版社，2011，第101~102页。

王阳明"乐是心之本体"的观点是对"孔曾思孟"以及荀子思想的继承和发展。竹书《五行》写道："德之行五和谓之德，四行和谓之善。善，人道也。德，天道也。君子无中心之忧则无中心之智，无中心之智则无中心〔之悦，无中心之悦则不〕安，不安则不乐，不乐则无德。"① 没有人道就没有天道。天德是由人道的践履实现的，所以，君子由忧而智，由智而悦，由悦而安，由安而乐，由乐而德。《五行》中的"五行"，指的就是仁、义、礼、智、圣。该文在论述这五个方面的内容时，全部都指向"乐"。其文曰："金声，善也。玉音，圣也。善，人道也。德，天〔道也〕。唯有德者，然后能金声而玉振之。不聪不明，【不明不圣】，不圣不智，不智不仁，不仁不安，不安不乐，不乐无德。"② 由善而圣，就是由五行的现实践履，抵达天道的圣。由聪明而圣智，由圣智而仁爱，由仁爱而安乐，由安乐而天德。用金声玉振来形容安乐、超越的状态，圣贤天德的状态，这是自孔子以来，思孟学派十分纯粹精妙且经典性的表述。这方面的理论发展，从孔子到思孟，有一个从浑朴到精致的过程。孔子的"吾与点也"③，表达了孔子最崇高的人之所以为人的人生理想、社会政治理想。但是，孔子没有离开天地自然"风乎舞雩"的自然美，也没有离开"咏而归"的艺术美。所以，孔子的理想人格就是"志于道，据于德，依于仁，游于艺"④，"游于艺"是前三者之后的最高境界，是审美人生的生活方式。王阳明的思想有所拓展："处处中秋此月明，不知何处亦群英？须怜绝学经千载，莫负男儿过一生。影响尚疑朱仲晦，支离羞作郑康成。铿然舍瑟春风里，点也虽狂得我情。"⑤ 邹守益也写道："古之称至富至贵，举无待于外也。自其德之博厚，酬万变而不匮，富莫与裕焉；自其德之高明，超万物而不挠，贵莫与荣焉；自其德之悠久，历万古而不朽，寿莫与永焉。故采薇之异，可嗤千驷；陋巷之乐，可配玄圭；曳杖之歌，而教思无穷，参天地而同四时。"⑥ 由此可知，阳明学确实是让孔子的"吾与点也"的理想落到了实处，把纯正的儒家哲学生活化、审美化了。换言之，阳明心学的骨子里始终有一种"游于艺""成于乐"的精神气质。

① 李零：《郭店楚简校读记》（增订本），中国人民大学出版社，2007，第 100 页。
② 李零：《郭店楚简校读记》（增订本），中国人民大学出版社，2007，第 101 页。
③ （宋）朱熹撰《四书章句集注》，中华书局，1983，第 130~131 页。
④ （宋）朱熹撰《四书章句集注》，中华书局，1983，第 94 页。
⑤ （明）王守仁撰，吴光等编校《王阳明全集》第 3 册，浙江古籍出版社，2011，第 823 页。
⑥ 董平编校整理《邹守益集》上册，凤凰出版社，2007，第 146 页。

但是，王阳明的深刻并不仅仅止于此。弟子问道："上智下愚如何不可移？"先生曰："不是不可移，只是不肯移。"① 面对明代中叶的特殊情况，阳明心学不仅仅只是面对社会精英，而是面对整个社会；不仅仅是面对理论，更重要的是面对社会各阶层的具体生活及其理论的实践性。所以，相对于先秦儒学，阳明学的理论对象特别下移，所有的士农工商，甚至贩夫走卒，都是可以自救自强、志在圣贤的。这条王阳明与弟子一问一答的语录，反映了王阳明已经抽精摄髓地汲取了《大学》《中庸》的精华，他没有放弃任何人，在改造孔子原意的同时，抽精摄髓、点铁成金了。他认为，我们人人都有天植的灵根，我们能否成为尧舜禹汤式的优秀人物，完全在于我们自己的努力。人一己百，人十己千。博学、审问、慎思、明辨、笃行，虽愚必明，虽柔必强。所以我们任何人都是有希望的，都是可以自救的，都是可以自己成就自己的，哪怕我们有先天的各种不足，以及要面对后天的艰难困苦。下面的故事与对话尤其感人至深。

　　（先生曰）："你口不能言是非，你耳不能听是非，你心还能知是非否？"答曰："知是非。""如此，你口虽不如人，你耳虽不如人，你心还与人一般。"茂时首肯拱谢。"大凡人只是此心。此心若能存天理，是个圣贤的心；口虽不能言，耳虽不能听，也是个不能言不能听的圣贤。心若不存天理，是个禽兽的心；口虽能言，耳虽能听，也只是个能言能听的禽兽。"茂时扣胸指天。"你如今于父母，但尽你心的孝；于兄长，但尽你心的敬；于乡党邻里、宗族亲戚，但尽你心的谦和恭顺。见人急慢，不要嗔怪；见人财利，不要贪图，但在里面行你那是的心，莫行你那非的心。纵使外面人说你是，也不须听；说你不是，也不须听。"茂时首肯拜谢。"你口不能言是非，省了多少闲是非；你耳不能听是非，省了多少闲是非。凡说是非，便生是非，生烦恼；听是非，便添是非，添烦恼。你口不能说，你耳不能听，省了多少闲是非，省了多少闲烦恼，你比别人到快活自在了许多。"茂时扣胸指天躄地。"我如今教你但终日行你的心，不消口里说；但终日听你的心，不消耳里听。"茂时顿首再拜而已。②

──────────

① （明）王守仁撰，吴光等编校《王阳明全集》第 1 册，浙江古籍出版社，2011，第 34 页。
② （明）王守仁撰，吴光等编校《王阳明全集》第 3 册，浙江古籍出版社，2011，第 963～964 页。

这是一段非常著名的故事。仔细阅读，深刻体会，寂寞而凄凉，幽静而肃穆，继而是孤高而洒脱、快活的。"大凡人只是此心"，这是阳明心学的慧眼独具、响彻云霄的话。虽然你杨茂耳朵不能听，嘴巴不能说，但是你的快乐与痛苦都取决于你自己是拥有一颗禽兽的心还是圣贤的心。如果你有了一颗禽兽的心，即使耳聪目明、伶牙俐齿，也是一个衣冠禽兽；而如果你有了一颗圣贤的心，即使耳不能聪、口不能说，也不影响你志在圣贤的心。而且，口与耳都是来来回回挑唆是非的器官。"你口不能言是非，省了多少闲是非；你耳不能听是非，省了多少闲是非。凡说是非，便生是非，生烦恼；听是非，便添是非，添烦恼。你口不能说，你耳不能听，省了多少闲是非，省了多少闲烦恼，你比别人到快活自在了许多。"① 王阳明的这段话，体现了他深度的、哲学的、来自《论语》② 与《中庸》的"静默"③ 主张，深契孔孟老庄的精髓，这是中国文化的极致。这是一种地地道道的生活美学、优美人生。我们再看以下王阳明《君子亭》中的文字。

> 阳明子既为何陋轩，复因轩之前营，驾楹为亭，环植以竹，而名之曰"君子"。曰："竹有君子之道四焉：中虚而静，通而有间，有君子之德；外节而直，贯四时而柯叶无所改，有君子之操；应蛰而出，遇伏而隐，雨雪晦明无所不宜，有君子之时；清风时至，玉声珊然，中采齐而协《肆夏》，揖逊俯仰，若洙泗群贤之交集，风止籁静，挺然特立，不挠不屈，若虞廷群后，端冕正笏而列于堂陛之侧，有君子之容。"④

王阳明在主观上赋予了竹子德、操、时、容的道德情操和审美品格，这是一种比杨茂故事的人生美学更加高雅的美学人生、艺术人生，都是将我的灵明、我的"乐之本体"置于贵州的崇山峻岭、险恶的环境之中营造出来的一种超越于社会现实的、与天地万物一气流通的"孔颜之乐"的精神世界。不论是杨茂的"乐"还是《君子亭》的"乐"，都感觉历尽了沧桑，同时又是何等的超迈飘逸、洒脱畅快！

---

① （明）王守仁撰，吴光等编校《王阳明全集》第 3 册，浙江古籍出版社，2011，第 963 ~ 964 页。
② （宋）朱熹撰《四书章句集注》，中华书局，1983，第 181 页。
③ （宋）朱熹撰《四书章句集注》，中华书局，1983，第 41 页。
④ （明）王守仁撰，吴光等编校《王阳明全集》第 3 册，浙江古籍出版社，2011，第 934 页。

三　致良知就是致中和

整个《王阳明全集》，几乎无处不论良知，同时也无处不论中和。阳明曰："喜怒哀乐本体自是中和的。才自家着些意思，便过不及，便是私。"① 弟子问："良知原是中和的，如何却有过不及？"先生曰："知得过不及处，就是中和。"② 第一句，说的是人性本善，本来是中和自治的，之所以出现了各种私心杂念，流连荒亡，放辟邪痴，都是后天的习染造成的。第二句，人的生活，是需要自我反省的，必须时时刻刻省察克治，但凡已经知道了自己"过不及处"，就有了自我警醒、改过迁善的可能，这才是真正有价值的人生。省察克治的标准就是致中和。所以，"致知就是致中和"，致良知就是致中和。但是，关于"中和"问题，笔者需要费一些笔墨。

孔子当初挂冠而去，周游列国，推行自己的政治主张，这是至大至刚、自足圆满的行为。孔子曰："君子和而不流，强哉矫！中立而不倚，强哉矫！国有道，不变塞焉，强哉矫！国无道，至死不变，强哉矫！"③ 不论政府是有道还是无道，我们自己都应该"不变塞焉"，而且是"至死不变"。孔子又说："君子素其位而行，不愿乎其外。素富贵，行乎富贵；素贫贱，行乎贫贱；素夷狄，行乎夷狄；素患难，行乎患难。"④ 坚守自己心中的理想，决不放弃心中的原则，对自己的生命负责到底，其原因还是自足圆满。孟子也有相关的观点："居天下之广居，立天下之正位，行天下之大道。得志与民由之；不得志独行其道。富贵不能淫，贫贱不能移，威武不能屈。此之谓大丈夫。"⑤ 他们为什么有这样的一种不妥协、至大至刚的精神，这样强硬的底气？原因就是"万物皆备于我矣。反身而诚，乐莫大焉"⑥，不论环境发生了什么样的变化，不论我置身于富贵之中还是置身于贫贱、夷狄、患难之中，我的内心都洞若观火、处变不惊，犹如《周易》的六十四卦三百八十四爻，一切吉凶祸福，都是进德修业的特殊平台。凡圣一贯而千古一日。当深入研究《周易》《论语》《大学》《中庸》《孟子》等相关经

---

① （明）王守仁撰，吴光等编校《王阳明全集》第1册，浙江古籍出版社，2011，第21页。
② （明）王守仁撰，吴光等编校《王阳明全集》第1册，浙江古籍出版社，2011，第125页。
③ （宋）朱熹撰《四书章句集注》，中华书局，1983，第21页。
④ （宋）朱熹撰《四书章句集注》，中华书局，1983，第24页。
⑤ （宋）朱熹撰《四书章句集注》，中华书局，1983，第265~266页。
⑥ （宋）朱熹撰《四书章句集注》，中华书局，1983，第357页。

典之后，我们会清楚地看到，这就是儒家溥博渊泉、大中至正之"中和"理论的核心和强大精神支柱。

长期以来，我们对"中庸"一词及其相关思想有着深刻的误解。1979年版《辞海》的"中庸"词条解释是："儒家伦理思想。指处理事情不偏不倚、无过不及的态度，认为是最高的道德标准。"① 1983 年版的《辞源》的解释是："不偏叫中，不变叫庸。"② 很显然，人们在这里把"中"都理解成了中间的"中"。对"中庸"的相关解释，在当今各大网站上流行的表述是：对人处事采取不偏不倚、调和折中的态度。（The Doctrine of the Mean）在某些人看来，"中庸"就是一种不折不扣地排除创造、走中间道路，明哲保身、不坚持原则的处世方式，但是，从上面《礼记·中庸》的引文以及下面孔子关于"中庸"的表述，我们可以知道，"中庸"的概念并非那么狭隘。孔子说："中庸其至矣乎！民鲜能久矣！"又说："人皆曰予知，驱而纳诸罟擭陷阱之中，而莫之知辟也。人皆曰予知，择乎中庸而不能期月守也。"又说："天下国家可均也，爵禄可辞也，白刃可蹈也，中庸不可能也。"③ 孔子认为，"中庸"是一种非常人能够企及的"至德"，很多人即使是知道那是一种高贵的精神境界，也"不能期月守也"。所以孔子把"中庸"的美德推崇到了极致，同时也提出了一些疑问。为什么"中庸"这么难？清华大学战国竹书《保训》一文给孔子的上述表述提供了具体的证据。

> 今朕疾允病，恐弗堪终，汝以书受之。钦哉！勿淫！昔舜旧作小人，亲耕于历丘，恐求中，自稽厥志，不违于庶万姓之多欲。厥有施于上下远迩，乃易位设稽，测阴阳之物，咸顺不逆。舜既得中，言不易实变名，身兹备，佳允。翼翼不解，用作三降之德。帝尧嘉之，用受厥绪。呜呼，祗之哉！昔微假中于河，以复有易，有易服厥罪。微无害，乃归中于河。微志弗忘，传贻子孙，至于成汤，祗服不解，用受大命。呜呼！发，敬哉！④

---

① 辞海编辑委员会编《辞海》，上海辞书出版社，1979，第 1408 页。

② 广东、广西、湖南、河南辞源修订组、商务印书馆编辑部编《辞源》上册，商务印书馆，1991，第 87 页。

③ （宋）朱熹撰《四书章句集注》，中华书局，1983，第 19~21 页。

④ 李学勤主编《清华大学藏战国竹简》1，中西书局，2011，第 143 页。

这是周文王在生命的最后阶段写给在外征战的儿子姬发的一封信。信中透露了一些重要的内容。第一，大舜作为儒家哲学思想的代表人物，躬耕于历丘，努力培养自己"中"的品德和修养。"恐"字可以理解为战战兢兢，如履薄冰。"稽"，考察，随时随地省察克治自己的一切言行。大舜修养自己的目标就是"中"。第二，"不违于庶万姓之多欲"，是说我们每一位国民都是来自"天命"的下贯，是天的周流六虚、云行雨施、品物流形的结果，都是由未发之中到已发之和，都具有天赋权力和欲望。所以，政府的本职工作就是要让老百姓自由自在的生活，他们各种正当的权利、欲望能够得到满足和实现，要让整个社会人性化、人本化，是任何一个政府的最大职责。第三，"厥有施于上下远迩"说的是社会必须公正、公开、公平，"乃易位设稽，测阴阳之物，咸顺不逆"，顺其自然，道法自然，不要扰民。"言不易实变名"，不要搞三六九等，不要撕裂社会，要讲信修睦，以诚待人。第四，作为掌握了国家权力的人，必须兢兢业业，勤劳勤奋："舜既得中，言不易实变名，身兹，备佳允。翼翼不解，用作三降之德。"自己以身作则，诚心诚意，"身兹，备佳允，翼翼不解"，就可以感天动地，得到人民的拥戴。第五，只有彻底怀抱"敬"意，贯彻"中"的理念，才能够"用受厥绪"，"用受大命"。德必须配位，才能够继任大统。只有这样，广大的百姓才能够人尽其才，物尽其用，"天地位焉，万物育焉"，这个世界才能够美好，才是长久之计。罗近溪指出："故从喜怒哀乐未发处，指出为天下之大木；从喜怒哀乐中节处，指出为大卜之达道。夫中和既大同乎天下，则圣人必天地万物皆中其中，方是立其太中；必天地万物皆和其和，方是达其太和。"① 可谓先秦儒学大中至正的中和思想精髓的表达。

先秦儒家经典植根于这种依托于大自然的生命理念和政府理念（格致诚正修齐治平）中，建立了独特的生命观和政府观。"天有四时，春秋冬夏，风雨霜露，无非教也。地载神气，神气风霆，风霆流形，庶物露生，无非教也。"② 这就是阳明心学的思想依据。王阳明建立在"心即理"基础之上的理论体系也始终没有脱离孔子的"三大纲领""八大条目"。

---

① 方祖猷等编校整理《罗汝芳集》，凤凰出版社，2007，第13~14页。
② 郑玄注，孔颖达疏《礼记正义》，载李学勤主编《十三经注疏》，北京大学出版社，1999，第1396页。

澄曰："好色、好利、好名等心，固是私欲。如闲思杂虑，如何亦谓之私欲？"先生曰："毕竟从好色、好利、好名等根上起，自寻其根便见。如汝心中决知是无有做劫盗的思虑，何也？以汝元无是心也。汝若于货色名利等心，一切皆如不做劫盗之心一般，都消灭了，光光只是心之本体，看有甚闲思虑？此便是'寂然不动'，便是'未发之中'，便是'廓然大公'。自然'感而遂通'，自然'发而中节'，自然'物来顺应'。"①

所谓致良知，就是要去除自己心中的"私欲""杂虑"，做足"减""诚""纯"的工夫，铲除了一切成见、偏见和颠倒错乱，自然而然，就会廓然大公，就会感而遂通，就会物来顺应。满天的乌云就会散去，明媚的阳光就会照耀大地。这就是良知的显现，这就是"未发之中"。勤学改过，勿忘勿助，自然而然，就会"发而中节"。阳明继续说："不可谓'未发之中'常人俱有。盖'体用一源'，有是体即有是用，有'未发之中'，即有'发而皆中节之和'。今人未能有'发而皆中节之和'，须知是他'未发之中'亦未能全得。"②"未发之中"是致良知的工夫导致的结果，是回归的本体，所以并非常人俱有。只有具有"未发之中"，才有可能"发而中节"。不能"发而中节"，原因就是工夫不到家，他本来就没有"未发之中"，像孟子笔下的牛山，早就已经光秃秃，寸草不生了。③ 所以弟子问："良知原是中和的，如何却有过不及？"先生曰："知得过不及处，就是中和。"④ 所以，在王阳明的心学体系中，致良知就是致中和。致中和的目的，就是要贯彻《中庸》"喜怒哀乐之未发，谓之中；发而皆中节，谓之和。中也者，天下之大本也；和也者，天下之达道也。致中和，天地位焉，万物育焉"⑤的人生理想和政治理想。这样的人生境界是需要工夫的，这样的社会政治理想也是要通过我们每一个人的具体工夫来逐步拓展而形成。王阳明说："'中和'便是复其性之本体，如《易》所谓'穷理尽性，以至于命'，中和位育便是尽性至命。"⑥ 只有通过省察克治，穷理尽性以至于命，才能够

---

① （明）王守仁撰，吴光等编校《王阳明全集》第 1 册，浙江古籍出版社，2011，第 24 页。
② （明）王守仁撰，吴光等编校《王阳明全集》第 1 册，浙江古籍出版社，2011，第 19 页。
③ （宋）朱熹撰《四书章句集注》，中华书局，1983，第 337 页。
④ （明）王守仁撰，吴光等编校《王阳明全集》第 1 册，浙江古籍出版社，2011，第 125 页。
⑤ （宋）朱熹撰《四书章句集注》，中华书局，1983，第 18 页。
⑥ （明）王守仁撰，吴光等编校《王阳明全集》第 1 册，浙江古籍出版社，2011，第 41 页。

"复其性之本体"。而这种"复其性之本体"的状态，就是戒慎恐惧，慎乎其独知的"下学上达"的境界，只有如此，他才能够回归"未发之中"，进而"发而中节"。

在这种思想和精神境界的状态下，当然就是"万物皆备于我"。在王阳明的工夫世界中，形成了心外无物、心外无理，在知行合一的基础上，致其良知的前提。阳明先生深有感触地说："吾良知二字，自龙场以后，便已不出此意。只是点此二字不出，于学者言，费却多少辞说。今幸见出此意。一语之下，洞见全体，真是痛快，不觉手舞足蹈。学者闻之，亦省却多少寻讨功夫。学问头脑，至此已是说得十分下落。但恐学者不肯直下承当耳。"又曰："某于良知之说，从百死千难中得来，非是容易见得到此。此本是学者究竟话头，可惜此理沦埋已久。学者苦于闻见障蔽，无入头处。不得已与人一口说尽，但恐学者得之容易，只把作一种光景玩弄，孤负此知耳！"① 首先，王阳明自认为他的致良知之学来之不易，五溺三变，百死千难，是慢慢体会出来的。其次，这是一个究竟话头，"一语之下，洞见全体，真是痛快，不觉手舞足蹈"。最后，这种学问"沦埋已久"，时时处处，确实是没有离开先秦儒家的人文积淀。所以，王阳明的良知之学，其实就是至善之学："知行工夫本不可离。只为后世学者分作两截用功，失却知行本体，故有合一并进之说。'真知即所以为行，不行不足谓之知'。"② 知行合一的过程，就是致良知的过程。通过知行合一，王阳明把传统的认识论问题彻底转化、提升成了道德践履修养论，把我们人生的每一个环节都变成了致良知的锤炼过程。值得注意的是，这种转化、锤炼的过程，既是创造审美人生的过程，也是修齐治平，打造我们每一个人以诚相待、讲信修睦的过程。

因为王阳明要把人打造成绝对赤诚的十足纯金，所以，他的致良知之学确乎就有了从生活出发的美学导向："圣人之所以为圣，只是其心纯乎天理，而无人欲之杂。犹精金之所以为精，但以其成色足而无铜铅之杂也。人到纯乎天理方是圣，金到足色方是精。然圣人之才力亦有大小不同，犹金之分两有轻重。尧、舜犹万镒，文王、孔子犹九千镒，禹、汤、武王犹七八千镒，伯夷、伊尹犹四五千镒。才力不同而纯乎天理则同，皆可谓之

---

① （明）王守仁撰，吴光等编校《王阳明全集》第3册，浙江古籍出版社，2011，第1548~1549页。

② （明）王守仁撰，吴光等编校《王阳明全集》第1册，浙江古籍出版社，2011，第46页。

圣人。犹分两虽不同，而足色则同，皆可谓之精金。……先生又曰：'吾辈用功只求日减，不求日增。减得一分人欲，便是复得一分天理。何等轻快脱洒！何等简易！'"① 王阳明认为，致良知的过程就是一个锤炼人性的过程。圣人之所以为圣人，就在于他们纯乎天理，犹如精金之成色十足。"人到纯乎天理方是圣，金到足色方是精"，就像孟子所说的善、信、美、大、圣、神的境界提升，充实而光辉，自然而然，见于面，盎于背，存神过化。虽然古代圣贤尧舜禹汤，周公文武与我们每一个人分量不同，但是，"吾辈用功只求日减，不求日增。减得一分人欲，便是复得一分天理"，以诚实为态度，以精纯为目标，以简约为工夫，自然而然，顺其自然，就可以达到古代圣人的精纯度，以期绝对的圣洁。"何等轻快脱洒！何等简易"是王阳明经常挂在嘴边的一句话。在致良知的工夫过程和目标境界中都一再展示了致良知的美学性质，那是一种"风乎舞雩"的阳光心态，就是孔颜之乐。

王阳明的意思是，致良知的过程就是生活美学得以实现的过程，善、信、美、大、圣、神，万物皆备于我，充实而光辉，金声而玉振，就是对现实的超越，是对精神境界的提升。千古一日，圣凡一贯，这种致良知的工夫意在超越时间、空间、等级的限制，就是志在圣贤不断追求的目标。这个过程是天地万物一体流行的，这个过程也是建立在快乐、直截、简易、洒脱的基础之上的。王阳明继承了先秦时期"孔曾思孟"的思想灵魂，他始终在追求孔颜之乐的人生理想与社会理想，更没有丝毫离开格致诚正修齐治平的理论追求。本质上来讲，这既是理论也是人生，既是哲学也是美学。所以，在阳明学中，志在圣贤、精金十足的过程，也是努力通向绝对圣洁的过程。中和之美，中立而不倚，和而不流而大中至正，从来就是先秦儒学在审美世界里的最高标准。致良知就是致中和，这个命题本身就意味着致良知的过程极富审美感，拥有穿越历史的沧桑厚重感、感应天地万物的超越感和在事事物物之中呈现自我良知的现实践履感。所以，致良知的人生就是审美的人生。

---

① （明）王守仁撰，吴光等编校《王阳明全集》第 1 册，浙江古籍出版社，2011，第 31 页。

On the Aesthetic Perspective of the
Learning of Innate Knowledge

Ouyang Zhenren

Abstract: Wang Yangming's philosophy of body, mind, consciousness, knowledge, and things are the unity of Ti （体） and Yong （用）, which is achieved by transitioning from the state of mind before the feelings are aroused to the after. Although Wang Yangming's thought is presented in an alternating manner of immediate and gradual understanding, it is related to the universe and everything at all times. And the theoretical form of immediate understanding is expressed in the presentation of the moment's innate knowledge, which is in harmony with the external and internal ways. Therefore, happiness is the original nature of the innate knowledge, and the happiness of harmony is the Gongfu （工夫） of realizing the innate knowledge. Even in the face of great changes, illnesses, and difficulties, we remain unchanged, simple, and light-hearted. The happiness of harmony is the premise of the aesthetic subject. When an individual's innate knowledge has reached the purest and only one, which was neither negligent nor hastened, but empty and invisible, either the greatest and strongest, he/she arrived at the realm of equilibrium and harmony. Extending innate knowledge leads to equilibrium and harmony. The aesthetics of equilibrium and harmony is the highest state of Confucian aesthetics. It also exemplifies Wang Yangming's inheritance and development of pre-Qin Confucian philosophy.

Keywords: The Learning of Innate Knowledge; Pre-Qin Confucian Philosophy; Wang Yangming's Philosophy; Dimension; The Mobility and Diffuseness of Qi

象山人学之美的三重意蕴[*]

杨永涛[**]

摘要：象山之学，人学也。象山人学从每个个体具足的"本心"处萌芽，气象博大而平实，境界高远而精微，象山美学思想建立在对象山人学思想的体知之上。象山人学之美主要有三个层面：第一，通过表征"本心"的人人具足、纯粹至善来强调人的气质之美，并提出涵养人气质之美的诸多工夫；第二，通过阐发圣贤之道的心所同然，共进而至，超克人与人之间道德互动的时空阻碍，进而体现出里仁之美；第三，下学上达，以《易传》《中庸》的人文特质展现人道与天道相互激荡所蕴含的溥博渊泉的天人之美。进而可知，宇宙与吾心、天道与人道本自贯通、上下浑一、表里一致，乃象山人学之美的精义。

关键词：陆象山　人学之美　本心　里仁

关于陆象山思想的价值定位，萧萐父指出："陆九渊的心学，出发点和归宿点都是现实的'人'，实可称之为'人学'或'人的哲学'。"[①] 象山人学很大限度地体现在对"人"的主体意志之弘扬与独立不苟精神之维护上，可以说象山人学思想具有同现代性相适的文化基因。目前，学者多从陆象

* 本文系国家社会科学基金冷门绝学专项学术团队重大项目"钱绪山学派、龙溪学派与近溪学派文献整理及思想研究"（22VJXT001）阶段性成果。

** 杨永涛，武汉大学哲学学院暨国学院博士研究生，主要研究方向为儒家哲学、陆王心学。

① 萧萐父：《吹沙二集》，巴蜀书社，2007，第133页。

山思想的实学特质、主体性特征、"情理结构"、美学智慧等方面论述象山美学①，但从陆象山哲学思想人文价值的视域分析来看，他的美学思想主要还是建立在对他的人学思想的体知之上，他的人学思想又是建立在他的心学思想之上，同时，"由于尽心知性而达于礼乐政刑"②。进而，从儒学之"本心—人道—天道"的浑然一体式结构来看：在本心层面上，陆象山主张以"本心"之普遍性、至善性言说人的气质之美；在人道层面上，象山人学之美体现在阐明圣贤之道基础上的里仁之美；在天道层面上，象山人学之美的精神来源于《易传》《中庸》的天人之美。

一　言"本心"具足，察气质之美

从人学的角度看，陆象山美学思想的基础是心学，既强调人的道德理性与道德践履，也主张情感与理性的一致与和合。宗白华指出："哲学求真，道德或宗教求善，介乎二者之间表达我们情绪中的深境和实现人格的谐和的是'美'。"③ 刘纲纪亦曾指出："中国哲学始终不倦地在探求着如何达到一种高度完善的道德境界。而这种道德境界，当它感性现实地表现出来，成为直观和情感体验对象的时候，在中国哲学看来也就是一种审美的境界。"④ 象山心学主张"心即理"，每个人都具足"本心"，如同每个人都可以体察"天理"一般，"本心"与"天理"具有内在的同一性，这种同一性恰恰蕴含着一种可察可觉的精神美感。正如后世学者袁燮评价陆象山所言：

---

① 樊沁永从陆象山思想的哲学体系出发，以"实学"为核心，探讨了陆象山的实学美学。（参见樊沁永《陆九渊美学思想研究》，硕士学位论文，首都师范大学，2011）李增杰主张象山心学蕴含着中国古典美学审美意识的转型，其中个体感性（"情"）与理性（"理"）关系的纠葛、嬗变成为其中最为核心的要素之一，对后世思想启蒙运动有积极影响。（参见李增杰《主体性的萌动——象山心学对中国古典美学的现代转型发挥的促进作用》，《齐鲁艺苑》2017 年第 1 期，第 111～115 页；李增杰《象山心学的"情理结构"》，《中国美学》2022 年第 2 期，第 67～77 页）王煦则从美学智慧的角度，分析了陆象山美学本体、审美工夫和审美境界所凸显的心学美学智慧及其现代价值。（参见王煦《陆象山心学美学智慧研究》，博士学位论文，浙江大学，2012）
② （宋）陆九渊著，钟哲点校《陆九渊集》附录 1，中华书局，1980，第 540 页。
③ 宗白华：《美学散步》，上海人民出版社，2005，第 41 页。
④ 刘纲纪：《中国哲学与中国美学》，《武汉大学学报》（社会科学版）1983 年第 5 期，第 61 页。

天有北辰而众星拱焉，地有泰岳而众山宗焉，人有师表而后学归焉，象山先生其学者之北辰泰岳与？自始知学，讲求大道，弗得弗措，久而浸明，又久而大明，此心此理，贯通融会，美在其中，不劳外索。揭诸当世曰："学问之要，得其本心而已。心之本真，未尝不善，有不善者，非其初然也。"①

袁燮在这里从天、地、人之三才的视角，将陆象山视为"人"之师表，并强调象山心学直追人性的本原，将外在化的"天理"收摄到"本心"之中，将"本心"扩充到"宇宙"之间，"天理"与"本心"彼此相互融通，这里面具有重要的美学思想，也就是把人文的理想主义道德感推向极致，以此凸显作为个体的"人"能够自由地与天地沟通，能够自由地出入于道德的"纯一之地"②，这其实也就是中国哲学最高范畴的"道"与"人"的贯通，"道塞宇宙，非有所隐遁，在天曰阴阳，在地曰柔刚，在人曰仁义。故仁义者，人之本心也"③。因而，"仁义"作为道德善的伦理准则与纯粹善的人之"本心"相一致，进而，"本心"可以呈现一种感性与理性相统一和自洽的道德自律，并表现在人的现实气质之中。

王阳明曾断言，象山之学即孟子之学，这里主要的意涵还是凸显在对个体独立意志的启蒙、对民本思想的深化以及对道德准则的内在化上。从中国美学史的内在衍生逻辑上看，"对个体人格美的认识和高扬，是孟子美学中一个十分重要的方面。虽然孔子已经谈到了人格美的问题，但没有展开，只是在他的某些言论里隐含着对这个问题的看法而已。孟子则正面地论述了这个问题，极大地强调了人格美的意义和价值"④。陆象山用"十字打开"一词形容孟子对孔子思想的继承与发展，我们认为，象山美学对孟子美学也有"十字打开"之功，其中一个重要的案例就是对《孟子·告子》"牛山之木尝美矣"章的美学诠释：

---

① （宋）陆九渊著，钟哲点校《陆九渊集》附录1，中华书局，1980，第536页。
② 关于陆象山思想中"纯一之地"的诠释，以及其诗化境界、文辞表征等，欧阳祯人教授已经有过讨论。参见欧阳祯人《象山哲学的诗化境界》，载欧阳祯人主编《陆九渊思想研究》，武汉大学出版社，2019，第107～110页；欧阳祯人：《民被其泽　道行于时——陆九渊在湖北》，载欧阳祯人主编《陆九渊思想研究》，武汉大学出版社，2019，第265～266页。
③ （宋）陆九渊著，钟哲点校《陆九渊集》卷1，中华书局，1980，第9页。
④ 李泽厚、刘纲纪：《中国美学史：先秦两汉编》，安徽文艺出版社，1999，第165页。

若本心之善，岂有动静语默之间哉？今达材资质美处，乃不自知，所谓"日用而不知"也。如前所云，乃害此心者。心害苟除，其善自著，不劳推测。才有推测，即是心害，与声色、臭味、利害、得丧等耳。孟子所谓斧斤伐之，牛羊牧之者也。夫道若太路然，岂难知哉？道不远人，自远之耳。①

"操则存"，只是孔子一句，孟子引"在牛山之木常美矣"一章后。试取《孟子》全章读之，旨意自明白，血脉自流通。古人实头处，今人盖未必知也。②

《告子》一篇，自"牛山之木尝美矣"以下可常读之，其浸灌、培植之益，当日深日固也。③

孟子将人的气质之美比作牛山之上风景秀丽的草木，主张时刻涵养"本心"，以变化气质，存养性善天爵；若"放其良心"④，人的气质之美便无从表征，人与禽兽的区别也就不大了。陆象山直言"本心"无间于动静，乃是"日用而不自知"的道德禀赋。这种博大而平实的美感将"本心"扩充于时时刻刻，超越了时空与现实的纠缠。同时，"本心"又是人人自足的，存养"本心"的关键是要求每个"人"在平凡的生活中、日常的点滴中肯认、体察"本心"的存在。同时，陆象山将"本心"比作流淌在人身体中的血液，循环自由，周流不息，这也是一种刚健的、生生的生命之美。既然"本心"人人具足，且存养"本心"能够反映一个人的气质之美，那么存养"本心"的工夫也就是对人气质之美的培养。陆象山着重从以下三个方面强调存养"本心"以培养人的气质之美。

第一，钧是人也，当须自能与立志。"先立乎其大者"，是象山工夫论的核心，关键在于要让每个人相信"本心"的存在，勇于担负起道德意志，勇毅前行，进而涵养个人气质，在与傅全美的书信中，陆象山指出：

钧是人也，虽愚可使必明，虽柔可使必强，困学可使必至于知，勉行可使必至于安，圣人不我欺也。于是而日"我不能"，其为自弃也

---

① （宋）陆九渊著，钟哲点校《陆九渊集》卷4，中华书局，1980，第56页。
② （宋）陆九渊著，钟哲点校《陆九渊集》卷7，中华书局，1980，第91页。
③ （宋）陆九渊著，钟哲点校《陆九渊集》卷7，中华书局，1980，第92页。
④ （宋）朱熹撰《四书章句集注》，中华书局，1983，第331页。

果矣。常人有是，皆可责也，若夫质之过人者而至于有是，是岂得而遒其责哉？今如全美之颖悟俊伟，盖造物者之所啬，而时一见焉者也……又谦谦若不足，片言之善，一行之美，虽在晚进后出乐推先焉。此人所难能，而全美优为之。①

陆象山认为人的气质不同是客观存在的，但通过"本心"的朗现，愚钝之人也可以明了是非善恶，无论是"困学"还是"勉行"，都可以通过"先立乎其大"，进而通向圣贤之路。人绝不能自暴自弃，尤其是读书人，更应当相信"本心"的力量，外在气质之美根本依赖于人内心的强大与坚韧，"片言之善，一行之美"都是一个人外在气质之美与内在"本心"的融通，"本心"的力量对人气质的影响表现在时时刻刻，但又超越于时时刻刻，进入洒落之境，那便是"人皆可以为尧舜"的三代和美图景："君子之道，夫妇之愚不肖，可以与知能行，唐周之时，康衢击壤之民，中林施置之夫，亦帝尧文王所不能逃也。故孟子曰：'人皆可以为尧舜。'病其自暴自弃，则为之发四端，曰：'人之有是而自谓不能者，自贼者也；谓其君不能者，贼其君者也。'夫子曰：'一日克己复礼，天下归仁焉。'此复之初也。"②"康衢击壤"是一种境界之美，体现了三代时期的老有所依、老有所乐。同时，孟子所言"自贼""贼其君"的价值取向都是指每个生命个体要"自能"地自信"本心"的存有，通过克服私心私念，让每个人的气质之美充分展现。

同时，要注重立志的问题，在这一工夫上，陆象山与王阳明是一致的，王阳明曾言："今时友朋，美质不无，而有志者绝少。谓圣贤不复可冀，所视以为准的者，不过建功名，炫耀一时，以骇愚夫俗子之观听。呜呼！此身可以为尧、舜，参天地，而自期若此，不亦可哀也乎？故区区于友朋中，每以立志为说。亦知往往有厌其烦者，然卒不能舍是而别有所先。诚以学不立志，如植木无根，生意将无从发端矣。自古及今，有志而无成者则有之，未有无志而能有成者也。远别无以为赠，复申其立志之说。"③ 王阳明

---

① （宋）陆九渊著，钟哲点校《陆九渊集》卷 6，中华书局，1980，第 75 页。
② （宋）陆九渊著，钟哲点校《陆九渊集》卷 1，中华书局，1980，第 2 页。
③ （明）王守仁著，王晓昕、赵平略点校《王文成公全书》卷 27，中华书局，2015，第 1154~1155 页。

认为，一个人表现出来的气质是可以"伪饰"的，才华并不代表德性，只有立志于圣人之学，而非功名利禄才算作真正的立志。这如同树木之根，无志则无根，立志则生根，关键是要有一颗立志于做圣贤的心，并且能够持志，陆象山认为：

> 孔子曰："吾十有五而志于学"，是这个志。"伯敏云："伯敏于此心，能刚制其非，只是持之不久耳。"先生云："只刚制于外，而不内思其本，涵养之功不至。若得心下明白正当，何须刚制？且如在此说话，使忽有美色在前，老兄必无悦色之心。若心常似如今，何须刚制？"[①]

如何持志？象山认为，还是要向内求其本，涵养"本心"的精微，至大至刚，先立乎其大，即使是外来的美色突然来到面前，依然可以不为所动，那是因为此时此刻学人正在讨论涵养本心、立志持志的德性工夫，当德性的光辉"沛然若决江河"般在我们的生命世界中流动时，一切欲望相与接触的一刹那，内心也不会有波澜，此刻的"本心"呈现一种天人交感之美。这是因为我们时时刻刻存养"本心"，就可以涵化一切外在的感官之美，这种人学之美会不自觉地浸润我们的气质生命。

第二，人之生也，当须自反自省。陆象山认为："然人之生也，不能皆上智不惑。气质偏弱，则耳目之官，不思而蔽于物，物交物，则引之而已。由是向之所谓忠信者，流而放僻邪侈，而不能以自反矣。"[②] 现实生活中，圣贤是少数，多数还是常人，气质自然不一，都有被外物（欲）所障蔽的情况，涵养人气质之美的另一工夫就是善于"自反"，陆象山称叹赵子新气质之美，曾说："人莫不有夸示己能之心，子新为人称扬，反生羞愧；人莫不有好进之心，子新恬淡，虽推之不前；人皆恶人言己之短，子新惟恐人不以其失为告。"[③] 这三处并举，主要是在阐述赵子新能够"自反"自身的不足，与常人面对毁誉的态度是不一样的，赵子新有君子之风。当然，他也曾直言门人胡达材不能"自反"：

---

① （宋）陆九渊著，钟哲点校《陆九渊集》卷35，中华书局，1980，第438页。
② （宋）陆九渊著，钟哲点校《陆九渊集》卷32，中华书局，1980，第374页。
③ （宋）陆九渊著，钟哲点校《陆九渊集》卷34，中华书局，1980，第428页。

> 达材资质甚美，天常亦厚，但前此讲学，用心多驰骛于外，而未知自反。喻如年少子弟，居一故宅，栋宇宏丽，寝庙堂室，厩库廪庾，百尔器用，莫不备具，甚安且广。而其人乃不自知，不能自作主宰，不能汛扫堂室，修完墙屋，续先世之业而不替，而日与饮博者遨游市肆，虽不能不时时寝处于故宅，亦不复能享其安且广者矣。及一旦知饮博之非，又求长生不死之药，悦妄人之言，从事于丹砂、青芝、煅炉、山屐之间，冀蓬莱瑶池可至，则亦终苦身亡家，伶仃而后已。惟声色、臭味、富贵、利达之求，而不知为学者，其说由前；有意为学，而不知自反者，其说由后；其实皆驰骛于外也。[1]

一个人的气质之美虽然可以被他人此时此刻直观感受，但因为气质的变化，与之长期相处后自然就发现其气质的厚薄，这是陆王心学特别关注的地方，陆象山举例向胡达材说明如何保养气质之美。首先，他以屋舍之初美比喻"本心"的光辉与充盈，如一个人不能珍惜这样精美的屋舍，反而向外有过分的欲望追求，不追寻圣贤之道，只求长生之术，则只能孤苦至死。其次，"以道制欲，则乐而不厌，以欲忘道，则惑而不乐"[2]，无论是惑于声色货利还是惑于学有所偏，都是"不知本"的体现，也就是不知向内求，存养"本心"，长此以往，将无法实现真正的气质之美的提升。

第三，天所予我，亦须践履之实。陆王之学是行动的实学，陆象山认为言辞的华美不如诚敬的内心和真切的行动，在《天地之性人为贵论》中，他直面告子和荀子，以孟子性善之实存为标杆，践行天所赋予的"本心"纯粹至善，这是一切礼乐刑政、人道兴衰的前提：

> 虽然，愚岂敢以是殚责天下，独以为古之性说约，而性之存焉者类多；后之性说费，而性之存焉者类寡。告子湍水之论，君子之所必辨，荀卿性恶之说，君子之所甚疾。然告子之不动心实先于孟子，荀卿之论由礼，由血气、智虑、容貌、态度之间，推而及于天下国家，其论甚美，要非有笃敬之心，有践履之实者，未易至乎此也。今而未有笃敬之心，践履之实，拾孟子性善之遗说，与夫近世先达之绪言，

---

① （宋）陆九渊著，钟哲点校《陆九渊集》卷4，中华书局，1980，第56~57页。
② （宋）陆九渊著，钟哲点校《陆九渊集》卷22，中华书局，1980，第272页。

以盗名干泽者，岂可与二子同日道哉？①

陆象山向往古代民风淳朴、人性之美，并讽刺当下之人言说议论多于践履笃实。言辞的华美、辞章的精细不能代表一个人内心德性生命的高度，关键在于真诚地践履"本心"之美。如果今天之人依然是口耳相传孟子之学、精研覃思儒家之道，却不能践履之，那这不但不至孔孟，并且与告子、荀子也相差甚远了。在《与包详道》中，陆象山也指出："宇宙间自有实理，所贵乎学者，为能明此理耳。此理苟明，则自有实行，有实事。实行之人，所谓不言而信，与近时一种事唇吻、闲图度者，天渊不侔，燕越异向。事唇吻、闲图度之人，本于质之不美，识之不明，重以相习而成风，反不如随世习者，其过恶易于整救。图度不已，其失心愈甚。省后看来，真登龙断之贱丈夫，实可惭耻！若能猛省勇改，则天之所以予我者，非由外铄，不俟他求。能敬保谨养，学问、思辩而笃行之，谁得而御？"② 陆象山指出"明理"与"实行"的关系，这里其实已经有"真知行"的意味了。如果读书人只会高谈阔论、故弄玄虚，那此人的气质自然不美。更为严重的是，如果读书人不明圣人之道，依旧偏执怪癖，那还不如普通老百姓淳朴自然地去生活。对于此类人，只有勇猛精进地修正自己的错误，体知儒家之道的真精神，意识到圣人之学的真血脉，"本心"的天赋、"天爵"的尊严、天道与人道的贯通一如才能够被自己所体察。同时，一个人对学问思辨行都能以诚敬的态度操练，"本心"的力量如同溥博渊泉，莫之能御。与陆象山一样，王阳明也认为："气质不美者，查滓多，障蔽厚，不易开明。质美者查滓原少，无多障蔽，略加致知之功，此良知便自莹彻。"③因而，一个人的气质之美与他的良知"本心"如何操存、实实操存息息相关，存养"本心"以彰显人的气质之美成为象山人学之美的重要表征。

二　阐圣贤之道，行里仁之美

儒家认为"本心"的存养往往落实在此岸世界，体现在人伦事物之间，圣人与田亩之人的"本心"是同然的。陆象山曾言："成孝敬，厚人伦，美

---

① （宋）陆九渊著，钟哲点校《陆九渊集》卷30，中华书局，1980，第347~348页。
② （宋）陆九渊著，钟哲点校《陆九渊集》卷14，中华书局，1980，第182页。
③ （明）王守仁著，王晓昕、赵平略点校《王文成公全书》卷2，中华书局，2015，第84页。

教化，移风俗。"① 王阳明也说："风俗不美，乱所由兴。"② 良好的社会风俗意味着社会和乐之美的实现。象山人学思想中特别重视社会风俗与人心的引导，强调阐扬圣贤之道，践行里仁之美。

首先，陆象山特别重视以三代风尚为起始的圣贤之道，这是因为三代风尚蕴含着社会和乐之美的原始图景：

> 故狱讼惟得情为难。唐虞之朝，惟皋陶见道甚明，群圣所宗，舜乃使之为士。《周书》亦曰："司寇苏公，式敬尔由狱。"《贲象》亦曰："君子以明庶政，无敢折狱。"《贲》乃山下有火，火为至明，然犹言无敢折狱，此事正是学者用工处。③

> 大舜之所以为大者，善与人同，乐取诸人以为善，闻一善言，见一善行，若决江河，沛然莫之能御。吾人之志，当何求哉？惟其是已矣。④

陆象山说："狱讼惟得情为难。"所谓"情"即"情实"，也就是基于道体"本心"的判断，《尚书·皋陶谟》："天聪明，自我民聪明；天明畏，自我民明畏，"⑤ "皋陶方祗厥叙，方施象刑惟明，"⑥ 都是形容皋陶能够体察天心与民意，统合"情""理"，慎用刑法，维护社会风俗教化之美。同时，贲卦首次提出天文与人文的概念，这其实不是强调天人二分，恰恰是在论说天道与人道的交感互动之美，"山下有火"，夜间山上的草木在火光照耀下，线条轮廓突出，是一种美的形象。"君子以明庶政"，是说从事政治的人有了美感，可以使政治清明。⑦ 可见，此处体现出强烈的天人互动，而且具有引导风俗的美学意蕴。舜之所以能够继承尧帝的王位，是因为大孝，面对后母与弟象的刁难，舜做到了宽容与引导，美名远扬。同时，他又能够善与人同，广开四方之门，以招四方贤俊，善用百官，尊重、肯定

---

① （宋）陆九渊著，钟哲点校《陆九渊集》卷 35，中华书局，1980，第 449 页。
② （明）王守仁著，王晓昕、赵平略点校《王文成公全书》卷 16，中华书局，2015，第 686 页。
③ （宋）陆九渊著，钟哲点校《陆九渊集》卷 8，中华书局，1980，第 112 页。
④ （宋）陆九渊著，钟哲点校《陆九渊集》卷 2，中华书局，1980，第 26 页。
⑤ 顾颉刚、刘起釪：《尚书校释译论》，中华书局，2005，第 400 页。
⑥ 顾颉刚、刘起釪：《尚书校释译论》，中华书局，2005，第 463 页。
⑦ 宗白华：《美学散步》，上海人民出版社，2005，第 75 页。

每个贤能者的优长之处，这种胸襟气度自然而然会引导社会风俗趋向和美。

其次，陆象山阐发圣贤之道是为了落实在现实生活之中的、儒家的入世之道，具体可从时间与空间两个维度阐释。一方面，从时间维度上讲，以三代风尚为起始的圣贤之道不是遥不可及的，陆象山视野下的圣贤之道是可学而至的普遍性存在，正如陆象山曾言：

> 尧舜文王孔子四圣人，圣之盛者也。二《典》之形容尧舜，《诗》《书》之形容文王，《论语》《中庸》之形容孔子，辞各不同。诚使圣人者，并时而生，同堂而学，同朝而用，其气禀德性，所造所养，亦岂能尽同？至其同者，则禹益汤武亦同也。夫子之门，惟颜曾得其传。以颜子之贤，夫子犹曰"未见其止"，孟子曰"具体而微"。曾子则又不敢望颜子。然颜曾之道固与圣人同也。非特颜曾与圣人同，虽其他门弟子亦固有与圣人同者。不独当时之门弟子，虽后世之贤固有与圣人同者。非独士大夫之明有与圣人同者，虽田亩之人，良心之不泯，发见于事亲从兄，应事接物之际，亦固有与圣人同者。指其同者而言之，则不容强异。①

圣贤之道具有一种超越时间的美感，很大程度上在于此时此刻的人与古代的圣贤能够产生心灵上的道德共鸣，也就是道德体认的精神超越。上文提到尧、舜、文王、孔子、禹、益、汤、武、颜子、曾子、孔门贤者、孟子、后世之贤、士大夫、田亩之人等，都是强调圣贤之道并非束之高阁的存在，而是具有平民性关怀的普遍性存在。进而，要充分昂扬每个个体与圣人"心所同然"的道德心，"小德川流，大德敦化，此圣人之全德也……一德之中亦不必其全，苟其性质之中有微善小美之可取而近于一者，亦其德也。苟能据之而不失，亦必日积日进，日著日盛，日广日大矣。惟其不能据也，故其所有者亦且日失日丧矣。尚何望其日积日进，日著日盛，日广日大哉？"②虽然普通人暂时达不到尧舜的"大德"，但我们依然要肯定每个普通生命个体的"微善小美"与圣贤之道的一致性，圣贤之道方可学而至焉，即使是"微善小美"之处，亦是十分珍贵的德行。积善成德，日

---

① （宋）陆九渊著，钟哲点校《陆九渊集》卷22，中华书局，1980，第271页。
② （宋）陆九渊著，钟哲点校《陆九渊集》卷21，中华书局，1980，第264页。

日有进，陆象山对此的诠释不仅具有美学的层次感，而且强调了"德"之操存的不间歇性，也是在强调时刻提撕自我德性的"本心"，进而崇德修业，变化气质。

另一方面，从空间维度上讲，陆象山认为儒学不仅仅是讲个人内在心性修养的提升与美感的体验，更重要的是在群己互动共同追寻圣人之道时，成就孔子所言的里仁之美：

> 自为之，不若与人为之；与少为之，不若与众为之，此不易之理也。仁，人心也。为仁由己，而由人乎哉？我欲仁，斯仁至矣。仁也者，固人之所自为者也。然吾之独仁，不若与人焉而共进乎仁。与一二人焉而共进乎仁，孰若与众人而共进乎仁。与众人焉共进乎仁，则其浸灌熏陶之厚，规切磨砺之益，吾知其与独为之者大不侔矣。故一人之仁，不若一家之仁之为美；一家之仁，不若邻焉皆仁之为美；其邻之仁，不若里焉皆仁之为美也。"里仁为美"，夫子之言，岂一人之言哉？[①]

可见，陆象山十分重视空间维度上的人伦关系建构，尤其是群己关系建构。孔子的仁爱精神注重主体性的弘扬与展现，并将其视为人之所以存在的固有精神。陆象山将孔子的"仁爱"之美主动地扩充到群己视域下，强调"共进"而至，这也是对重要民本精神的诠释。

最后，陆象山将"里仁为美"作为普遍性的真理准则，并非只是孔子一人之言，这体现出其"学苟知本，六经皆为我注脚"的主体性美感，蕴含着以激扬自我主体意志之美感为核心的人学思想，并具有普遍性的哲学意涵。

里仁之美对于读书人而言的意义，很大限度地体现在对"议论"处理的态度上。基于"里仁为美"的美学精神，当群己意见产生不同时，我们应该具有怎样的心态呢？陆象山的认知富有包容性、开拓性，并且体现出人性的光辉：

> 自家主宰常精健，逐外精神徒损伤。寄语同游二三子，莫将言语

---

① （宋）陆九渊著，钟哲点校《陆九渊集》卷 32，中华书局，1980，第 377~378 页。

坏天常。①

　　天下之理但当论是非，岂当论同异。况异端之说出于孔子，今人卤莽，专指佛老为异端，不知孔子时固未见佛老，虽有老子，其说亦未甚彰著。夫子之恶乡原，《论》《孟》中皆见之，独未见排其老氏。则所谓异端者非指佛老明矣。异字与同字为对，有同而后有异。孟子曰："耳有同听，目有同美，口有同嗜，心有同然。"又曰："若合符节。"又曰："其揆一也。"此理所在，岂容不同。不同此理，则异端矣。②

　　本心主宰外物，向内求四端之心才是儒家的常道，是非之心，人皆有之，这应是判定人与人之间共识的基本点，陆象山认为当时学人的诸多议论，看似是辟佛老，但终究是不论是非，只论党同，更谈不上里仁之美境。其实，陆象山在这里对佛老抱有"了解之同情"，这恰恰就是"里仁"的精神，充耀着"和而不同"的人性光辉。从美学的角度来看，象山看到了佛家思想、老子思想和儒家思想等轴心时代普遍价值具有共通之处，他们看到了每个原始状态下的人之本性之美，将它称作"赤子"／"婴儿"，也就是主张"本心之所同然"，这是超越一切学说派别的"里仁之美"，也是基于人性纯粹至善的人学之美。

　　此外，正是基于陆象山超越时空的人学思想，他用圣贤之道打通每个人内心的道德隔膜感，使圣贤之道转变为一种庸常之德，进而教化百姓。从陆象山的荆门之政上看，他虽然官秩不高，但晚年能够在一年多的时间里把荆门治理得井井有条，民风淳美，实属不易，就连地方小吏都能得到感化："此间风俗，旬月浸觉变易形见，大概是非善恶处明，人无贵贱皆向善，气质不美者亦革面，政所谓脉不病，虽瘠不害。近来吏卒多贫，而有穷快活之说。"③ 所谓"穷快活"也即体验到安贫乐道的圣人之"道"，风俗之美，焕然变易，人人能够"先立乎其大"，明了"本心"的实存，保养、扩充"四端之心"，就连生活贫困且掌握一定公权力的底层小吏都能够自觉地践行仁义和心学，和睦乡邻，这也意味着陆象山荆门之政的真正成功。归根结底，这得益于陆象山对圣贤之道的倡行："仁义忠信，乐善不

---

① （宋）陆九渊著，钟哲点校《陆九渊集》卷34，中华书局，1980，第408页。
② （宋）陆九渊著，钟哲点校《陆九渊集》卷13，中华书局，1980，第177页。
③ （宋）陆九渊著，钟哲点校《陆九渊集》卷36，中华书局，1980，第512页。

倦，此夫妇之愚不肖，可以与知能行。圣贤所以为圣贤，亦不过充此而已。"① 陆象山认为，圣贤之道既是人性光辉的山巅，也是人伦日用的庸常，更是圣人与凡人能够接洽共处的根本力量，每个个体都可以体察和践履圣凡同然之处，这也是象山人学的魅力所在。

三　明《易传》《中庸》之学，达天人之美

"此理于人无间然"②，天理贯通于人与天之间，传统儒家讲"下学而上达"，十分注重天人关系，探究天人合一的理想境界，既是研究中国美学的题中之义，也是探究象山美学的根源性路径。象山人学之美从形上学的角度来看，是一种天人之美，在陆象山的人学视域中：

> 四方上下曰宇，往古来今曰宙。宇宙便是吾心，吾心即是宇宙。千万世之前，有圣人出焉，同此心同此理也。千万世之后，有圣人出焉，同此心同此理也。东南西北海有圣人出焉，同此心同此理也。③

强调人心之所同然是象山美学的题中之义。象山人学超越了时空的阻隔，将人心之体量扩充到宇宙，收摄入人心，同时，宇宙存在的至高法则是"天理"，"人心至灵，此理至明，人皆有是心，心皆具是理"④。人心的灵气与天理的清明是一致的，随感随应，进而可以说，宇宙与吾心本自无二，这种合一性思维的美感是天人之美。同时，因为圣人之心与天地相参，古圣今贤莫不如是，四海之内莫不如是，这其实是在说"本心"并非空中楼阁，而是具有普遍性的精神共鸣。进而，落实在现实中就是"宇宙内事，是己分内事。己分内事，是宇宙内事"⑤，这就有了道德践履的实感。人的德性与天地的德性是一致的，宇宙之美是本心之美的朗现。正是基于人之本心与宇宙天地之间的天人关系，象山人学之美才能提升到一种哲学高度。从经典文本的诠释上看，这种美感源自陆象山对《易传》和《中庸》天人

---

① （宋）陆九渊著，钟哲点校《陆九渊集》卷15，中华书局，1980，第193页。
② （宋）陆九渊著，钟哲点校《陆九渊集》卷11，中华书局，1980，第143页。
③ （宋）陆九渊著，钟哲点校《陆九渊集》卷22，中华书局，1980，第273页。
④ （宋）陆九渊著，钟哲点校《陆九渊集》卷22，中华书局，1980，第273页。
⑤ （宋）陆九渊著，钟哲点校《陆九渊集》卷22，中华书局，1980，第273页。

之美的体知。

第一，从《易传》"人文化成"的特质上看，陆象山推崇"盛德、大业"，并强调"修身""反求诸己"的人文之美。《周易》的主导思想属于儒家，而儒家历来对于审美和文艺之"文"的问题十分重视。① 萧萐父以人文易和科学易来划分现代易学流派，并主张人文易的价值理想可以称为民族文化之魂，蕴含着"人文化成"思想。② 而"人文化成"本身就蕴含着极重要的生成性审美导向，强调"德业日新"的人文特质：

> "《易》之兴也，其于中古乎？作《易》者其有忧患乎？"上古淳朴，人情物态，未至多变，《易》虽不作，未有阙也。逮乎中古，情态日开，诈伪日萌，非明《易》道以示之，则质之美者无以成其德，天下之众无以感而化，生民之祸，有不可胜言者。圣人之忧患如此，不得不因时而作《易》也。《易》道既著，则使君子身修而天下治矣。③

陆象山认为《周易》及《易传》的兴盛来自圣贤面对"人性"被糟践与伪装，不得不通过"《易》道"来阐明圣贤之道，目的是敦促君子修身，从而平治天下。"大矣哉！德之见于天下也。推吾所有，兼善天下，此固人之所甚欲。然有诸己而后求诸人，无诸己而后非诸人，所藏乎身不恕，而能喻诸人者，未之有也。故君子正身以正四方，修己以安百姓。"④ 陆象山认为推扩自身德性的"忠"道必然重要，但作为最基本伦理准绳的"恕"道更是每个人应当放在首位的，这正如《周易》六十四卦中，以谦卦为最吉，谦谦君子，以"恕"道行世，终无咎，进而可以达到一种"日丽必照物，云浓必雨苗，和顺积中，英华发外，极吾之善，斯足以善天下矣"⑤ 的和乐美境。

但如果不能做到"反求诸己""修己以敬"，就会导向一种"然伐之害德，犹木之有蠹，苗之有螟。骄盈之气，一毫焉间之，则善随以丧，而害旋至矣"⑥ 的毁丧之境。从工夫上讲，只有做到"有焉而若无，实焉而若

---

① 参见刘纲纪《〈周易〉美学》，武汉大学出版社，2006，第5页。
② 参见萧萐父《萧萐父选集》，武汉大学出版社，2013，第146~152页。
③ （宋）陆九渊著，钟哲点校《陆九渊集》卷34，中华书局，1980，第416页。
④ （宋）陆九渊著，钟哲点校《陆九渊集》卷29，中华书局，1980，第336~337页。
⑤ （宋）陆九渊著，钟哲点校《陆九渊集》卷29，中华书局，1980，第337页。
⑥ （宋）陆九渊著，钟哲点校《陆九渊集》卷29，中华书局，1980，第337页。

虚，功赞化育而不居，智协天地而若愚，消彼人欲而天焉与徒，谦冲不伐，而使骄盈之气无自而作，则凡不言而信，不怒而威者，乃所以为德也"，才能够实现"兹不曰不期而自化者乎"①。这显示是陆象山借用《论语》《老子》《中庸》中的辩证美学来论证《易传》中"谦德"与"反己"的必要性。人文教化的目的是"自化"，强调自我主体意志的昂扬，敬畏天意，成己成人，这显然也是象山人学的奥义。

第二，从《易传》"三易"②精神上看，象山诠《易传》的美学意蕴更为凸显。刘纲纪指出："从美学上看，《周易》提出的'日新'、'通变'的思想并不是专门针对美与文艺而发的，但又无不可以适用于美与文艺。"③正是因为《易传》诠释六爻相互变化、彼此消长，才能够将《周易》之变易美学展现出来，在解读《易传·系辞下》"《易》之为书也，不可远，为道也屡迁。变动不居，周流六虚，上下无常，刚柔相易，不可为典要，唯变所适"时，陆象山曾言：

> 临深履薄，参前倚衡，儆戒无虞，小心翼翼，道不可须臾离也。五典天叙，五礼天秩，《洪范》九畴，帝用锡禹，传在箕子，武王访之，三代攸兴，罔不克敬典。不有斯人，孰足以语不可远之书，而论屡迁之道也。"其为道也屡迁"，不迁处；"变动不居"，居处；"周流六虚"，实处；"上下无常"，常处；"刚柔相易"，不易处；"不可为典要"，要处；"惟变所适"，不变处。④

这里，象山用"道不可须臾离"阐述道体的精微以及道在天人之间的关系，道不远人，三代文明的传承是变中有常的，也就是"不易"之美与"变易"之美的协调统一，陆象山的学说以"易简"著称，这其实与《易传》的"简易"之道息息相关。陆象山以辩证的"三易"之美，强调变中有常、虚中有实、大道至简，强调《易传》之理的普遍性，正如他自己所言："此理塞宇宙，谁能逃之，顺之则吉，逆之则凶。其蒙蔽则为昏愚，通彻则为明智。昏

---

① （宋）陆九渊著，钟哲点校《陆九渊集》卷 29，中华书局，1980，第 337 页。
② 即不易、变易、简易。
③ 刘纲纪：《〈周易〉美学》，武汉大学出版社，2006，第 292 页。
④ （宋）陆九渊著，钟哲点校《陆九渊集》卷 34，中华书局，1980，第 416 页。

愚者不见是理，故多逆以致凶。明智者见是理，故能顺以致吉。"① 正是因为《易传》蕴含"天理"的真切性和普遍性，它才能具有历史借鉴意义和人文教化意义。同时，易象与爻辞也体现为一种天人互动之美：

> 雷在天上大壮，君子以非礼弗履。非礼弗履，人孰不以为美？亦孰不欲其然？然善意之微，正气之弱，虽或欲之而未必能也。今四阳方长，雷在天上，正大之壮如此，以是而从事于非礼弗履，优为之矣。此颜子请事斯语时也。
>
> 《泰》之九二言包荒，包荒者，包含荒秽也。当泰之时，宜无荒秽。盖物极则反，上极则下，盈极则亏，人情安肆，则怠忽随之，故荒秽之事，常在于积安之后也。②

从大壮卦的例子可以看到，"非礼弗履"是指君子依照"本心"行事，反映到"宇宙"上就是天上鸣雷之象，是"宇宙便是吾心，吾心即是宇宙"的美学之境。从卦象上分析，下面的四个阳爻象征阳气的强盛，上面的两个阴爻象征阴气的削弱，这表征君子当有敬畏、谦虚之心，并与《论语》中的《颜渊》篇相互印证，实际上还是在强调每个人要谨诚于"天命之谓性"下的"本心"，慎其独也。此外，从泰卦到大壮卦的变化既是阳气增长的过程，也是从复到乾变迁中阳气强于阴气的第一卦。泰卦与大壮卦仅仅是第四爻不一致，就有很大不同。泰卦本应为安泰之象，但陆象山认为，泰卦第二爻"荒秽"的出现意味着初九"拔茅茹"之象后出现了"人情安肆"的现实情形，进而导致天人之间的怠慢，也就是人没有了戒慎恐惧之心。因而警示我们无论身处何境，都要行中守正，尊道而行，尤其是在身处安乐之境时，更要有危机感，谦以自牧。这种与自然现象相呼应，并周流六虚的人学之美，实则来自天人交感，感通于天人合德。

第三，从《易传》《中庸》互诠③的角度来看，"至诚"是两者共通的

---

① （宋）陆九渊著，钟哲点校《陆九渊集》卷21，中华书局，1980，第257页。
② （宋）陆九渊著，钟哲点校《陆九渊集》卷21，中华书局，1980，第257~258页。
③ "《易传》与《中庸》，义理互通。《易传》强调道兼三才，由'弥纶天地之道'推及于人事之'崇德广业'；《中庸》则强调'道不远人'，由'庸德庸言'之具体实践出发而上达于'无声无臭'的天道，二者致思的侧重点稍异。而二者一些立论的基本点采自道家的形而上学意蕴，则洽然自相会通。"《萧萐父选集》，武汉大学出版社，2013，第155页。

核心理念，这是人道与天道相互贯通的根本途径，也是最精奥的美学体验。杜维明说："它（人道）指向了天人之间的一种互动性。由于坚持天人之间的互动，人道一方面要求必须使人的存在具有一种超越的依据，另一方面也要求天的过程得到一种内在的确认。"① 同时，"诚，作为人的德性的最本真的体现，也是天所赋予的人性之真理和实在。只有当人是真诚的、真实的和实在的时候，他们才能体现人性的最深刻的意义"②。陆象山把《易传》《中庸》之"至诚"同乾卦六爻结合起来：

> 由乎言行之细而至于善世，由乎己之诚存而至于民之化德，则经纶天下之大经者，信乎其在于至诚，而知至诚者，信乎非聪明睿知达天德者有不能也。以《经》考之，《乾》之六爻，隐而未见，行之未成者，初之潜也；贵而无位，高而无民者，上之亢也；三则以危而进德；四则以疑而自试；惟五以飞龙在天，而二以见龙在田，皆有利见大人之美。夫君位既已在五，则夫君德者，非人之龙德而正中，其孰足以当之？圣人于是发成己成物之道，存诚博德之要，使后之人君能明圣人之言，以全九二之德，则天下有不足为矣。③

"'诚'不只是一种创造的通常形式，它就是天地化育过程得以出现的原动力。"④ 陆象山在这里从"人君存诚"的主体意志出发，从经纶社稷的角度将"天下"运作的核心准则界定为"至诚"，以达天德者配"至诚"，结合乾卦六爻的位序和人文特质的视域，二爻、五爻有利见大人之美象，当人君处于第五爻时，"德""位"相配，成己成物，陆象山通过"至诚"精神诠释"天命之谓性"，使自我的德性与上天的光辉贯通起来，将人道与天道打通，天人一贯，至诚无息。至诚之德如同溥博渊泉，体现出一种低调内敛、深沉宽阔的天人之美。

象山人学之美的核心在于揭示了吾心与宇宙的贯通如一，吾心是主张

---

① 杜维明：《中庸：论儒学的宗教性》，段德智译，生活·读书·新知三联书店，2013，第 6 页。

② 杜维明：《中庸：论儒学的宗教性》，段德智译，生活·读书·新知三联书店，2013，第 94~95 页。

③ （宋）陆九渊著，钟哲点校《陆九渊集》卷 29，中华书局，1980，第 337 页。

④ 杜维明：《中庸：论儒学的宗教性》，段德智译，生活·读书·新知三联书店，2013，第 100 页。

应用在实事①之中的，并体现在践行圣贤之道上，象山诠释《易传》《中庸》以明"至诚"的天人之道，强调一切都在变化发展之中，一切又有简易、恒常的大道可遵循，"作为神圣的世俗"的儒家人学进而可以与天地参赞，要求我们进德修业，把天道於穆不已的精神熔铸于人人具足的"本心"中，进而可以体察象山人学之美的深意。

Three Aesthetical Dimensions of
Xiangshan's Theory of Humanity

Yang Yongtao

Abstract：Xiangshan's theory is essentially an account on humanity. Lu Xiangshan's theory sprouts from the "original heart/mind"（本心）that everyone has. It is extensive and plain, lofty and subtle. There are three major aesthetic dimensions to his theory. Firstly, he expounds the beauty of human characteristics by emphasizing on the utmost fullness and purity of "original heart/mind", and also deeply understands that this beauty needs to be cultivated, hence he puts forward many methods. Secondly, by elaborating sages' thoughts, he reveals the common goal shared by individuals and sages themselves. He proposes that this commonness can overcome both the temporal and spatial obstacles in moral interactions among people, and enable to form community-wide humaneness（里仁）. Finally, Xiangshan unifies principles both of individuals and heaven. He illustrates the innate aestheticized dynamism and humanistic concerns embedded in commentaries to *Book of Changes*（《易经》）and *The Doctrine of The Mean*（《中庸》）. Overall, in Xiangshan's theory, we can see the interconnectedness and the interwovenness between the universe and human heart/mind, principles of heaven and

---

① "古人皆是明实理，做实事。近来论学者言：'扩而充之，须于四端上逐一充。'焉有此理？孟子当来，只是发出人有是四端，以明人性之善，不可自暴自弃。苟此心之存，则此理自明，当恻隐处自恻隐，当羞恶，当辞逊，是非在前，自能辨之。又云：当宽裕温柔，自宽裕温柔；当发强刚毅，自发强刚毅。所谓'溥博渊泉，而时出之'。"（宋）陆九渊著，钟哲点校《陆九渊集》卷34，中华书局，1980，第396页。

humanity. These are the aesthetical essences of Xiangshan's theory of humainty.

Keywords：Lu Xiangshan；The Aesthetics of Humanity；Originaal Heart/ Mind（本心）；Liren（里仁）

良知与气质：论阳明学派中的美学之维*

李　想**

摘要： 阳明学派中蕴含着何谓美、美之载体与美之类型等问题。首先，他们注重良知与知识的区分，认为良知是人之为人的本质，故致良知是践行"充实之谓美"的历程。王畿、聂豹与罗汝芳等皆认同"充实"之美，反对向外求取天理。其次，致良知涉及气质的变化，是性、质、情或知情意合一交融的过程。气质及其变化构成不同形态之美的载体或场域。王畿虽然主张先天之学，但仍强调不可脱离气质来论学，更遑论美了。罗汝芳注重心体的发用，尤为指出气质为良知呈现的通道。最后，良知学的衍化导致阳明后学出现不同的美学类型。阳明之学呈现高洁、莹彻与温厚等融为一体的意象，而王畿偏向高洁，聂豹趋向荒冷静穆，罗汝芳则侧重温醇之象。

关键词： 阳明学派　变化气质　美之类型　高洁　温醇

熊十力与陈铭枢曾一起游览长江，熊十力面对大江感叹江水之美，陈铭枢则背靠长江而立。熊十力询问陈铭枢何以不观赏江水，而陈铭枢答以熊十力就是最美好的风景，二人会心一笑。无疑陈铭枢在熊十力的学识风范与品格境界之中发现了美。陈铭枢也确实抓住了传统学问的特质，即注重涵养身心，涉及对感性或气质的变化与完善，故学者经过"践形"，其自身便宛如一件作品甚至艺术品。学者以身体为载体，养成学识，铸就境

---

* 本文系国家社会科学基金冷门绝学专项学术团队重大项目"钱绪山学派、龙溪学派与近溪学派文献整理及思想研究"（22VJXT001）阶段性成果。

** 李想，安徽大学哲学学院讲师，主要研究方向为阳明学及其后学。

界，其中蕴含着美的意涵。此种美不仅体现于熊十力等民国学者的观念中，也是熊十力所推重的阳明学的特色之一。阳明学者对良知的一般理解是，经由修身，可达到不同形态的境界，而且他们常用月、镜与水等譬喻人的气象品质。唯有关注理学家的气象，才能深刻理会宋明理学的延续过程以及它对士人生活的塑造作用，或者说，每个学者皆通过各自的"践形"，完成其人生意义。在个性的多样性之中，体现出美美与共的景象。

一　致良知与充实之谓美

阳明之学从朱子学中转出，在诸多论题上皆与朱子学有不同的观点，如知行、博约、精一、戒惧、慎独等，然而核心的分歧是认为朱子学向外求理，由此导致知行等的不和或不一，流弊是注重知识而忽略本原。面对学生关于与朱子学不一致的疑惑，阳明称："于事事物物上求至善，却是义外也。至善是心之本体，只是'明明德'到'至精至一'处便是。然亦未尝离却事物。"① 阳明指出在外物上寻找至善，是未能把握住心之本体为至善的涵义。由于不能自信至善为心之本体，所以阳明认为朱子格物穷理的观点不妥当："理也者，心之条理也。是理也，发之于亲则为孝，发之于君则为忠，发之于朋友则为信。千变万化，至不可穷竭，而莫非发于吾之一心。故以端庄静一为养心，而以学问思辨为穷理者，析心与理而为二矣。"② 孝亲、忠君、信朋等行为的根源与动力在心，行为虽然千变万化，甚至难以枚举，但只要领会到它们的根据与根源，那么，践行时便能十分平易直截。相反，若仅仅以学问思辨为穷理，也就是向外穷理，难免会随物而转，陷入繁难之地。如此，便不难理解阳明学者何以屡屡以支离繁难批评朱子学，且会造成知行不一："若吾之说，则端庄静一亦所以穷理，而学问思辨亦所以养心，非谓养心之时无有所谓理，而穷理之时无有所谓心也。此古人之学所以知行并进而收合一之功，后世之学所以分知行为先后，而不免于支离之病者也。"③ 在阳明看来，若能把握住以良知天理作为为学的主脑，学问思辨也可为心体良知之用，而有知行合一之功。若无此头脑，先去求

① （明）王守仁撰，吴光等编校《王阳明全集》第 1 册，上海古籍出版社，2011，第 2 页。
② （明）王守仁撰，吴光等编校《王阳明全集》第 1 册，上海古籍出版社，2011，第 308～309 页。
③ （明）王守仁撰，吴光等编校《王阳明全集》第 1 册，上海古籍出版社，2011，第 309 页。

知，再去践行，便会有知先行后之论。总之，阳明之学从龙场领悟心即理后，便批评朱子学向外求理，此种批评背后是对朱子关于道体未能有如实的把握，所以才会偏向于向外逐求知识。

在内外之辨的视域中，阳明实际上是在批评朱子学缺乏对"充实之谓美"的真实体会，即向事物上求理与不恰当的学问思辨皆是对"充实"的偏离，而支离繁难之中自然也就缺乏美。阳明对此亦曾有所论述："只念念要存天理，即是立志。能不忘乎此，久则自然心中凝聚，犹道家所谓结圣胎也。此天理之念常存，驯至于美大圣神，亦只从此一念存养扩充去耳。"① 若能念念常存天理而不间断，由此存养扩充，便能达到"美大圣神"的境界，可见阳明将心即理与孟子的"充实之谓美"说联系起来。

与阳明对格物的新解一脉相承，阳明的弟子王畿也对良知与知识有所辨析，其实质也在于从与知识的分别中彰显良知的性质："夫良知之与知识，争若毫厘，究实千里。同一知也，良知者，不由学虑而得，德性之知，求诸己也；知识者，由学虑而得，闻见之知，资诸外也。未发之中是千古圣学之的。中为性体，戒惧者，修道复性之功也。"② 王畿认为"知"有良知与知识之分，良知根源于天性，不虑而知，而知识主要来源于后天的习得，二者有德性之知与闻见之知的分别。良知也可被看作"未发之中"，此"未发之中"本质上便是人的本体即性体，所以，真正的为学方式应区别于求取知识的方式，故戒惧之功是"修道复性"的工夫。可知王畿也认为，"千古圣学"的准则是认识良知的性质，由此而有戒惧的为学工夫。故而，真正的学问并非逐求知识，乃是反求诸身，如实修养自身。无疑，王畿也继承了阳明注重充实之美的为学方式。

常与王畿辩驳良知的江右学者聂豹，也强调为学要领会良知本体，而不可以知觉为良知。聂豹辨析良知本体与知觉之间的差异为："今夫以爱敬为良知，则将以知觉为本体；以知觉为本体，则将以不学不虑为工夫。其流之弊，浅陋者恣情玩意，拘迫者病己而稿苗，入高虚者遗弃简旷，以耘为无益而舍之。是三人者，猖狂荒谬，其受病不同，而失之于外，一也。"③ 聂豹提出人们若把爱与情当作良知，便是错将知觉等同于良知本体，会导向不学不虑的工夫，而出现三种弊端：其一，浅陋的人把情欲作为良知本

---

① （明）王守仁撰，吴光等编校《王阳明全集》第 1 册，上海古籍出版社，2011，第 13 页。
② 吴震编校整理《王畿集》，凤凰出版社，2007，第 39 页。
③ 吴可为编校整理《聂豹集》，凤凰出版社，2007，第 78 页。

体，良知成为放纵情欲的借口与依据，此近乎自然人性论；其二，拘迫的
人面对情欲的流动，感到警惕，乃至于惊惧，以为修为实难，从而限制了
自身的生机，此是作茧自缚；其三，沉溺高妙玄虚之境的人将人为的修治
工夫看作虚伪的举动，从而放弃工夫。聂豹对此流弊的观察可谓入木三分，
并进而指出致病的根源，所谓"受病不同，而失之于外，一也"。"失之于
外"是对良知本体无真实的领会，从而不能有真实的工夫，此为受病的最
根本原因。所以，聂豹与王畿虽在对良知本体的理解上有分歧，但他们皆
欲追求真实的良知，皆认同"充实"之美。

　　泰州学派的罗汝芳同样反对向外求取知识的路径。在为学是否简易的
问题上，有人以"子路有闻"与"尔以予为多学而识之乎"为例，说明应
有勤力学问的艰苦而质疑简易，罗汝芳提出子路与子贡只从多闻多见上理
解孔子，未能真正认识孔子，并以孔子的"盖有不知而作之者，我无是也"
为例辨析道："夫无不知而作，则所作者皆是知矣。所作皆是知，则此知果
通昼夜而无间，随酬应而无遗，方才是不虑而知之真体也。若彼务求多闻
而从、多见而识，纵是从得，如何勇往？识得如何颖敏？终是人而非天，
外而非内，而次于良知数等矣。"[①] 孔子之知乃通乎昼夜、无所间断、具有
超越性的不虑之知，故孔子之知乃良知，而非闻见之知。罗汝芳进而从天
人内外的角度区别良知与知识，良知根源于天，为天然之知，属于内，而
闻见之知源于人为的经验，属于外，故勤劳艰苦之弊出于误认知识为良知
所致，而真正践行属天之知或内在之学则是简易的。世人（包括子路与子
贡）从闻见上理解的孔子，有违孔子的真相。不难看出，罗汝芳也秉持心
学的立场，力主为学应该辨别天人与内外，从而真正地落实或实现良知，
此方为充实之学。

　　"充实之谓美"的核心是身心如实地践履性命之学，为实现内在品质
的无目的的合目的性行为，其结果是身心的变化、提升与完善，在此过程
中，形成独特的人格风范和人文气质，也就具有了审美的意味。可以说，
阳明学派对致良知或心即理的强调，归根结底，是对如何落实与呈现道的
追问，是对人之能够真实"践形"而变化气质的呼唤，一定程度上也是
对具有美感的气象或境界的向往与探索。

---

　　① 　方祖猷等编校整理《罗汝芳集》，凤凰出版社，2007，第 18 页。

二　变化气质与美之载体

儒学之为儒学虽然也讲求本体，但它并不单独"把玩"本体，而是更注重真实地践履，以变化气质。在宋明理学的传统中，经常出现对人物气象的品评，如言"仲尼，天地也；颜子，和风庆云也；孟子，泰山岩岩之气象也"①。论周敦颐为"人品甚高，胸中洒落，如光风霁月"，大程则"朴实如精金，温润如良玉""瑞风祥云，和风甘雨"。此种评点，指向人格与气质的交融一体所呈现的气象气度。儒者或如天地，或如泰山，或如光风霁月，或如精金美玉，或如春风秋霜，或如云间月澄，等等，皆具有各自独特的气象，宛若个性殊异而又各有神采的艺术品。

阳明认为良知与气质之间为一体的关系，而主要在于良知："性一而已，仁、义、礼、智，性之性也；聪、明、睿、知，性之质也；喜、怒、哀、乐，性之情也；私欲、客气，性之蔽也。质有清浊，故情有过不及，而蔽有浅深也。"②阳明认为仁、义、礼、智、聪、明、睿、知、喜、怒、哀、乐、私欲、客气皆为性的不同侧面，不过是此统一之性中的性、质、情向度而已，也可说，阳明所理解的性、质、情为一体的关系。虽然如此，但若陷溺于气质之偏，仍然不能如实呈现良知之明，故良知之明的呈露绝不可忽视身体气质的维度："良知本来自明。气质不美者，渣滓多，障蔽厚，不易开明。质美者渣滓原少，无多障蔽，略加致知之功，此良知便自莹彻，些少渣滓如汤中浮雪，如何能作障蔽？"③气质美好的人，良知的障蔽少，致知的功夫相对容易。致良知的过程也是涵化气质之渣滓而达到"质美"的历程，二者为一体之两面，所以，最终呈现的良知之明，并非抽象地认识良知本体，而是当身展现此明，此为性、质、情或知情意合一交融所呈现的状态。

在致良知与变化气质的过程中，阳明对良知的强调已为人熟知，实则他对气质亦给予了充分的关注，并常以此论学："凡后生美质，须令晦养厚积。天道不翕聚，则不能发散，况人乎？花之千叶者无实，为其华美太发

---

① （宋）程颢、程颐著，王孝鱼点校《二程集》，中华书局，2011，第76页。
② （明）王守仁撰，吴光等编校《王阳明全集》第1册，上海古籍出版社，2011，第77页。
③ （明）王守仁撰，吴光等编校《王阳明全集》第1册，上海古籍出版社，2011，第77页。

露耳。"① "此间同往者，后辈中亦三四人，习气已深，虽有美质，亦消化渐尽。此事正如淘沙，会有见金时，但目下未可必得耳。"② 阳明以人的资禀气质为修养的条件，修养在本质上便是改变习气、变化气质的历程。气质，一方面是人的限制条件，若脱离相应的气质条件，漫谈修治，鲜能真正地实有诸己；另一方面是人实现修养的途径，若切实改变了气质，便已然在逐步修养了。阳明对气质条件与途径的关注，最为显著的说法在他评论王畿与钱德洪之争论的"四句教"中："二君之见正好相资为用，不可各执一边。我这里接人原有此二种：利根之人，直从本源上悟入。人心本体原是明莹无滞的，原是个未发之中。利根之人一悟本体，即是功夫，人己内外，一齐俱透。其次不免有习心在，本体受蔽，故且教在意念上实落为善去恶。功夫熟后，渣滓去得尽时，本体亦明尽了。"③ 所谓的"利根之人""其次"指向人之"美质"与否，是否受习心的影响，显然是在说人的资禀气质的条件。利根之人气质清和，一悟本体，便是工夫，"人己内外，一齐俱透"能够实现的途径在于其有美好气质。反之，气质条件不好的人，往往习气习心较为显著，无法如上根一样实现人己内外的完全感通，只有在不断地省察克治的为善去恶工夫中，才能化除气质的障蔽，呈现道体，此便是"功夫熟后，渣滓去得尽时，本体亦明尽"之义。不过阳明认为，致良知与变化气质为合一的关系，不可偏重一端，所以他强调："汝中之见，是我这里接利根人的；德洪之见，是我这里为其次立法的。二君相取为用，则中人上下皆可引入于道。若各执一边，眼前便有失人，便于道体各有未尽。"④ 不难看出，阳明所理解的致良知过程为变化气质与良知显露的一体过程。致良知的过程不仅涉及知，也涉及情与意，即人的切实感受，故致良知的过程也就呈现提升与完善感性的美感，而不同的人所变化气质的程度也是不一致的，所以，其中蕴含的美便有不同的形态与类型。若脱离了修养过程的气质因素，也就难以谈论美的问题了，此或可说气质为人修养过程中美的必要载体。

阳明强调王畿与钱德洪不要各执一边，而要相资为用，此背后也关乎如何用功的问题，亦即敬畏与洒落、自觉与自然之间的辩证关系。概而言

---

① （明）王守仁撰，吴光等编校《王阳明全集》第 1 册，上海古籍出版社，2011，第 166 页。
② （明）王守仁撰，吴光等编校《王阳明全集》第 1 册，上海古籍出版社，2011，第 169 页。
③ （明）王守仁撰，吴光等编校《王阳明全集》第 1 册，上海古籍出版社，2011，第 133 页。
④ （明）王守仁撰，吴光等编校《王阳明全集》第 1 册，上海古籍出版社，2011，第 133 页。

之，阳明并不认为二者为对立的关系："夫君子之所谓敬畏者，非有所恐惧忧患之谓也，乃戒慎不睹，恐惧不闻之谓耳。君子之所谓洒落者，非旷荡放逸，纵情肆意之谓也，乃其心体不累于欲，无入而不自得之谓耳。"① 敬畏并非刻意恐惧忧虑，洒落也非放荡，故敬畏非但不是洒落的牵累，还必要将它们合在一起。在阳明去世后不久，阳明的弟子季本与王畿之间便爆发了关于警惕与自然的辩论，其实质是该如何用功，究竟应以警惕还是以自然为工夫。其中，季本主张警惕的优先性，而王畿则注重自然的优先性。季本与王畿分别继承与发挥了阳明关于敬畏与洒落看法中的某一个面向。阳明的众多弟子皆参与了此次辩论，除季本与王畿的观点外，邹守益、欧阳德与钱德洪的观点则近于阳明。② 进而言之，长期的省察克治体现出人的坚毅与努力，表现出壮美甚至崇高之美，而良知无所执着、自然流动，则蕴含着优美。

　　需要指出，即使注重自然、偏爱良知之无的王畿，仍然关注人的气质因素，注重消融习气，而非绝对地悬空揣度良知。如王畿所言："空者，道之体也。愚、鲁、辟、喭，皆滞于气质，故未能空。颜子气质消融、渣滓浑化，心中不留一物，故能屡空。"③ 王畿以空作为道之体段或本然状态，认为高柴的愚直、曾参的鲁钝、子张的偏激与子路的直率皆局限于各自的气质，才不能如实呈现道体，而颜子能够消融变化气质，涵化渣滓，心中无所系着，故能够随时变化而处于屡空状态。他甚至以变化气质为急务："习气为害最重。一乡之善不能友一国，一国之善不能友天下，天下之善不能友上古，习气为之限也。处其中而能自拔者，非豪杰不能。故学者以煎销习气为急务。"④ 以煎销习气为急务，也就是以变化气质为急务。王畿之所以如此重视消融气质，是因为根器既是为学的限制也是为学的途径："人之根器，原有两种。意即心之流行，心即意之主宰，何尝分得？但从心上立根，无善无恶之心，即是无善无恶之意，先天统后天，上根之器也。若从意上立根，不免有善恶两端之决（抉）择，而心亦不能无杂，是后天复先天，中根以下之器也。"⑤ 王畿和阳明一样，针对不同的根器，提倡不同

① （明）王守仁撰，吴光等编校《王阳明全集》第 1 册，上海古籍出版社，2011，第 212 页。
② 参见李想《论季本的"龙惕说"及其争论》，《人文论丛》2022 年第 1 期，第 180~186 页。
③ 吴震编校整理《王畿集》，凤凰出版社，2007，第 75 页。
④ 吴震编校整理《王畿集》，凤凰出版社，2007，第 20 页。
⑤ 吴震编校整理《王畿集》，凤凰出版社，2007，第 243 页。

的教法，但也表明不同的教法是因材施教的权法，并不可以将它们割裂开来。首先，正如阳明所告诫的，上根的王畿需用钱德洪的工夫，钱德洪须领会王畿对本体的认识，故工夫的结构中包含着对本体的理解与切实的省察，而省察主要是克治与改善人之气质。其次，人的气质是可以变化的，也就是说人在不同阶段可以使用不同的工夫，此便可以解释何以阳明学者的为学过程往往是变化的，如阳明的为学三变、钱德洪的为学变动历程等。可见，最为注重良知之无的向度的王畿仍然不能脱离变化气质来论学，故王畿之学中仍然包含着身体、感性或情感方面的变化、提升与完善，在此过程中也就流溢出美的意味。

与王畿相比，罗汝芳更为注重良知的作用或发用，故他更为强调从气质的表现言心体良知，亦尤为注重精粗、内外的一体。他对气质的看法为："气质之说，主于诸儒，而非始于诸儒也。'形色，天性也'，孟子固亦先言之也。且气质之在人身，呼吸往来而周流活泼者，气则为之；耳目肢体而视听起居者，质则为之……况天命之性，固专谓仁、义、礼、智也已！然非气质生化，呈露发挥，则五性何从而感通？四端何自而出见也耶？故维天之命，充塞流行，妙凝气质，诚不可掩，斯之谓天命之性，合虚与气而言之者也。"① 罗汝芳指出天命之性不仅不可离开气质，而且要经由气质才能有所感通与发见。天命流行的过程，也就是"妙凝气质"，即在气质上的落实与呈露，故天命之性是包含着气质的要素的。"妙凝气质"鲜明地体现出气质乃为学的通道与载体，为学也就是不断地变化气质的过程，故而，罗汝芳之论很能说明气质是其学蕴含的美的维度的载体。若脱离气质，实无从谈论为学，也就谈不上学问气象的美学维度。气质在本质上仍然属于气的范畴，故阳明学派中关于气质的理解，实是对良知与气之间关系的辨证认识。就此而言，气仍然是理解阳明学派之美学维度的基础范畴之一。

阳明学派对气质的关注，表明他们注重修身的过程，其间蕴含着修身美学的维度。当然，阳明学派对气质与身体的理解，并非仅仅包含感性或肉体，也包含着理性与精神的维度，所以，它既可为限制条件，也可为通达的途径。在天人合一的视域中，气质与身体甚至就是人之存在的载体，故阳明学派的修身美学又可通向存在美学。

---

① 方祖猷等编校整理《罗汝芳集》，凤凰出版社，2007，第87页。

三　良知学的衍化与美之类型

阳明学者一般将良知看作知情意合一的结构①，则它不仅涉及是非善恶的判断，也涉及甚至必然落实为人的情感的实现，不难想象阳明学者对良知的理解中也蕴含着美的维度。这尤其表现在他们对良知的诗意表达及相关诠释中。阳明已有对良知的诗性认识，他常将良知比作明月与明镜，偶尔还用水形容之。阳明用明月与云霭之间的关系，说明本体及其障蔽因素："万里中秋月正晴，四山云霭忽然生。须臾浊雾随风散，依旧青天此月明。肯信良知原不昧，从他外物岂能撄！老夫今夜狂歌发，化作钧天满太清。"②云霭虽然能够遮挡明月，但不能损害明月自身的洁净光明，而且不多久浊雾便被清风吹散，与之相类，良知是虚灵不昧的，外物虽然能够干扰良知的呈现，但良知的本质并不会受到损害。良知犹如明月，外物犹如云霭，阳明对月亮的吟咏，实是歌咏良知。他的狂歌，实为对良知的自信。此处明月清风的意境，昭示着阳明心学对良知的认识中包含着审美的意识，也就是说善与美是统一的。正因为内在的良知自身是圆满的，不容外物的间杂干扰，此既体现为顺良知而动的善，也呈现空灵、洁净的美。这种高洁之美，还体现出良知的超越性："无声无臭独知时，此是乾坤万有基。抛却自家无尽藏，沿门持钵效贫儿。"③"绵绵圣学已千年，两字良知是口传。欲识浑沦无斧凿，须从规矩出方圆。不离日用常行内，直造先天未画前。"④良知无声无臭，为乾坤万有的根源，但它又未尝离弃人伦。就在日用常行内，达到"先天未画前"，在日用凡俗中实现圣洁，也可以说是在日用常行等自觉行为中，实现了超自觉的再度和谐。以"无声无臭"与"先天未画前"来刻画良知，颇能体现良知的高洁特性，然它不离日常生活，则又有和煦之生机美。此与阳明以明月来理解良知实际上是一脉相承的，因为月亮既高洁，又与世间的美好寄托相关，其间亦有了温和醇厚之美。故阳明之学实能融高洁与温和为一体。

---

① 参见陈立胜《入圣之机：王阳明致良知工夫论研究》，生活·读书·新知三联书店，2019，第 246 页。

② （明）王守仁撰，吴光等编校《王阳明全集》第 1 册，上海古籍出版社，2011，第 866 页。

③ （明）王守仁撰，吴光等编校《王阳明全集》第 1 册，上海古籍出版社，2011，第 870 页。

④ （明）王守仁撰，吴光等编校《王阳明全集》第 1 册，上海古籍出版社，2011，第 872 页。

如果说，明月之喻说明了心体良知高洁且温和的特质，那么，明镜之喻则指向莹彻之美。阳明也用明镜说心。阳明称："吾道既匪佛，吾学亦匪仙。坦然由简易，日用匪深玄。始闻半疑信，既乃心豁然。譬彼土中镜，暗暗光内全；外但去昏翳，精明烛嫭妍。"① "至理匪外得，譬犹镜本明，外尘荡瑕垢，镜体自寂然。"② 以明镜譬心，前有庄子与慧能，阳明先说明其学并非沿袭佛老而来，进而说明心体犹如处在尘土之中的明镜，在尘垢之下是完整的光明，只要能够去除外在的昏翳，心体的精明便能如明镜般闪闪发光，辨别是非善恶。所谓的"土中镜"，一方面表明心体是处在日用常行内难免受到障蔽，另一方面则表明心体的本质并不会受损害。"土中镜"与"光内全"是一组完整的意象，是明与暗的辩证统一体。阳明虽多用月与镜譬喻心体，但他很少用水来譬喻。阳明在写到水时，除去描写自然的山水，所抒胸臆多是感慨时间的流逝，此外还借流水写相思、写孔颜之乐。阳明鲜有的以水写心的诗句为："春园花木始菲菲，又是高秋落叶稀。天迥楼台含气象，月明星斗避光辉。闲来心地如空水，静后天机见隐微。深院寂寥群动息，独怜乌鹊绕枝飞。"③ 以空水写心，是形容心体不掺杂闲思杂虑的明莹清澈，此种清澈中也蕴含着生机，所谓"静后天机见隐微"，也就是静非死寂，而预示着新的生机，此与整首诗的意境也相一致，即在群动平息之时，阳明所怜爱的是"乌鹊绕枝飞"之新生机。换言之，阳明强调心体良知为动静的合一。

与阳明鲜以水譬心不同，王畿则荡开一笔，多借水来譬喻心体，甚至为之辩护："水镜之喻，未为尽非。无情之照，因物显象，应而皆实，过而不留，自妍自丑，自去自来，水镜无与焉。盖自然之所为，未尝有欲。圣人无欲应世、经纶裁制之道，虽至于位天地、育万物，其中和性情、本原机括，不过如此而已。"④ 王畿指出，心体难以形容，不得已乃取譬言之，不可执定譬喻，故以水镜喻心体也有其道理。此道理在于，水与明镜照物，并非有意去反映事物，而事物来时，自然地映照事物，即为无意识或无意图的自然行为。相应地，圣人处理事情，也是出自内在的中和性情的自然

① （明）王守仁撰，吴光等编校《王阳明全集》第 2 册，上海古籍出版社，2011，第 808~809 页。
② （明）王守仁撰，吴光等编校《王阳明全集》第 2 册，上海古籍出版社，2011，第 808 页。
③ （明）王守仁撰，吴光等编校《王阳明全集》第 2 册，上海古籍出版社，2011，第 867 页。
④ 吴震编校整理《王畿集》，凤凰出版社，2007，第 211~212 页。

行为，并非刻意之举。可知，王畿以水与明镜说明了心体的自然属性，所以，人们虽然生活在人伦、政治世界中，但实际上又类乎以一种出世的心情来处理事物，并不夹杂一些人为的意图。王畿之学虽然继承阳明之学而来，但他更为强调心体的本原、优先与先验地位，所以他突破阳明的四句教，力主其"四无说"："心意知物只是一事，若悟得心是无善无恶之心，意即是无善无恶之意，知即是无善无恶之知，物即是无善无恶之物。盖无心之心则藏密，无意之意则应圆，无知之知则体寂，无物之物则用神。"①王畿主张心意知物的一体关系，若能悟得心体的无善无恶，那么，直贯而下，意知物便也是无善无恶的，具有无所执着滞留的作用方式。当然，王畿并未否定良知的至善性，如其所言："天命之性，粹然至善，神感神应，其机自不容已，无善可名。恶固本无，善亦不可得而有也。是谓无善无恶。"②可知他并不否定心体在本质内容上为纯粹至善的天命之性，而是表明心体的作用方式为自然的。然而，王畿往往过于强调心体作用的自然方式，也就显示出对良知学之无的向度的偏爱。正是对作用方式之自然化的理解，使王畿之学具有了一种高洁之美。或者说，王畿主要继承了阳明学明月譬喻中的高洁之美。同样地，聂豹之学也强调心体为"未发之中"，力主归寂之说，在一定程度上继承了高洁甚至略带荒冷之美的特质，但又倾向于静穆的特色。

与过于强调本体的王畿与聂豹之学不同，罗汝芳更为强调良知在日用常行之内，注重良知的生生之仁。罗汝芳曾"闭关临出寺，置水镜几上，对之默坐，使心与水镜无二。久之而病心火"③，可知他早先认同心应如明镜止水，使心不妄动，但他践行此法后竟患上心火病。颜钧告诉罗汝芳此种方式"是制欲，非体仁也"，并解释道："子不观孟子之论四端乎？知皆扩而充之，若火之始然，泉之始达，如此体仁，何等直截！故子患当下日用而不知，勿妄疑天性生生之或息也。"④罗汝芳听闻此言后，乃如大梦得醒，也就扭转了其为学方向，最终形成注重以生生理解心性的为学特质。罗汝芳表达了他对心体的看法："精与粗对，微与显对。今诸君胸中著得个广大，即粗而不精矣；目中见有个广大，便显而不微矣。若到性命透彻之

---

① 吴震编校整理《王畿集》，凤凰出版社，2007，第 1 页。
② 吴震编校整理《王畿集》，凤凰出版社，2007，第 1 页。
③ （清）黄宗羲著，沈芝盈点校《明儒学案》，中华书局，2013，第 760 页。
④ （清）黄宗羲著，沈芝盈点校《明儒学案》，中华书局，2013，第 761 页。

地、工夫纯熟之时，则终日终年，长是简简淡淡、温温醇醇，未尝不广大
而未尝广大，未尝广大而实未尝不广大也。"① 若是以心体为精微，便会使
心体与粗、显相对待，终非合一之学。若是真正透悟此学，领会性命透彻，
便知心体并非与事物隔离的抽象本体，从而拒绝抽象的高洁与荒凉的高冷
之象，而在日用生活之中呈现"简简淡淡，温温醇醇"之象。与王畿之学
和聂豹之学的高洁甚至荒冷相比，罗汝芳之学则显现出温醇的气象。

结　语

孔子已言为学要能够"兴于《诗》，立于礼，成于乐"（《论语·泰
伯》）"志于道，据于德，依于仁，游于艺"（《论语·述而》），此表明儒
学虽注重道德意识，但亦十分推重艺术境界，甚至最高的人格境界本身就
是美的。不仅如此，为学的工夫也应该具有超越功利或自觉而能游于艺的
自然之美。阳明学派继承先秦儒学的义理方向，融合善与美，主张成就人
格的过程既为实现人之为人的品质的过程，亦是落实充实之美的历程。致
良知与变化气质、平和情感、协调知情意等为合一的过程，即气质的提升
与良知的莹彻为一体两面的关系。归根结底，良知也是气之灵，故人之美
实际上要通过气质或者说气来呈现，即气质为美之载体。良知学的衍化或
者说阳明后学的分化，使阳明后学中出现不同的美的类型。如果说，阳明
可以将高洁与温醇合一，那么，王畿与罗汝芳便分别偏重其中之一。此既
可说王畿与罗汝芳偏离了阳明之学，也可说他们发展与丰富了阳明学。可
知阳明学派之美学维度，是认识阳明学派的特质及其衍化之必要途径。

Conscience and Physical Quality: On the
Aesthetic Dimension in Yangming School

Li Xiang

Abstract: The works of the Yangming School contain three core issues:
what is beauty, the carriers of beauty, and the types of beauty. Firstly, they be-

---

① 方祖猷等编校整理《罗汝芳集》，凤凰出版社，2007，第62~63页。

lieve that conscience is the essence of human beings. Therefore, it is impossible to natural principles externally. Realizing conscience is actually the process of realizing beauty. Later scholars such as Wang Ji, Nie Bao, Luo Rufang, as Yangming's disciples, all agree with this viewpoint. Secondly, they believe that conscience involves changes in individual qualities, which contains the fusion and enhancement of body, emotions, and will. Quality of human beings, with its changes, are carriers of beauty. Although Wang Ji advocates the ontology of learning, he also thinks that learning and beauty should be discussed in relation with qualities of each individual. Luo Rufang proposes that physical, emotional, and other qualities are channels for the presentation of ontology and beauty. Thirdly, the differentiation of Yangming studies has led to different types of aesthetics in Later-Yangming studies. Yangming's doctrines are noble, bright and warm. After him, Wang Ji's theory has the feature of nobility, Nie Bao's theory is more significant for its aloofness and tranquility, and Luo Rufang's theory is warm and benevolence.

Keywords：Yangming School；Changing Physical Quality；Types of Beauty；Nobleness；Warm and Benevolence

杨复所心性说的美学意蕴[*]

崔亮亮^{**}

摘要： 杨复所是中晚明一位重要的阳明学者，他不仅继承了陈白沙的"致虚"之说，而且发扬了泰州学派重身的传统以及罗近溪注重《周易》复卦的学风。因此，杨复所的心性说整体上表现出"生""虚""身"的特点，具有丰富的美学意蕴。首先，复所标举"心如谷种"说，认为人心即是生生之机，并以《周易》复卦之复即是生为体悟指出，借用生机可以表显人性，这彰显了心性的生生之美。其次，复所不仅主张心本太虚，而且倡导人性至虚至灵，旨在凸显心性的无执不滞，这彰显了心性的虚通灵妙之美。最后，与宋代理学家重心性而轻身形的思想倾向不同，复所强调心性不离身形，并从《周易》"乾坤合德"的角度阐明了耳目乃是真心之发窍，形色即是天性，这揭示了身心的浑融一如之美。

关键词： 杨复所　心性说　生生之美　虚灵之美　身心一如之美

杨复所（1547—1599，名起元，号复所）是阳明后学中"二溪"之一罗近溪（罗汝芳）的首座弟子，为粤中王学的代表人物之一。从学术脉络上来看，复所自幼深受陈白沙"致虚"思想的影响，中年后受业于罗近溪门下。因此，复所之学表现出沈德符所说的"用陈白沙绪余，而演罗近溪

---

*　本文系国家社会科学基金冷门绝学专项学术团队重大项目"钱绪山学派、龙溪学派与近溪学派文献整理及思想研究"（22VJXT001）阶段性成果。

**　崔亮亮，湖南大学岳麓书院助理研究员，主要研究方向为儒家哲学、阳明心学。

一脉"① 的特点。复所之学的这一特点，集中体现在他的心性说方面。如是，他的心性说整体上表现出生生、虚灵、身心一如的特质。就中国美学的角度而言，复所心性说的这三个特质，分别豁显了儒家心性论的生生之美、虚灵之美以及身心合一之美。可见，复所的心性说极具美学意蕴，值得深入挖掘。

一 心性的生生之美

"生生"是儒家哲学的核心观念。宋明理学家心性说的一个显著特征是以生生论心性，这不仅表现在程颐、朱熹等人明确提出了"天地以生物为心"的说法，还体现在程颢、王阳明等人在一定意义上肯定了"生之谓性"之说。杨复所继承了宋明诸儒"天地以生物为心"与"生之谓性"的讲法，并对其进一步发挥。在《心如谷种》一文中，复所提出人心其实只是生生之机：

> 先儒以物之有生意者状心，可谓识心者矣。夫心无形也，不可以物状也。自人之有所生生而不息者，因而名之曰"心"，则心之在人，惟此生生之机而已。故物不足以状心，而物之有生意者则足以状心。谷种者，物之有生意者也，程子以之状心，其取义至精矣。②

在这篇被周海门评为"胸次无碍，笔端有神，推穷播弄，妙绝古今"③ 的论文中，复所明确提出了"心之在人，惟此生生之机而已"的主张，从而阐明了人心即是生生不息之机。因此，复所说物不足以形容心，而物之有生意者足以状心。在他看来，谷种作为物之有生意者，程颐以谷种状心④ 乃取义至精。从中国传统美学的角度来说，复所的人心只是生生之机的说法彰显了生生之美的意蕴。刘纲纪先生在《〈周易〉美学》一书中指出："《周易》的哲学乃是中国古代的生命哲学，这是《周易》哲学

① 《紫柏评晦庵》，（明）沈德符撰《万历野获编》上册，中华书局，1959，第690页。
② 《心如谷种》，（明）杨起元撰，谢群洋点校《证学编》，上海古籍出版社，2016，第239页。
③ 《心如谷种》，（明）杨起元撰，谢群洋点校《证学编》，上海古籍出版社，2016，第243页。
④ 参见《河南程氏遗书》卷18，（宋）程颢、程颐著，王孝鱼点校《二程集》，中华书局，1981，第184页。

最大的特点和贡献所在。"① 曾繁仁先生在此基础上将中国美学称为生生美学②。在他看来，不同于欧陆的生态美学、英美的环境美学，中国传统的生态审美智慧可称为生生美学，而《周易》所说的"万物生"即是生生美学的基本内涵之一。③ 根据曾繁仁先生对生生美学的这一理解不难发现，不仅谷种自身显示出的生机充满了生生之美，而且洋溢着生生不息之机的人心本身亦体现了生生之美。为了充分揭示心的生生之机，复所紧接着又说：

> 目惟心能生万色，耳惟心能生万声，口惟心能生万味，鼻惟心能生万气，手惟心能生万持，足惟心能生万行，发肤惟心能生万感，脏腑惟心能生万情。如谷以能芽而名种，以能苗而名种，以能秀而名种，以能实而名种。④

复所认为，耳目口鼻与脏腑惟有心方能生万声、万色、万味、万气、万情，这犹如谷以能芽、能苗、能秀、能实而名为种。由此可见，在复所看来，心的生生之机具体表现为耳生万声、目生万色、口生万味、鼻生万气及脏腑生万情等。他进一步指出，心的生生之机亦是一种感应："吾人一身，循顶至踵，由外探内，举近及远，通今及古，益然皆生生之理，浑然皆主宰之心，无一发之不灵，无一瞬之不妙……盖盈宇宙间，生生之妙类如此。以是观心，不以思虑观者也，以一感一应观者也。"⑤ 可见，复所此处所说的心的生生之机贯通于人身之内外，其自身时时刻刻都呈现一种灵妙之美。在复所看来，具有灵妙之美的心的生生之机究其实是一种感应。因此，他这里说以生生观心即是以感应观心，而不是以思虑观心。

事实上，阳明也曾以感应言心："目无体，以万物之色为体；耳无体，以万物之声为体；鼻无体，以万物之臭为体；口无体，以万物之味为体；

---

① 刘纲纪：《〈周易〉美学》，武汉大学出版社，2006，第 37 页。
② 在《生生美学》一书中，曾繁仁先生对于生生美学进行了系统深入的阐发。参见曾繁仁《生生美学》，山东文艺出版社，2023。
③ 参见曾繁仁《跨文化研究视野中的中国"生生"美学》，《东岳论丛》2020 年第 1 期，第 101~102 页。
④ 《心如谷种》，（明）杨起元撰，谢群洋点校《证学编》，上海古籍出版社，2016，第 241 页。
⑤ 《心如谷种》，（明）杨起元撰，谢群洋点校《证学编》，上海古籍出版社，2016，第 242 页。

心无体，以天地万物感应之是非为体。"① 在阳明看来，人心与天地万物之间是一种感应的关系。如果心中充满了是非之见，那么就不能对外物之感作出应答，即无法完成感应活动。由此可见，复所标举心的生生之机乃是感应，其实是继承了阳明以感应说心的思想。值得注意的是，复所还阐明了以感应观心的灵妙与神明：

> 以感应观，则廓其心于天地万物，由吾身以至于天地万物，共成其灵台而灵无尽也，共成其神明之舍而神明不测也。以思虑观，则有操持，有把捉，而其机日以窒；以感应观，则无操持，无把捉，而其机日以活。以思虑观，则识之甚易，可以一己之智力守也，而其为之也则难，且其成也假；以感应观，则识之甚难，非得明师良友而虚心以求之不可得也，而其为之也则易，且其成也真。②

在复所看来，以感应观心的特点是"廓其心于天地万物"，即心随时随刻对天地万物之感都能作出应答。如此，心的感应便呈现一种灵妙与神明不测之美。在这里，复所还从工夫论的角度对以感应观心进行了阐发。照他所说，以思虑观心，有待于操持把捉，心的生生之机日以窒塞，最后形成的是假心。以感应观心，则无待于人为，心的生生之机日以活泼，最终形成的乃是"真心"。所谓"真心"，原本是佛教术语，如《坛经》说："一行三昧者，于一切处行住坐卧，常行一直心是也。"③ 这表明，《坛经》所说的真心是指平常自在的本来清净心。然而，在复所这里，以生生不息之机为主要内容的真心其实是人的良知心体。复所此处所说的良知心体对天地万物的感应显然不是心体对于外物纯粹客观的反映，而是将天地万物看作和人一样的价值主体。因此，复所强调以"道眼"观世界："以俗眼观世间，则充天塞地皆习之所成，无一是性者。以道眼观世间，则照天彻地皆性之所成，无一是习者。"④ 在以"俗眼"观世界的情况下，自我则表现为脱离良知心体的"习心"，此时所观的天地万物与人疏离的相处，所谓

---

① 《传习录下》，（明）王守仁撰，吴光等编校《王阳明全集》上册，上海古籍出版社，2011，第 123 页。
② 《心如谷种》，（明）杨起元撰，谢群洋点校《证学编》，上海古籍出版社，2016，第 242 页。
③ 《慧能》，石峻等编《中国佛教思想资料选编·隋唐五代卷》，中华书局，2014，第 44 页。
④ 《尺牍节文》，（明）杨起元撰，谢群洋点校《证学编》，上海古籍出版社，2016，第 39 页。

"充天塞天皆习之所成"。而在以"道眼"观世界的情况下，自我则表现为良知心体，此时所观照的天地万物乃是和人一样的价值主体，天地万物与人亲和的共在，两者处于和谐的关系中，所谓"照天彻地皆性之所成"。从美学的角度来看，由于人的良知心体的投射或投入，人与天地万物为一体的和谐之美才朗然呈现。

除了主张人心是生生不息之机以外，复所还倡导以生机表显人性。值得注意的是，他标举的以生生之机彰显人性这一主张，其实是以《周易》复卦之复即是生的理解为基础而提出的。复所继承了罗近溪极为重视复卦的传统。在他看来，复卦之于《周易》犹如人之有眼，所谓"《易》之有复，如人之有眼，一身光明尽在"[①]。复所进一步指出，复卦所说之"复"其实就是生：

> 我师常言："此章（克己复礼章）须详'复'之一字。《易》曰：'雷在地中，复。'又曰：'复以自知'。此大地阳回、百嘉畅遂之际，故以'商旅不行，后不省方'象之。见不得轻动一毫也，而敢云克乎？盖遍地皆春、浑身是宝者，复之象也。"[②]

> 复是超凡入圣、转阴为阳至妙消息，耳目口鼻、四肢百骸，片晌间一齐脱换。[③]

在罗近溪看来，孔子所说的"克己复礼"之"复"其实是《周易》复卦之"复"。《周易·复卦》象辞曰："地在雷中，复。"即是说，震雷在地中微动，象征一阳初复。近溪指出，此是大地阳回、百嘉畅遂之际。而从卦象上来看，复卦是"遍地皆春、浑身是宝"之象，也就是生生之象。与近溪的看法一致，复所也说复卦之复是"超凡入圣，转阴为阳至妙消息"，其实即是真阳之生。如果人能复以自知，那么"耳目口鼻、四肢百骸，片晌间一齐脱换"。此时，人之一身呈现生生的景象，而与圣贤不隔一毫。由此可见，复所所说的复其实就是生。基于复卦之复即是生的理解，复所从

---

① 《苏紫溪同年书》，（明）杨起元撰，谢群洋点校《证学编》，上海古籍出版社，2016，第111页。

② 《焦漪园会长》，（明）杨起元撰，谢群洋点校《证学编》，上海古籍出版社，2016，第99~100页。

③ 《冬日记》，（明）杨起元撰，谢群洋点校《证学编》，上海古籍出版社，2016，第139页。

"复卦"的角度发明借用生机可以表显人性。在《阴符经解序》一文中，他说：

> 复卦，复之为卦，以阳之生者言之，而阴符以阴之杀者言之。合二书而亥子之间可测矣。有复卦，不可无阴符。复逆卦也，而不得阴符之说，适成其为顺而已矣。后世之言复者有二焉：专尚生机，徇生执有，降本流末，靡所底止，复之失也；借用生机，表显性灵，旋弃不用，亦不言杀，即以爱根化为纯气，复之得也。①

《阴符经解》是复所的友人翟秋潭根据罗近溪的仁孝生生之学所著。这表明，翟秋潭《阴符经解》一书最大的特点是凸显了"生生"这一观念。在复所看来，复卦是以阳之生而言，阴符则是以阴之杀而言。他进一步指出，有复卦不可无阴符。对此，他解释说复卦是逆卦，如果未有阴符之说，那么就只是适成其为顺。复所认为，后世说"复"有两种类型：其一，一味崇尚"生机"，遂导致"徇生执有，降本流末，靡所底止"，这是复之失；其二，借用"生机"表显性灵，"旋弃不用，亦不言杀，即以爱根化为纯气"，这是复之得。值得注意的是，复所此处从《周易》复卦的角度阐发了借用生机可以表显人性的论点。从审美的角度来看，与心的生生不息之机一样，复所这里强调人性的生生之机同样具有生机之美的意蕴。

二　心性的虚灵之美

六祖《坛经》中即有以心为虚空之说："若见一切人恶之与善尽皆不取不舍，亦不染着，心如虚空，名之为大，故曰摩诃。"② 宋儒杨简常以太虚摹状圣人之心，他说："舜心如天地，如太虚，诚无意无必，故天下咸服而无咎。"③ 这里，杨简的"舜心如太虚"之说，意在强调心之"不起意"的面向。陈白沙则主张"致虚以立本"，他说："虚其本也，致虚之所以立本

---

① （明）杨起元：《阴符经解序》，《续刻杨复所先生家藏文集》卷3，《四库全书存目丛书》集部第167册，齐鲁书社，1997，第240页。
② 《慧能》，石峻等编《中国佛教思想资料选编·隋唐五代卷》，中华书局，2014，第37页。
③ 《杨氏易传》卷1，（宋）杨简著，董平校点《杨简全集》，浙江大学出版社，2015，第32页。

也。"① 王阳明亦提出了良知之虚犹如太虚的思想。在阳明看来，尽管佛老二氏也说虚、无，但皆有所"着"，而良知之虚无方是虚无的本色。②

然而，对复所以虚灵论心性有着最为直接影响的是陈白沙的"致虚立本"之说："起晚末无识，素读吾乡白沙先生书，而不达'致虚立本'之说，因见近溪先生，后稍有所见。"③ 这里，复所明确说自己素读白沙之书，但未能参透其"致虚立本"之说。因见其师罗近溪，而后稍有所见。可见，白沙的"致虚"之说对复所产生了重要影响。在复所看来，心本太虚无足之体，而心复归虚体的关键在于"舍己从人"：

> 窃揣吾人之心本属太虚，太虚何足之有？识此太虚无足之体，谓之自足，而非果有一物以充足于其中也……缔观圣人所学，无非舍己从人，惟其虚体复也。今夫人之视也，未有不舍目以从色者也；人之听也，未有不舍耳以从声者也……至于心，独不能舍且从乎非心也。④

复所认为，人心本属太虚，他提出了心本太虚无足之体的说法。为了阐明人心之虚，他以耳目口鼻手足之虚予以说明。依复所之见，耳目口鼻之虚的体现是舍弃自身以从外物。同理，人心之虚的特点亦是舍己从人。所谓"舍己从人"，其实是说不固执己见而善与人同，即是心之无执无滞。因此，复所说识此太虚无足之心的关键在于舍己从人，唯有如此才能使心复归太虚。复所这里标举心本太虚无足之体之说，突出了心是虚寂而空灵的，这具有无执无滞的自由自在的审美体验感。⑤ 复所进一步指出，作为圣人的大舜就是这样的典型。在他看来，舜最大的特点即是舍己从人，舜之心犹如太虚：

> 当其同也，舜之心天地之心也。即昆虫草木皆含灵识，而彻于并生之仁乎？当其舍也，舜之量又太虚之量也。即耳目肝胆，皆非我有

① 《复张东白内翰》，孙通海点校《陈献章集》上册，中华书局，1987，第131页。
② 参见《传习录下》，（明）王守仁撰，吴光等编校《王阳明全集》上册，上海古籍出版社，2011，第121页。
③ 《复吴悟老》，（明）杨起元撰，谢群洋点校《证学编》，上海古籍出版社，2016，第72页。
④ 《周柳翁座主书》，（明）杨起元撰，谢群洋点校《证学编》，上海古籍出版社，2016，第62~63页。
⑤ 参见潘立勇《一体万化：阳明心学的美学智慧》，北京大学出版社，2010，第88~90页。

而翘于所得之心乎？故同非欲同也，善本大同，圣人不得而不同也。舍非欲舍也，善本无我，圣人不得而不舍也。即其同者以为舍，则其舍也必尽；即其舍者以为同，则其同也无方。而舜之大可想见矣。[①]

如前所述，杨简常以太虚形容圣人之心，他说舜之心如太虚。在这里，复所亦明确提出了大舜之心犹如太虚的主张。值得注意的是，复所此处是以舍己从人的角度证明大舜之心犹如太虚的。在他看来，当舜与人同也之际，舜之心犹如天地之心，而与天地万物为一体。当舜舍己之际，舜之心量犹如太虚之量。舜非欲与人同，因善本大同，故舜不得不同。舜非欲舍己，因善本无我，故舜不得不舍。可见，对于复所而言，舜最大的特点是舍己同人，这表明舜之心犹如太虚（舍己），同时与天地万物为一体（同人）。因此，复所说："舜通天地万物为一体，其心常虚。"[②] 这表明，正是因为大舜之心常虚，故他能与天地万物为一体。从美学的角度上说，复所这里强调人与天地万物为一体，实际上突出了个体自我与天地万物为一体的整体生命意识，这蕴含着人与天地为一的审美精神。

如所周知，宋明理学家对于心之虚灵不昧多有措意，然而却几乎未有直接讨论性与虚之间的关系的理学家。与以往的理学家相较，复所的独特之处在于，他对性之虚灵的面向进行了详细的阐发。在他看来，人之性原无定体，至虚至灵：

> 夫学之为言学也，人之性至虚至灵，原无定体，惟随其所闻见者而学焉，故陈俎豆、设礼容、椎埋、赏衔之时，而学已行矣。是人性之真体也，是赤子之心也。此心能不失焉，于人为大人，于学为大学。[③]

复所明确提出了人性至虚至灵、原无定体（无所执）的重要观点。在他看来，至虚至灵是人性之真体，亦是赤子之心。需要注意的是，复所此处认为人性至虚至灵，并以原无定体即无所执的表述对人性的至虚至灵进

---

① （明）杨起元：《证道书义续选》，《杨复所合集》，日本内阁文库藏明万历刊本，第45页上、下。

② （明）杨起元撰《秣陵纪闻》卷2，国家图书馆藏万历四十五年刻本，第10页上。

③ 《沈介庵书》，（明）杨起元撰，谢群洋点校《证学编》，上海古籍出版社，2016，第85页。

行了说明，具有极为丰富的美学意义。具体而言，人性的至虚至灵表现了人性的自由自在、"无入而不自得"的自由感受，这一自由感受是人极为重要的一种审美体验。复所以随其所见人而学为例，对人性所具有的这种自由自在的审美感进行了发明："若生子，初生弥月之后，父母以指孩之，即开口而笑，此即学之根也。其后渐渐学言学行，又渐渐学揖学拜，又遇事遇物渐渐学之，如孔子之嬉戏陈俎豆、设礼容，孟子之埋鬻，皆人之本性虚灵自如此也。"① 照复所这里所说，人的虚灵之本性具体表现为"随其所闻见者而学焉"。在他看来，人初生之后，"父母以指孩之，即开口而笑"之孝乃学之根。随后，人渐渐学言学行、学揖学拜，又在遇到的事物上学习，例如"孔子之嬉戏陈俎豆、设礼容，孟子之埋鬻"，这皆是人的虚灵之性使然。由此可见，随其所闻见而学体现了人性的至虚至灵，亦即人性"无入而不自得"的超越性、自在性与自由感。复所标举人性至虚至灵之说的真正美学意义在于，他倡导人性的自由自在，高扬人的自由人格，从人性的角度对于人的审美自由进行了充分肯定。

依复所之见，实际上人性具有"虚"与"实"两个方面。所谓"虚"是指人的虚灵之性，即有此变通；而"实"则是指人的固笃之性，即爱亲敬兄、怵惕恻隐。在复所看来，人的虚灵之性可以成就其固笃之性，他说：

> "固笃"二字，即人之真性不容伪者，如孩提便知爱亲，少长便知敬兄，见孺子入井便怵惕恻隐，见牛之觳觫便不忍杀，见呼蹴便不肯食，何等固！……此性虽云"固笃"，亦云"虚灵"，如牛不忍杀，便知易之以羊；欲救人于井，未尝从人于井；司马温公儿童时，便解破瓮救溺之类。又如其嗟也可去、其谢也可食之类俱是。性量中自然有此变通，乃所以成其固与笃也。②

复所认为，"固笃"二字即是人之真性，其具体表现为爱亲敬兄、怵惕恻隐等。对于他而言，人性不仅有"固笃"的一面，还有"虚灵"的一面。比如"牛不忍杀，便知易之以羊；欲救人于井，未尝从人于井"等，其实都体现了人的虚灵之性。可见，人的虚灵之性即是变通。在复所看来，正

---

① 《学说》，（明）杨起元撰，谢群洋点校《证学编》，上海古籍出版社，2016，第 228~229 页。
② 《冬日记》，（明）杨起元撰，谢群洋点校《证学编》，上海古籍出版社，2016，第 132 页。

是由于人有此虚灵变通之性，故而能够成就其爱亲敬兄、怵惕恻隐（固笃）之真性。

复所进一步指出，虚灵之性不仅为人所有，实际上天地万物皆含有虚灵之性。在致《周老师》一文中，他说："书中有云：'以虚而不执为性。'幸甚！宁独老师为然，即不肖起亦然。又宁独不肖起为然，普宇宙种种色色化化生生亦何独不然？一大世界总在虚而不执之中。"① 这就是说，天地万物皆以虚而不执为性。在复所看来，人的虚灵之性其实亦是虚通灵妙之性。在《权论》中，他从经与权的角度对人的虚通灵妙之性进行了发明：

> 而是权也，无所待而独用者也。盖不过借权之名，以显其不执之体……众人于无我之中妄见其有我，惟圣人能尽夫无我之实，此其所以为权也……圆通非权也，而世之恶圆通者，并权而避之。自处于壅塞滞碍之途，以伐其虚通灵妙之性，而谓之守经。不知所谓经者亦不如此。世盖有以经而比衡者矣，岂知权、衡两物，而经、权乃一理哉？经者，常行于宇宙而不息者也，即虚通灵妙之性是也。性一而已，自其变易也而谓之权，自其不易也而谓之经。②

众所周知，"经"与"权"本来是中国哲学的一对重要概念。复所这里从人性虚通灵妙的角度对经与权进行了全新的阐发。在他看来，权的特点是无有所待而独用，不过是借用权之名，以昂不执之体。他之所以将权独归于圣人，则是因为圣人能尽无我之实。由此可见，权最大的特点是"不执""无我"。如前文所说，虚通灵妙之性即是变通。如此，可以说变通之权即是虚通灵妙之性。复所进一步指出，经不是执泥之义，若以执泥为经，则会戕害其虚通灵妙之性。经究其实是"常行于宇宙而不息者"，亦即虚通灵妙之性。这就是说，经（不易）与权（变易）是虚通灵妙之性的不同体现。在这里，复所通过将权解释为无执不执、无我，从而阐明了人性之虚通灵妙的最大特点即是无执无滞。

由此可见，和人心的虚灵表现为无执无滞、自由自在一样，人性的虚通灵妙亦是无执无滞而自由自在的。这表明，心性的虚灵其实是一片澄明

---

① （明）杨起元：《周老师》，《续刻杨复所先生家藏文集》卷6，《四库全书存目丛书》集部第167册，齐鲁书社，1997，第309页。

② 《权论》，（明）杨起元撰，谢群洋点校《证学编》，上海古籍出版社，2016，第252~254页。

而无所住的自由超越境界。从美学的角度上看，这种一片澄明而无所住的自由超越境界表明，心性的虚灵本质上是以自由自在为核心的审美心境。

三　身心一如之美

儒家哲学乃至中国哲学中一直存在"身心一如"的传统，尤其在阳明心学一脉中，最终演化出了极为推重身体的泰州学派。泰州学派自王心斋开始，便倡导"道重则身重，身重则道重"① 的"尊身主义"。基于这种"尊身主义"，罗近溪倡导"身心一如"："精气载心而为身，是身也，固身也，固耳目口鼻、四肢百骸而具备焉者也；灵知宰身而为心，是心也，亦身也，亦耳目口鼻、四肢百骸而具备焉者也……是分之，固阴阳互异，合之，则一神所为，所以属阴者则曰'阴神'，属阳者则曰'阳神'。是神也者，浑融乎阴阳之内，交际乎身心之间，而充溢弥漫乎宇宙乾坤之外，所谓无在而无不在者也。惟圣人与之合德，故身不徒身，而心以灵乎其身；心不徒心，而身以妙乎其心，是谓'阴阳不测'，而为圣不可知之神人矣。"② 这就是说，不仅耳目口鼻、四肢百骸是身，心也是身。近溪将前者视为"精气之身"，将后者视为"心知之身"。据此可见，近溪所说之"身"不是单纯的躯体之身，而是身心一如之"身"。近溪进一步以"阴阳不测"之"神"解释了身心的浑融与灵妙。在他看来，唯有圣人可以与神合德，故能做到"心以灵乎其身""身以妙乎其心"，即达到身心俱妙的境界。复所吸取了罗近溪的这一思想，他亦强调身心之间的浑一：

> 心不在身外，亦不在身内。浑身皆知，即浑身皆心。其含藏于胸膈之中乃意，而非心也。心则本空，不待空之而后空。意则本不空，虽欲空之而不可得矣。心本无迷，亦无所住。③

在复所看来，心既不在身外，亦不在身内。他提出了"浑身皆知，即浑身皆心"的说法，即主张身心之间是浑融一如的。由以上可见，与西方

---

① （清）黄宗羲著，沈芝盈点校《明儒学案》上册，2008，第 711 页。
② 方祖猷等编校整理，《罗汝芳集》，凤凰出版社，2007，第 288 页。
③ （明）杨起元：《曾植老》，《续刻杨复所先生家藏文集》卷 7，齐鲁书社，《四库全书存目丛书》集部第 167 册，1997，第 344 页。

哲学长期以来存在"身体"缺场的现象不同①，儒家哲学强调身心的浑融一如。正因如此，倡导身体美学的舒斯特曼称："与统治绝大多数欧洲哲学的观念主义对身体的忽视不同，中国哲学展示了对身体在人性完善中的作用的深深尊重。"②罗近溪、杨复所等人力主身心合一之说，更是显示出了身体与良知心体之间的一体性、亲和性，使身心之间具有了一种和谐之美。下面我们可以看到，正是在身心合一的基础上，复所又标举耳目是真心之发窍，形色即是天性之说，由此豁显了身体或形色之于真心、天性的意义，这是他的身心观具有美学意义的另一明证。这里，复所还区分了心与意：作为含藏于胸膈之中的意本不空，有迷与住；心则本空，无迷亦无所住。由此可见，复所所说的身心一如之心是本空、无迷、无住之心。

从"浑身皆知，即浑身皆心"这一理解出发，复所进一步从乾坤合德的形上层面说明了身心之间的一如：

> 知属乎乾，本轻而圆；身属乎坤，本重而方，故主知者多得之而变通，主身者多得之而执着。至孔子，所以妙乎时者，知不徒知，而身以妙乎其知；身不徒身，而知以妙乎其身，此所以乾坤合德，而巧力兼全也。③

在复所看来，良知属于乾，其特点是本清而圆；身体属于坤，其特点是本重而方。他进一步指出，以良知为主之人的特点是多变通，而以身体为主之人的特点是多执着。然而，孔子没有将知与身截然分开，真正做到了良知与身体的浑融，即身心的浑融。由于良知属于乾、身体属于坤，故复所将身心的浑融称为乾坤合德。由此可见，复所这里从乾坤合德的形上层面有力地证明了身心之间的合一。

为了很好地阐明身心的浑融一如，复所于人的身体中独尊耳目的意义，凸显了耳目其实乃真心之发窍：

---

① 20世纪以来，以胡塞尔与梅洛-庞蒂的身体现象学为标志，西方才出现了从"意识哲学"向"身体哲学"的转向。

② 〔美〕理查德·舒斯特曼：《实用主义美学：生活之美，艺术之思》，彭锋译，商务印书馆，2002，第5页。

③ 《笔记》，（明）杨起元撰，谢群洋点校《证学编》，上海古籍出版社，2016，第35~36页。

此论真心则然，然其窍妙实在耳目。耳目即心，天聪天明即是天君。若以腔子内论之，正所谓咽喉下之鬼窟，岂君位乎？明目达聪，是天君现。①

在复所看来，耳目是真心之发窍。事实上，照他所说，耳目不仅是真心之发窍，亦是明德之发窍："吾人学问，在明明德，明德属阳。耳目者，阳明之发窍也。"② 在传统文献中，"窍"常用于五脏和五官间的内在联系，即五脏之气通过五官之"窍"而与天地万物发生关联。而阳明将心（良知）看作天地万物"发窍之最精处"："盖天地万物与人原是一体，其发窍之最精处，是人心一点灵明。"③ 也就是说，天地万物通过心（良知）这个窍而呈现其价值意义。但复所这一语脉下的"窍"，既不是传统文献中所讲的"窍"，亦不是阳明这里所说的心之窍，而是耳目之窍。在复所看来，真心或明德透过耳目这个"窍"呈现其妙用。

那么，复所这里所说的耳目之窍为何能呈现真心或明德之妙用呢？这实际上是因为耳目能够生万声、万色。复所认为，所谓耳生万声、目生万色究其实是一种感应："手足百体，各司其职，属静边，必有待而动。意念浮活不停，属动边。惟耳目兼之，有感即应，无感无应，故其用最神而妙无穷。"④ 这表明，耳目之窍之所以神妙无穷是因为耳目有感即应，无感无应。从美学上说，耳目之窍表现出的这种神妙无穷的特点使之成为审美的对象，极具身体美学的意义。

在身心关系上，复所不仅倡导身心的浑融一如，还强调"形色"即是"天性"。孟子曰："形色，天性也；惟圣人，然后可以践形。"朱熹云："人之有形有色，无不各有自然之理，所谓天性也。"⑤ 朱熹认为，不是"形色"本身，而是"形色"之"理"才是"天性"。如是，"形色"不能直接视为"天性"。对此，罗近溪解释说："孟子因当时学者，皆知天性为道理之最妙极神者，不知天性实落之处；皆知圣人为人品之最高极大者，不知圣人结

① （明）杨起元撰《秫陵纪闻》卷3，国家图书馆藏万历四十五年刻本，第26页下。
② （明）杨起元撰《秫陵纪闻》卷3，国家图书馆藏万历四十五年刻本，第24页下。
③ 《传习录下》，（明）王守仁撰，吴光等编校《王阳明全集》上册，上海古籍出版社，2011，第122页。
④ （明）杨起元撰《秫陵纪闻》卷3，国家图书馆藏万历四十五年刻本，第26页上。
⑤ 《孟子集注》，（宋）朱熹撰《四书章句集注》，中华书局，1983，第360页。

果之地。故将吾人耳目手足之形，重说一番。如云此个耳目手足，其生色变化处，即浑然是天下所谓最妙极神的天性。"① 在近溪看来，天性是道理之最妙极神者，然而天性的实落之处乃是形色。耳目手足的生色变化处其实即浑然是最妙极神的天性。近溪的"形色天性"说不仅强调了"形色"和"天性"的统一，还凸显了身体（形色）的价值。

复所继承了罗近溪的"形色天性"说，他首先从"形色"属坤、"天性"属乾的角度说明了"形色"与"天性"的合一：

> 吾人一身，形色皆坤，惟天性属乾。学者能于坤中识乾，则坤而复矣。坤十月卦，而复十一月卦。此气机之所必至而存乎人者，非学不足以体之。邵子（邵雍）谓之"弄九"，陆象山先生谓"得一阳以为之主"，皆是学也。②

这里，复所将形色归为坤，天性归为乾。他指出，学者能于坤之中而识得乾，耳目手足便有生色变化。如此，形色即是天性。复所认为，从时间上来说，坤是十月卦，复是十一月卦。十一月是阳气来复而存于人之时，此时耳目手足之生生即是天性，唯有学才能体认这一点。邵雍所说的"弄九"，陆九渊所说的"得一阳以为之主"，其实皆是此学。从形色即是天性这一理解出发，复所对于孟子的"形色，天性也；惟圣人，然后可以践形"作了新的解读，他说：

> 大贤以形尽天圣之蕴，可谓实矣。夫性而天、人而圣，皆其至者也。而一形足以尽之，形亦神矣哉。孟子之意若曰人知神之神，而不知不神之神。盖自无声无臭之说出，言圣者举而求诸天，言天者又举而求之无矣。岂知人之所有者形也，而见之色，即其所得以生之性也而达诸天。形色目也，而天下万世有同视焉。是目即天，而视即天之明也。谓目之外别有主吾目者然后为天性，则不了之谈矣。形色耳也，而天下万世有同听焉。是耳即天，而听即天之聪也。谓耳之外别有主

---

① （明）罗汝芳：《一贯编·四书总论》，《近溪罗先生一贯编》，《四库全书存目丛书》子部第 86 册，齐鲁书社，1995，第 240 页。
② （明）杨起元：《张阳和先生寿诞册小序》，《续刻杨复所先生家藏文集》卷 4，《四库全书存目丛书》集部第 167 册，齐鲁书社，1997，第 255 页。

吾耳者然后为天性，则不明之论矣。[1]

在复所看来，由于"形色"足以尽天性与圣人之蕴，故"形色"亦神，乃是不神之神。如是，依复所之见，如果人言圣而求诸天、言天而求之无，便是不知人的形色本身即是天性。在他看来，目即天性，视即天性自然之明，故说目之外别有主吾目者为天性，则是不了之谈。耳即天性，听即天性自然之聪，故说耳之外别有主吾耳者为天性，则是不明之论。也就是说，天性并非在形色之外，而是形色本身。复所的名诗"性通形色原无外，诚合天人为有明"[2]，显露出他肯定天性究其实是形色。若进一步分析，复所之所以强调形色即是天性，其实意在说明天性非形色则无法呈露，即形色可以形著体现[3]天性。复所这里突出了形色之于天性的决定性意义。

既然形色即是天性，故复所说吾人之学的关键在于践形。在他看来，唯有圣人方能践其形："目实能视，乃践其目。夫孰不能视也，而日用不知与求多于目者，同归于不践。惟圣人然后可以践其目。惟其知目即天明，而不求多于目也。耳实能听，乃践其耳。夫孰不能听也，而习矣不察与求多于耳者，同归于不践。惟圣人然后可以践其耳。惟其知耳即天聪，而不求多于耳也。"[4] 复所认为，目实能视，即是践其目；耳实能听，即是践其耳。唯有圣人知道这一点，而不求多于耳目，故可以践其耳目之形。可见，复所说的"践形"其实是指充分发挥耳目手足四体之官能，从而使其呈现生色变化。通过"践形"的身心体证工夫，身体所呈现的生色变化，实际上就是孟子所说的"君子所性，仁义礼智根于心，其生色也，睟然见于面，盎于背，施于四体，四体不言而喻"（《孟子·尽心上》）。从审学的角度来

---

① （明）杨起元：《证道书义卷之下》，《杨复所全集》日本内阁文库藏明万历刊本，第 34 页上、下。

② （明）杨起元：《自警八首》，《续刻杨复所先生家藏文集》卷 8，齐鲁书社，《四库全书存目丛书》集部第 167 册，1997，第 382 页。

③ 牟宗三先生在分析胡五峰—刘蕺山一系的思想时提出了"形著原则"的说法，即"以心著性"说。本文借用了牟先生的这一说法。参见牟宗三《心体与性体》第 2 册，上海古籍出版社，1999，第 369 页。

④ （明）杨起元：《证道书义卷之下》，《杨复所全集》日本内阁文库藏明万历刊本，第 35 页上。

说，"践形"后的身体已经不是生理学、物理学意义上的形躯之身，而是"天生人成"的养成之身。显然，人的养成之身呈现的生色变化极具审美的意义。由此可见，复所对于"践形"的强调，使身体真正成为美学意义的身体。

Aesthetic Implications of
Yang Fusuo's Mind-Nature Theory

Cui Liangliang

Abstract：Yang Fusuo was an important scholar of Yangming School in the middle and late Ming Dynasty. He inherited Chen Baisha's doctrine of "reaching the voidness", and also carried forward Taizhou School's tradition of attaching importance to body, as well as Luo Jinxi's academic preference of hexagram Fu in *The Book of Changes* (《周易》). Therefore, on the whole, Fusuo's mind-nature theory contained rich aesthetic implications with features of "sheng" (生), "xu" (虚) and "body" (身). Firstly, Fusuo proposed that "mind is like grain seeds", believing that human mind had a mechanism of continuous generation and transformation. Based on the comprehension that the return (复) in the hexagram Fu in *The Book of Changes* meant "sheng" (生), he pointed out that the inborn attributes could reflect human nature, manifesting the beauty of continuous generation and transformation facilitated by mind-nature. Secondly, Fusuo claimed not only the mind is originally "taixu" (太虚), but also that human nature is utterly void and intangible. By doing this he intended to emphasize that human mind-nature was unattached and not lingered, which highlighted the ethereal and subtle beauty of the mind-nature. Finally, unlike the Neo-Confucians in Song Dynasty who valued human mind-nature above the physical being, Fusuo emphasized that human mind-nature is inseparable from the physical being. From the perspective of "the harmony of heaven and earth" in *The Book of Changes* (《周易》), he elucidated that ears and eyes were to express one's real feelings, and that physical appearance is associated with human nature, revealing the beauty of harmonious unity of mind and body.

Keywords：Yang Fusuo；Mind-nature Theory；Beauty of Continuous Generation and Transformation；Beauty of Etherealness and Subtleness；Beauty of Harmonious Unity of Mind and Body

中国古代美学研究 ◀

戴震思想研究的当代学术谱系与美学可能[*]

杨　宁^{**}

摘要：新中国成立以来，戴震思想研究历经多次范式转换，形成不同阐释路径。这些研究多将戴震哲学置于如"唯物/唯心"、"理学/反理学"、"封建/启蒙"和"尊德性/道问学"等理论框架中。理论框架的设定虽为解读戴震思想提供了切入点，但也会因理论的预设性而导致解释的片面性。这既反映了不同时代对戴震思想的不同解读方式，也揭示了戴震思想中"主/客"与"理/欲"的矛盾关系。这种矛盾关系为从美学角度考察戴震思想提供了新的视角。从美学角度看，戴震试图构建具有现代性的人性观，为中国美学的现代发生提供了充分准备。

关键词：戴震思想　学术谱系　理学　反理学　启蒙　尊德性道问学

在当代中国思想研究中，如何评价戴震思想是非常复杂的问题，戴震思想的内在多元性和可阐释性已成为不同学术流派关注的焦点。由于戴震处于清代学术转型的关键时期，对其思想的考察往往参照着不同的理论框架。研究阐释戴震思想的理论框架、梳理戴震思想研究的学术谱系，对把握戴震思想具有重要价值。

---

*　本文系国家社会科学基金项目"戴震思想与中国现代美学的发生"（20CZX062）阶段性成果。

**　杨宁，中央民族大学文学院副教授，主要研究方向为文艺学、美学。

一　阐释戴震思想的四种理论框架

目前学界阐释戴震思想的理论框架主要有四个："唯物/唯心""理学/反理学""封建/启蒙""尊德性/道问学"。这四个框架是讨论戴震思想的基本"坐标系"。梳理这些框架不仅能够明确戴震思想研究的学术谱系，更能从众多的叙述脉络中丰富对戴震思想的理解。

（一）"唯物/唯心"

新中国成立后，受意识形态的影响，学界对戴震思想的阐释多受限于"唯物/唯心"的理论框架。学者们致力于挖掘其思想中的唯物或唯心倾向并由此引发了一系列论争。20 世纪 50 年代，周辅成在《戴震的哲学》中明确指出了戴震思想的唯心性质，认为戴震思想"完全是陷入于唯心论"①。但随后孙振东就提出了相反观点，认为戴震"建树了自己的唯物主义哲学体系，从而捍卫和发展了中国古典唯物主义传统"②。这引发了戴震思想的"唯物/唯心"之争。"唯物派"将程朱理学视为唯心主义思想，而戴震对程朱理学的批判，则凸显了其鲜明的"唯物"性质。例如，姜国柱就认为，戴震"对当时占统治地位的官方哲学——程朱的唯心主义理学进行了批判，在批判中阐发了自己的唯物主义学说，在中国哲学史上有过重要的贡献"③。与这种"唯物/唯心"二元对立的阐释思路不同，王茂从中国社会历史及中国哲学发展的阶段性特征出发，认为"戴震哲学出现于中国资本主义生产关系开始萌芽的十八世纪，它带有那个社会历史时期的时代特点。对于中国哲学史来说，它是一个新的哲学形态，约略相当于唯物主义哲学发展的第二阶段即形而上学唯物主义那样的哲学"④。这一观点将戴震视为特定历史背景下进步思想的代表，并由此推断其思想的唯物主义性质。尽管这种观点在逻辑上具合理性，但仍具有较强的理论预设性。对此，谢遐龄指出："中国哲学中谈不上唯心主义、唯物主义的对立。中国哲学家既没有（西方

---

① 周辅成：《戴震的哲学》，《哲学研究》1956 年第 3 期，第 105 页。
② 孙振东：《论戴震反对理学唯心主义的斗争》，《江淮论坛》1962 年第 1 期，第 22 页。
③ 姜国柱：《论戴震的认识论》，《江苏师院学报》1980 年第 3 期，第 10 页。
④ 王茂：《戴震哲学思想研究》，安徽人民出版社，1980，第 3 页。

意义上的）唯心主义者，也没有（西方意义上的）唯物主义者。"① 这一试图超越二元对立的阐释思路具有一定启发性，但或许是受时代所限，谢遐龄依旧要从哲学党性的角度为戴震思想贴"标签"："如果尊重习惯，一定要为戴震归个类，那么我们同意哲学界的共识，认为戴震可以算入唯物主义哲学家之列。"② 从中也可以看出，"唯物/唯心"在成为理解戴震思想的一个重要阐释框架的同时，也成为某种束缚甚至是一种必须标明的立场。

（二）"理学/反理学"

戴震思想中的反理学倾向历来被视为其思想的独树一帜之处，也是其思想中的闪光点。于是从理学与反理学的关系角度来审视戴震思想就成为戴震研究的一个重要切入点。戴震对程朱理学的批判主要基于两个方面的逻辑：一是认为程朱理学是"借阶于老、庄、释氏"，即它借鉴了道家和佛家的思想，具有"僧侣本性"；二是否定了程朱理学所倡导的"存天理、灭人欲"的禁欲主义观点。然而，尽管戴震对程朱理学持明确的批判态度，但其批判方式仍然依赖于理学所构建的范畴体系，本质上是在用理学的方式反对理学，并未创立全新的思想体系。这就引发了关于戴震反理学思想是否真正存在的问题，这也是在探讨戴震与理学关系问题时备受争议的焦点。陈来在《宋明理学》中通过引用戴震为节妇烈女所作的传铭，强调戴震与程颐的原则在精神上的共通性，指出"戴震并没有整个地反对新儒家的价值系统，而是特别批判统治者片面地借用道德准则体系中有利于自己的一面、抹杀准则的相互制约性而造成对被统治者的压迫"③。可见争议的关键不在于戴震是否将批判的矛头直指宋明理学，而在于戴震针对宋明理学所反对的内容是否颠覆了整个儒家的价值系统。对此华山指出："自宋以来，地主阶级中反对理学的一派思想家，从叶适、陈亮，中经王廷相、顾炎武、王夫之到戴东原都跳不出同样的命运，根本的原因，在于这些人所处的社会中还没有新的历史因素出现，他们进行战斗的立足点，仍旧是封建主义的生产方式……因此，批判的力量就不可能击中程朱理学的要害。"④ 这是从历史的生产方式的变化以及历史的阶段性划分的角度对戴震思想得

---

① 谢遐龄：《戴震哲学之二三问题》，《复旦学报》（社会科学版）1994 年第 4 期，第 54 页。
② 谢遐龄：《戴震哲学之二三问题》，《复旦学报》（社会科学版）1994 年第 4 期，第 54 页。
③ 陈来：《宋明理学》，生活·读书·新知三联书店，2011，第 7 页。
④ 华山：《戴东原的反理学思想》，《文史哲》1981 年第 5 期，第 35 页。

出的判断，认为戴震所处的时代依旧是封建主义的生产方式，而在封建主义生产方式下不可能有新的历史因素的出现，那么戴震思想就无法跳出理学的思维框架。按此逻辑，"清代反理学思潮"本身就是个伪命题，这同时也引发了反理学是否存在以及理学与反理学的界限问题。

（三）"封建/启蒙"

关于戴震思想与儒家文化的整体关系，学界存在两种截然不同的评价。一种观点认为，戴震的思想本质上是在捍卫儒家正统的权威性，其考据的目标在于消除对儒家经典的误读，力求还原儒家思想的原始面貌。于是戴震探讨的理论问题局限于儒家思想内部，并未展现出显著的突破或创新。在这种具有复古倾向的学术观点下，戴震的思想并不具有启蒙的意义，甚至可能在某种程度上遏制了启蒙思想的萌芽。[①] 另一种观点认为，戴震的哲学思想是中国近代启蒙哲学的一部分，甚至可以与欧洲的文艺复兴运动相提并论。[②] 戴震对儒家经典的维护和正名，实际上是在清朝政府严酷的文字狱政策下的一种策略。戴震不得不借用孔孟之名，以注疏经典为旗号，来进行自己的哲学探索。在这种观点下，戴震的思想具有深远的启蒙意义。

必须指出的是，封建与启蒙两种倾向在戴震思想中存在某种内在张力，

[①] "如舒凡认为："近代西方启蒙运动主张个性的自由发展，这才是近代思想启蒙的本质特征。而戴震对后儒之理的批判，使用的武器不是个人主义与民主主义，却是'无私'之欲。他既未否定人治思想，也未否定无私观念，这决定他缺乏近代启蒙的思想基础。另外舒凡还认为戴震是以孔孟儒学来反对宋儒理学，这种复归的意识只能使中华民族变得更加封闭保守，那根深蒂固的儒学又怎能产生任何具有近代启蒙意义的思想？"（转引自李锦全《如何理解戴震启蒙思想的近代意义》，《天津社会科学》1992 年第 3 期，第 89 页）

[②] 关于戴震思想启蒙意义的论述主要有：肖君华：《论戴震伦理思想的启蒙性质》，《道德与文明》1990 年第 2 期；胡发贵：《戴震哲学启蒙意义发微》，《学海》1992 年第 1 期；李锦全：《如何理解戴震启蒙思想的近代意义》，《天津社会科学》1992 年第 3 期；周兆茂：《关于戴震的"以理杀人"和"启蒙"思想再评价》，《学术界》1993 年第 4 期；陈寒鸣：《戴震与中国早期启蒙思想》，《中国社会科学院研究生院学报》2000 年第 5 期；胡建、汪震宇：《中西启蒙"平等"观在价值源头上的同与异——以卢梭的"平等观"与戴震的"理欲之辨"为范本》，《浙江社会科学》2002 年第 6 期；王杰：《一种新伦理观的张扬：戴震的理欲统一论》，《齐鲁学刊》2003 年第 1 期；王杰：《戴震义理之学的历史评价及近代启蒙意义》，《文史哲》2003 年第 2 期；胡发贵：《徽学的哲思与激情——以戴震为例看徽学的启蒙精神》，《黄山学院学报》2006 年第 4 期；唐晖：《论戴震新义理学思想的启蒙理性》，《内蒙古农业大学学报》（社会科学版）2010 年第 2 期；魏义霞：《戴震的人性哲学及其启蒙意义》，《燕山大学学报》（哲学社会科学版）2012 年第 1 期；吴磊、余亚斐《戴震人性论的当代启蒙》，《淮北师范大学学报》（哲学社会科学版）2016 年第 3 期。

而在目前对戴震思想的研究中，这种张力常被忽视。原因在于，很难找到一种恰当的方式来阐释戴震思想中的这种内在紧张关系。若从启蒙的视角出发，作为封建社会正统的意识形态基础的儒家思想，似乎在历史的发展进程中只能扮演消极的角色，似乎只能与现代化进程中的启蒙思想相矛盾。于是这种介于两者之间的戴震的思想，很难被单一的阐释框架所覆盖。当然，在当代戴震思想研究的学术谱系中，后一种观点逐渐占据主导位置。于是戴震思想更多被视为中国晚清向近代转型过程中的重要启蒙思想家的代表。如侯外庐等人就将戴震作为中国近现代史中"早期启蒙"思想家的代表，肯定其挖掘个体情感欲望的思想价值。① 随后很多学者如姜广辉、方利山等学者都基本接受了这种观点。② 然而，值得注意的是，从"封建/启蒙"的阐释框架中去探寻戴震思想对中国思想文化现代启蒙的意义，背后蕴含着一整套关于中国历史叙述的历史观。这个问题不仅仅局限于思想史或哲学史的讨论，更是深深地根植在中国现代思想崛起的宏大背景中。显然，对戴震思想的深入理解，不仅关乎学术层面的探讨，更是理解和解读中国现代化进程中的一个关键环节。

（四）"尊德性/道问学"

如果说前面提到的三种阐释框架更多的是聚焦于戴震思想的内部，致力于探讨戴震思想的归属问题，那么"尊德性/道问学"的阐释框架则跳出戴震思想的局限，试图从治学方法的角度把握戴震思想。这种阐释框架的合理性源于戴震身上同时体现了义理与考据两种不同的治学方法。这种双重治学方法在戴震身上的融合，使"尊德性/道问学"的阐释框架成为理解和分析其思想的有效途径。一方面，作为乾嘉学术的代表人物，戴震的治学水平体现了乾嘉考证的最高水平。于是，以这种实证性的考据为标签，戴震被视为现代科学方法和近代智识主义的先导。另一方面，尽管研究方法上有着鲜明的汉学印迹，但其以义理为最终旨归的倾向却是昭然若揭的。于是戴震成为以义理反经学的思想家代表。前者被称为"道问学"，后者被称为"尊德性"。

---

① 侯外庐：《中国思想通史》第 5 卷，人民出版社，1956，第 455 页。
② 例如，方利山提出："戴震则以其出色的'理'论，把握时代精神，成为终结旧理学，勇敢向近代迈步的思想大师。"（方利山：《朱熹与戴震——纪念朱熹诞辰 870 周年逝世 800 周年》，《黄山高等专科学校学报》2000 年第 3 期，第 12 页）

对戴震学术中义理与考据的关系的探究，关键在于解释一个问题：这两种截然不同的治学方法是如何在戴震那里得到统一的？一种观点认为，戴震考证方法本身就是对理学的一种批判，即"通过对文辞的训诂考据、历史事实的钩稽、社会实践批判之'实学化'的方法论择向，对程朱理学重抽象、尚玄思、崇德行的'理'论旨趣予以全方位、多层面的解构和抨击"①。另一种观点则认为，戴震的考证方法仅仅是"外衣"，其实学著作实际上就是哲学著作，比如有学者就提出："他虽援引经言，披着经学的外衣，实际上是全面阐发它的哲学、伦理、政治等各方面的理论观点和明道救世的主张。"②

二　从美学角度阐释戴震的可能性

处理戴震思想的复杂性，关键在于解决以下三个问题：戴震思想到底想要解决什么问题？戴震思想解决这一问题到底采用了什么方法和路径？如何统一戴震思想内部的复杂性？只有对这三个关键问题深入分析，才能更全面、更深刻地理解戴震的思想体系，进而揭示其对中国传统文化和现代思想的重要贡献。

（一）戴震思想的核心议题

从上述的分析中不难发现，戴震的思想观点与治学方法均蕴含着深厚的复杂性，这种复杂性远非简单的标签所能概括。戴震的思想并非一成不变，而是在动态的发展与演变中逐渐丰富与完善。因此，对于戴震思想的把握，必须摒弃静态的标签式解读，而应从其思想发展的动态过程中去探寻与揭示。

以前述"唯物/唯心"阐释框架为例，有学者注意到了为戴震贴上静态标签所遮蔽的动态维度，试图通过梳理戴震自身的学术道路考察其不同阶段的思想特征。例如，杨向奎在其《中国古代社会和古代思想研究》中就指出，戴震早期是程朱理学尊崇者，在哲学上是程朱理学一元论的客观唯心主义者。此观点无疑拓展了戴震研究的新思路。随后周兆茂从历时发展

---

① 王明兵：《戴震反理学的"实学"方法论与其"权"论取向》，《求是学刊》2012 年第 6 期，第 153 页。
② 陈鼓应、辛冠洁、葛荣晋主编《明清实学简史》，社会科学文献出版社，1994，第 744 页。

的角度提出了戴震思想早、中、晚期三个不同阶段对于程朱理学的不同态度。"早期戴震无论从对程、朱人格的尊崇方面，还是从学术立场及哲学基本观点方面，都不愧是程朱理学的干城。"① 而"中年时期的戴震，在哲学上仍具有明显的程朱理学的色彩"，但"在思想上对作为官方哲学的程朱理学愈来愈持怀疑的态度，唯物主义思想愈来愈多地反映在此期的著作之中"②。到了晚期，对程朱理学展开了猛烈的深刻的批判。从而经历了"从唯心主义理本论"到"唯物主义气本论"的转变。③ 此后，周兆茂又在其《戴震哲学新探》一书中对这一观点进行了更为深入全面的分析。④ 当然这一研究视角后来也遭到了部分学者的质疑，如徐道彬就指出："戴震少年读书时就敢于洁问朱文公权威的思维形态已经蕴含着以后的倔强性格和求实精神。"⑤ 进而指出"早期的戴震不是程朱理学的干城"⑥。可见，虽然这种历时性的分析可以使人们对戴震的理解更加立体化，但只要将其与程朱理学相对立并与"唯物/唯心"相对应，就会歧义丛生、漏洞重重。

由此也可以看出，即便从动态的角度去考察戴震的思想，也仍然会面临理论预设性的问题，这一问题的根源在于戴震思想的整体目标深远而宏大，并非单纯地为了恢复儒家传统，也非仅仅通过反理学的方式来实现思想启蒙。以上诸多解读虽有其合理性，但更多是站在现代思想的视角下所进行的阐释。事实上，戴震思想的终极追求是构建一套关于人性本身的完备理论体系，他致力于深入挖掘人性内在的复杂构造与丰富的层面。为了真正把握戴震思想的核心，必须首先明确其思想中的人性结构以及其所追求的终极目标，只有这样才能从根本上理解戴震思想的精髓，而不是仅仅停留在表面的描述与分析上。这一过程中需要对戴震的治学方法和思想演变进行深入研究，以期更加全面地揭示其思想的丰

---

① 周兆茂：《戴震与程朱理学——兼论戴震哲学思想的形成与发展》，《哲学研究》1992 年第 1 期，第 67 页。
② 周兆茂：《戴震与程朱理学——兼论戴震哲学思想的形成与发展》，《哲学研究》1992 年第 1 期，第 69 页。
③ 周兆茂：《戴震与程朱理学——兼论戴震哲学思想的形成与发展》，《哲学研究》1992 年第 1 期，第 70 页。
④ 周兆茂：《戴震哲学新探》，安徽人民出版社，1997。
⑤ 徐道彬：《早期的戴震不是程朱理学的干城》，《黄山高等专科学校学报》2000 年第 3 期，第 20 页。
⑥ 徐道彬：《早期的戴震不是程朱理学的干城》，《黄山高等专科学校学报》2000 年第 3 期，第 18 页。

富内涵与独特价值。

（二）戴震的解题方法与路径

确定了戴震思想的核心，便可以更深入地探讨其思想的内在逻辑和治学方法。从人性结构的角度重新审视戴震对程朱理学的反思与批判，不难发现其中存在的观点与方法的分裂现象。戴震在观点上明确反对程朱理学所预设的天理世界观，强调人性的感觉经验和情感体验的至关重要性，这是对个体主体性和感性认识的肯定。然而在治学方法上，戴震却仍然沿用了理学的范畴和命题体系，这无疑展示了一种思想与方法上的张力。

这种张力及其所引发的关于戴震是否真正反理学的争议，实际上揭示了戴震思想的深层复杂性。戴震在凸显主体性和个体价值的同时不完全摒弃传统的理学框架，这反映出其在追求个体自由和情感体验的同时，也意识到不能完全脱离社会和历史的脉络。因此，戴震选择从"血气"和"心知"两个维度展开论述，旨在更全面、更细致地探讨人性的多维结构。"血气"代表了人的自然属性和感性层面，它是人性的基础，包含了人的原始欲望和情感。戴震强调，正是这些原始的、自然的情感和欲望，构成了人性的重要组成部分，不应被忽视或压抑。而"心知"则代表了人的理性和认知层面，它是人性的高级表现，体现了人的思考和判断能力。通过"心知"，人们能够超越单纯的感性经验，追求更高的真理和智慧。

以往对戴震反理学思想意义的强调和重申，暗合了对于中国文化现代转型中关于"科学、民主"的历史目的论式的阐释框架。可见，对于戴震是否反理学的判断深刻地植根在关于中国文化现代性的历史观之中。当代诸多学者对戴震思想的阐释，事实上都是在这一框架下进行的，这一阐释视角也决定了对戴震思想的把握必将出现难以调和的局面。一方面，天理世界观作为一种封建专制的、泯灭人性的、反现代的意识形态出现，成为中国文化思想现代转型所亟须冲破的阻碍；但另一方面，在某些现代新儒学那里，宋明理学成为中国早期现代性的在思想领域的萌芽，其中暗含了关于现代民族主义、世俗化、个人主义的思想倾向。这两种相反的评价，其内在的衡量标准是西方关于现代启蒙的历史谱系。相较而言，在前述诸多阐释框架中，"尊德性/道问学"由于涉及整个明清学术生态的问题，因而所考察的范围更广、更有深度。它所面临的问题，不仅仅是治学方法上的问题，更是方法背后所体现的文化思潮的问题，因而显得更具阐释力。但从另一角度看，"尊德性/道问学"依旧存在阐释的盲区，它预先设定了义理与考据之间的对立。考证学在明代末期就已经渐渐盛行，作为证明儒家经典合法性的手段，考据往往与义理之间有着密切的联系。单纯地以考据、义理的方式指认戴震学术思想是有偏颇的。事实上，戴震的复杂性也从另一方面恰恰证明了"尊德性/道问学"这种阐释框架的失效：戴震"以词通道"研究方法将考据与义理有效地联系起来，使任何试图在这一框架内阐释戴震思想的方式都难以自圆其说，必须打破这一框架并关注到其内部之间的联系才有可能得出较为有说服力的结论。值得注意的是，从"尊德性/道问学"阐释戴震思想的往往是研究思想史的学者，如金观涛、汪晖等人。研究思想史要求人们必须历史地、设身处地地去思考古人所面临的状态，去把握特定历史时期的"感知结构"。这种历史性的研究方法也说明只有努力从历史本真面貌出发，才有可能更清晰地把握历史的真实面貌。

戴震将"血气"与"心知"相结合，旨在构建一个既包含感性经验又包含理性思考的人性模型。这种模型既凸显了个体主体性和情感体验的重要性，又保留了人性中普遍性和理性的元素。这种处理方式使戴震的思想既具有鲜明的现代性，又与传统理学保持着千丝万缕的联系。因此，尽管戴震在观点上明确反对程朱理学，但在方法上仍受其影响，这正是这种思想张力的具体体现。

（三）美学与戴震思想的统一

在对戴震思想研究学术谱系的梳理过程中，可以清晰地看到清代学术向现代转型的历史脉络。这种转型并非单向的、线性的发展，而是充满了多维度的交织与碰撞。戴震思想的复杂性正是这种时代转型复杂性的一个缩影，它体现在对个体感觉经验和情感体验的强调，同时又不陷入个人主义和自由主义的窠臼。戴震致力于寻求认识的普遍性和情感的共通性，试图在主体性的彰显与普遍性的诉求之间找到一种微妙的平衡。正如有学者所说，"在关于戴震思想和著作的'哲学研究'中，'气'先'理'后的'唯物主义哲学'的立场，'理''气'辩证关系的'朴素辩证法'方法，以及'以理杀人'命题演绎出来的'反理学'的思想理论斗士，似乎远离乃至于遮蔽了戴震作为儒学之士的治学旨归和独立人格，从而与戴震在历史语境中'自行澄明'的本质力量渐行渐远"①。也就是说，在研究戴震思想时，应该更多地关注其在特定历史语境中的真实意图和表现，而不是仅仅从现代哲学的视角去解读。戴震思想是在复杂的文化背景下展开的，其思想与理学、心学、经学乃至自然科学之间形成了多重对话的关系，因而单纯地从某一方面出发认定戴震思想是理学还是反理学，会遮蔽戴震思想的复杂性。这种复杂性内在要求着从人性结构的维度重新把握戴震的思想体系。这不仅为全面把握戴震思想提供了更根本的阐释框架，还确立了一种发轫于晚清并持续作用于现代学术的思想脉络。

戴震的学术努力不仅体现在处理主体性与普遍性的张力上，还表现在如何调和认知的普遍性与合理性，以及个体情感欲望的正当性和合法性之间的关系。他既坚持自然规律背后的逻辑必然性，又赋予感性在认知过程中的必要性以重要地位。这种处理方式使戴震的思想具有鲜明的现代性，预示了学术思想从传统向现代的转变。比如前述"封建/启蒙"框架中，虽然"早期启蒙说"所要处理的对象是中国内部的历史脉络，但其参照标准却是欧洲的启蒙主义的价值范畴体系。在这一框架下，如果将中国现代启蒙定位在明清之际，那么就暗自指明了程朱理学所带有的"中世纪"色彩，将其所建立的天理世界观视为外在于人自身的权威主义的约束。但这只是一个问题的一个侧面，这种以外在的参数标准划定内在的文化历史范畴的方法，在得出新观点的同时，由于其标准本身就抽离了具体的历史语境，并带有明显的历史目的论色彩。所以，这种对于理学的不同理解方式，与对戴震思想的矛盾性理解一样，并没有超出现代性叙事的基本框架。"早期启蒙说"过分地强调了明清之际早期启蒙思潮对于中国现代化进程内在源头的意义，而忽略了早期启蒙思潮之外还有其他内容也会对中国现代化起到接引、促进作用，也能成为接纳西方近现代文化的结合点。

然而，戴震思想的这种复杂性也带来了一个关键问题：如何调和其中的"个体与普遍""认识与伦理"之间的复杂关系？答案就是：美学。戴震思想本身具有鲜明的美学特征，它不仅是调和各种张力的媒介，更是构建人性审美理想的工具。戴震通过美学视角，将人性的多维面貌统一在一个和谐的框架内，从而为我们理解人性提供了全新的视角。因此可以说，戴震的思想不仅是对人性结构复杂维度的回应，更是一种关于人性的审美理

① 陶清：《戴震与理学思辨模式批判》，《哲学动态》2010 年第 3 期，第 42 页。

想的构建。这种审美理想,既体现了戴震对"个体与普遍""认识与伦理"关系的深刻理解,也展示了他对人性美的独特追求。

事实上,以往的学术研究早已注意到这一问题,但未能从美学角度对其加以展开。有学者以戴震学术中的内在矛盾冲突为缩影,认为考据的兴起其实也是宋明理学内在矛盾冲突的结果。这一观点遭到金观涛等学者的否定,金观涛从明末清初强化事功需求这一角度出发,将清初的经世之学视为用入世的精神改变宋明理学的修身结构。于是,"戴震的思维模式既不是程朱理学式和陆王心学式的,也不属于宋明理学第三系。一方面他坚持知识性常识为合理性的根据,认为合理性最终判据必须来自于知识。和王船山类似,戴震认为道就是气化流行,而'理'是气化流行生生不息过程中呈现出的条理。另一方面他又把欲望看作道德的基础,坚持从人之常情出发由内向外推出道德规范"[①]。由此金观涛指出,戴震思想恰恰体现了儒学在道德论证过程中追求统一意识形态的失效,而这与中国近代自由主义思想有着同构性的关系:"中国式的自由主义也是建构新意识形态失效的产物。中国式自由主义者一方面主张用科学知识来论证科学人生观的合理,将科学常识作为合理性最终判据;但与此同时却坚持个人主义立场,主张由内向外地推出道德,据此中国自由主义者认同人权、个人独立和民主程序。由内向外、由个人向集体的道德正义和科学人生观始终处于不能整合状态。这同戴震的思维模式同构。故戴震可以作为中国式的自由主义主智论的先驱。"[②] 金观涛的观点对于理解戴震思想的复杂性及其与现代思想之间的逻辑联系具有重要的启发性。他敏锐地捕捉到了戴震思想内部所存在的"不能整合状态",这种状态揭示了戴震思想的深层结构。进一步深入挖掘这一观点,我们会发现,这种"不能整合状态"在本质上蕴含了一种美学的可能性,它试图调和主体性内部的诸多复杂矛盾,进而为构建具有现代性的新主体铺平了道路。更为深远的是,戴震思想中这种现代主体性的构建,不仅彰显了其思想的前瞻性,而且在中国美学的现代转型中占据了举足轻重的地位,成为推动美学现代化进程的关键力量。如果将这一观点进一步推进,就会更加清晰地认识到戴震思想在调和传统与现代、东方与

[①] 金观涛、刘青峰:《中国现代思想的起源:超稳定结构与中国政治文化的演变》第1卷,法律出版社,2011,第181页。

[②] 金观涛、刘青峰:《中国现代思想的起源:超稳定结构与中国政治文化的演变》第1卷,法律出版社,2011,第183页。

西方美学观念中的独特价值和深远影响。

A Contemporary Academic Genealogy and Aesthetic Horizon of Studies on Dai Zhen's Thoughts

Yang Ning

Abstract：Since the founding of the People's Republic of China, research on Dai Zhen's thoughts has undergone several paradigm shifts, forming various ways interpretation. Those studies often place Dai Zhen's philosophy within theoretical frameworks such as "materialism/idealism", "Neo-Confucianism/anti-Neo-Confucianism", "feudalism/enlightenment", and "emphasis on moral character/questioning the Way". While these theoretical frameworks provide perspectives to interpret Dai Zhen's thoughts, it may also lead to the partiality of interpretations due to the theoretical presuppositions. This not only reflects different interpretive approaches to Dai Zhen's thougths in different eras but also reveals the contradictory relationship between "subject/object" and "reason/desire" within Dai Zhen's thoughts. This contradictory relationship provides a new perspective for research on Dai Zhen's thoughts from an aesthetic standpoint. From an aesthetic perspective, Dai Zhen attempts to construct an aesthetic ideal of human nature, demonstrating his unique understanding of beauty of human nature.

Keywords：Dai Zhen's Thoughts; Academic Genealogy; Neo-Confucianism; Anti-Neo-Confucianism; Enlightenment; Moral Elevation; Inquiry into Morality and Nature

陆机《文赋》新释及其写作美学价值

——以作者的阅读视角为中心

邹　茜*

摘要： 陆机《文赋》是中国古代具有开创性的一部写作美学著作。《文赋》在开篇即提出"意不称物，文不逮意"的创作论题，其论述不仅指向由"物"萌"意"、以"意"生"文"的写作美学视角，其实还包含以"物"照"文"、由"文"化"物"的阅读视角。阅读视角同样以作者为主体，对应着作者自我检视的创作环节。在读写自审之下，《文赋》对作品的创新要求表现在察"物"之"变"、重"意"之"巧"和寻"文"之"异"三个方面，反映出陆机具有求真求新之精神、化古为新之态度。而陆机的观点，也的确在写作美学的历史中起到了继往开来的作用。对《文赋》写作美学思想的再诠释，并结合当下的写作行为对之进行现代转化，对现代写作美学的发展具有重要的理论价值和实践意义。

关键词： 陆机　《文赋》　写作美学　传统文论　现代转化

在中国古代文学批评史的研究中，对陆机《文赋》的研究并非少数。陆机《文赋》被认为是中国文学理论批评史上第一篇全面地论述文学创作的理论专著，对魏晋六朝文学自觉的演进起到了重要作用，对推动中国文学理论的发展具有划时代的意义。近代以来，学界主要围绕《文赋》文艺

---

* 邹茜，武汉大学文学院博士研究生，武汉理工大学外国语学院讲师，武汉大学文学院博士研究生，主要研究方向为写作学。

思想之渊源（"儒"与"道"之辩、"唯物"与"唯心"之辩）、《文赋》的文学创作论（构思论、文体论、灵感论、技法论等）、《文赋》与后世论著之联系比较等问题进行了讨论。这些研究从古代文学、文艺学、传播学等角度展开，显示了陆机《文赋》作为研究对象的多元性和生命力。从写作美学的角度来看，《文赋》中论及的创作过程、写作方法、修辞技巧、灵感来源等问题，既与传统文章学的衡文标准相符合，也与现代写作美学的写作实践相关联。尤其是陆机在《文赋》开篇所提出的"意不称物，文不逮意"①的文学创作论题，揭示了从创作构思到书写成文过程中存在的普遍性的却也是根本性的矛盾。如何理解这一论题，寻找到解决矛盾的基本途径，是前人研究《文赋》所涉及的焦点问题。然而，这些论述基本都选取了作者的写作视角，几乎没有提及作者在创作过程中的自我阅读与自我审视，而这是文学创作中不应被忽略的重要环节。因此，以作者的阅读视角为切入点，重新解读陆机的《文赋》，或可为"意不称物，文不逮意"的写作美学论题找寻到一种新的阐释，并进一步挖掘出其在写作美学中所具有的现代性意义。

一　写作美学视角下的"物""意""文"关系

对于"物""意""文"三者之关系，前人的论述之间是有较大差异的。其中，在"物"和"文"两个关键词上的分歧较少，认为"物"是客观世界之外物，"文"是由语言文字所构成的"物质性表现"。②虽然有的学者提出"物"是客观世界在作者内心的反映，与现实可能存在一定的偏差，但即使有这样的偏差，也只是人的主观能动性或是认知的局限性所带来的结果，并非作者有意识的转化。因此，在写作伊始对"物"的认识，仍然是对客观外物从现象到本质的一种"扫描"，具有比较强的客观性。围绕探讨较多的"意"，郭绍虞在《论陆机〈文赋〉中之所谓"意"》一文中，就针对"意"一词给出了三种可能的解释，分别为意义之"意"、构思所形成的"意"以及结合思想倾向性的"意"，并指出《文赋》所说的"意"集中于第二种含义，是以构思为中心将"选义"和"考辞"相统

① （晋）陆机著，张少康集释《文赋集释》，人民文学出版社，2002，第 1 页。
② 参见（晋）陆机著，张少康集释《文赋集释》，人民文学出版社，2002，第 18 页。

一。① 张少康在《文赋集释》一书中认同郭绍虞的观点，强调"意"是指构思过程中的"意"，而并非文章中已表达出来的"意"。② 两位先生在观点上的相同之处，还在于将"意不称物"明确为认识问题，"文不逮意"定义为表达问题。这些观点在学界被普遍接受，指明了写作美学视角下构思谋篇的基本逻辑。

陆机的《文赋》，认为创作构思首先是由外及内的过程。构思来源分别为"伫中区以玄览"③ 所指的有感于万物自然，以及"颐情志于《典》《坟》"④ 所指的有感于经典名篇。其次，聚焦于内心之感受，构思之"意"逐渐由远及近、由模糊到清晰。此时，"意"还尚未上升到可直书为"文"的程度，而是受"物"之激发，萌生于心的感性之"意"。之后，陆机将"意"的升华形容为"于是沉辞怫悦，若游鱼衔钩而出重渊之深；浮藻联翩，若翰鸟缨缴而坠曾云之峻"⑤。此处的"沉""浮"反映出创作者拥有开阔的视野、活跃的思绪，"辞""藻"则说明此时"意"已开始由内及外，向"文"转化而进入谋篇布局的阶段。关于行文谋篇，陆机则认为"理扶质以立干，文垂条而结繁"⑥，此处的"理"实则为已经表达于文章中的"意"，而"文"乃文辞。在"理"与"文"的主次关系中，以内容上的"理"为主、形式上的"文"为辅，最终做到内外一致，也就是"情貌之不差"⑦。

在单一的写作美学视角下，"物""意""文"在整体上是由外及内，再由内向外转化的递进关系，也是由"物"萌"意"、以"意"生"文"的过程。在这一过程中，"意"乃构思于心，是作者在创作时依循的思想与情感，借助文辞形成于"文"后，则成为"理"，乃是作品传递给读者的主旨，"意"与"理"之间相互联系，不能完全被割裂。⑧ "物"是写作的基础与前提，"意"则只能产生于具体的生命个体，而"文"是作为人自身的

---

① 参见郭绍虞《论陆机〈文赋〉中之所谓"意"》，《文学评论》1961 年第 4 期，第 9 页。
② 参见（晋）陆机著，张少康集释《文赋集释》，人民文学出版社，2002，第 18 页。
③ （晋）陆机著，张少康集释《文赋集释》，人民文学出版社，2002，第 20 页。
④ （晋）陆机著，张少康集释《文赋集释》，人民文学出版社，2002，第 20 页。
⑤ （晋）陆机著，张少康集释《文赋集释》，人民文学出版社，2002，第 36 页。
⑥ （晋）陆机著，张少康集释《文赋集释》，人民文学出版社，2002，第 60 页。
⑦ （晋）陆机著，张少康集释《文赋集释》，人民文学出版社，2002，第 60 页。
⑧ 郭绍虞认为《文赋》中的"理"与"意"并无二致，除最后一段外大多是指通过构思的"意"。（郭绍虞：《论陆机〈文赋〉中之所谓"意"》，《文学评论》1961 年第 4 期，第 8~14 页）

表达，这体现了中国古代写作美学的基本逻辑与主要思想构架。如果没有"物"，则不会有"文"；如果没有人，则不会有"意"；如果没有"物"与"意"之联系，也就不会有"文"的产生。如此看来，在陆机的文论思想中，对于主观与客观、自我与他者、人类与世界、自然与人文的关系的认识，是如此的清晰与完整。

二　阅读视角下的"文""意""物"关系

张春生曾指出"意不称物，文不逮意"一句深刻地揭示了现代写作行为多维系统中的主体、客体、载体之主要矛盾，但并没有涉及受体，原因是陆机在当时没有受到西方写作学中"奉读者为上帝的商品意识"的影响。所谓"意不称物"是说"主体不能正确地反映客体"，"文不逮意"是说"载体不能准确地表现主体的意图"。① 张春生对创作阶段的解释与郭绍虞、张少康等学者的观点基本相同，但其将"物""意""文"之关系纳入了现代写作美学的视野，试图从读写关系展开思考。诚然，陆机在撰写《文赋》时，是没有"写作学"、"上帝"和"商品"意识的，也没有接触过西方修辞学理论，更毋庸说亚里士多德修辞术中对读者的关怀，文中也缺少对读者的描述和评价。那么，这是否说明陆机在撰文时没有阅读意识，或者说《文赋》中没有阅读视角呢？我们不妨再读其开篇序言：

> 余每观才士之所作，窃有以得其用心。夫放言遣辞，良多变矣，妍蚩好恶，可得而言。每自属文，尤见其情。恒患意不称物，文不逮意。盖非知之难，能之难也。故作《文赋》，以述先士之盛藻，因论作文之利害所由，他日殆可谓曲尽其妙。②

从中可知，陆机是所感先人之"用心"，又结合个人创作实践之体会，进而提出文章主旨的，而其所论"作文之利害所由"正是建立在"述先士之盛藻"的基础之上。陆机在论述写作构思的过程中，既有作为作者之立场，又结合了其个人作为读者之感受。正是因为他知道只有作为读者的衡

① 张春生：《陆机〈文赋〉与现代写作学》，《上海大学学报》（社会科学版）1995 年第 6期，第 88 页。
② （晋）陆机著，张少康集释《文赋集释》，人民文学出版社，2002，第 1 页。

文标准，才能够以作者的立场来阐述行文规则。因此，陆机在撰文时是具有一定的阅读意识的，《文赋》中既有写作观点，也不乏阅读视角，并且主要是指作者的阅读视角。

钱锺书在谈及"物""意""文"之关系时，认为"按'意'内而'物'外，'文'者、发乎内而著乎外，宣内以象外；能'逮意'即能'称物'，内外通而意物合矣"①，将"文"作为"物"与"意"之间的媒介，内外相通之桥梁。张少康则认为钱锺书将《文赋》之"意"看作文章中的"意"，将作为认识问题的"意不称物"和作为表达问题的"文不逮意"混为一谈。②尽管"意不称物"和"文不逮意"确实归属于两个不同的创作层面，但钱钟书所论乃为"意""文""物"三者相通相融的理想境界，也即内心之"意"与文章之"理"统一为一体而无所分别，从而一旦"意能称物"，就可以实现"文能逮意"。这一美学境界脱离了传统解读中所指向的写作过程，以整体回顾的方式看待写作，定义了对"文"的最高标准。换言之，钱锺书在这里的解读逻辑是建立在成"文"之上，也就是写作行为结束之后的，是对"意不称物，文不逮意"这一句话的单独阐释，而并没有和《文赋》的全文相结合。③

那么，如何达到钱锺书所述之理想境界，真正做到"发乎内而著乎外，宣内以象外"呢？这就要求作者对自撰之文进行反复检视。可以说几乎所有的文章都很难在一气呵成的情况下达到这一种理想的美学状态，而是需要经过多次的检视与完善。而作为作者来阅读自己作品的过程，主要包含了以下两个层面的标准。

（一）"文"能映"物"，"意""理"合一

陆机在《文赋》中指出了剪裁不当、文眼不明、辞意不新、佳句不足

---

① 钱锺书：《管锥编》第3册，生活·读书·新知三联书店，2007，第1863页。
② 参见（晋）陆机著，张少康集释《文赋集释》，人民文学出版社，2002，第18~19页。
③ 张洪波曾直言钱锺书偷换了逻辑概念，以"作品论"的范畴来解释作为"创作论"的《文赋》，质疑其是否受到了西方"文本中心论"的"过度浸淫"。（参见张洪波《试析钱锺书对〈文赋〉中"意·文·物"关系的阐发》，《人文丛刊》2015年第1期，第337~342页）有必要指出的是，钱锺书在《管锥编》中对陆机《文赋》采取了逐段逐句释义的方式，对"恒患意不称物，文不逮意"一句的解读并未涉及后文。并且陆机所提"意不称物，文不逮意"也是基于对"文"的判断，是基于作品论的总结。《管锥编》是古文笔记体著作，而并非针对某一具体学术问题的专论，所述多在广博的学术视野之下进行。

等四个写作中常见的形式问题，并针对性地给出了解决方法。如"苟铨衡之所裁，固应绳其必当""苟伤廉而愆义，亦虽爱而必捐"① 等都指向了在写作过程中对文辞的判断和取舍，实则也是一种在撰文当下对自我表达的阅读和修改。在"或辞害而理比，或言顺而义妨"② 一句中，"辞"与"言"为文辞，"理"与"义"为所写之事，也即文章中反映出的"理"。如何知晓"理"是"比"还是"妨"呢？很明显是以作者欲抒发之"意"为参照的。"或文繁理富，而意不指适"③ 一句，则更为清晰地指出了对"辞"（句中之"文"，指文辞）与"理"的把握须以"意"为中心，也即文章的美学形式和思想内容都必须服务于作者内心的构思。

　　而构思往往要从现实世界中获取灵感。陆机认为"应感之会，通塞之纪"④ 都是作者所无法掌握的，只能等待文思的到来并不予错过。陆机的灵感说并不完全是消极被动的，其仍主张在文思到来之前或文思阻塞之时"揽营魂以探赜，顿精爽于自求"⑤。如何探求呢？其提出"瞻万物而思纷"⑥"精骛八极，心游万仞"⑦，要观察万物并展开想象，以此构成心中之"意"。刘勰在《文心雕龙·神思》中进一步提出"思理为妙，神与物游"⑧，更加强调了神思与物象的和谐交融，说明在驰骋的艺术想象中也必然包含对物象的把握。由此可见，"物"也是审视自我的重要存在。若笔下之"文"能准确地反映万"物"之本真，甚至令人回想起灵感所获之情境，则文中之"理"与心中之"意"相合，"意能称物"和"文能逮意"相通，反之则需要进行再次的阅读与修改。

（二）"文"作"典坟"，"物""文"更迭

　　所谓"文"，除了为作者笔下之文外，还是构思来源之文，也即陆机所说的"典坟"。而写作过程中的阅读视角除了检视自撰之文外，也包括对前人文章的细读。首先就是作为"典坟"的经典名篇，其次是作为创新表达

---

① （晋）陆机著，张少康集释《文赋集释》，人民文学出版社，2002，第 145 页。
② （晋）陆机著，张少康集释《文赋集释》，人民文学出版社，2002，第 145 页。
③ （晋）陆机著，张少康集释《文赋集释》，人民文学出版社，2002，第 145 页。
④ （晋）陆机著，张少康集释《文赋集释》，人民文学出版社，2002，第 241 页。
⑤ （晋）陆机著，张少康集释《文赋集释》，人民文学出版社，2002，第 241 页。
⑥ （晋）陆机著，张少康集释《文赋集释》，人民文学出版社，2002，第 20 页。
⑦ （晋）陆机著，张少康集释《文赋集释》，人民文学出版社，2002，第 36 页。
⑧ （南朝）刘勰著，陆侃如、牟世金译注《文心雕龙译注》，齐鲁书社，2009，第 378 页。

的参照文本。陆机称创作构思应"谢朝华于已披，启夕秀于未振"①，而创作乐趣也正在于"课虚无以责有，叩寂寞而求音"②，这就说明其对文章的创新是非常重视的，且强调创新应建立在对过往经典的参照之上。更为重要的是，当下所撰之文也会以"物"的形式为后世所读，甚至有可能成为后世之"典坟"。因此，是否具有新意，为他人带去警示教化，提供新的灵感与素材，成为检视与完善文章的另一标准。陆机在文末强调了文章明理教化的功用，并以"恢万里而无阂，通亿载而为津"③ 点明了创作的价值在于跨越时空的交流与传承，这也正是前人经典与后人创新的更迭发展。

郭绍虞等所列"物""意""文"之构思谋篇的顺序，笔者所论"文""意""物"之自我检视的顺序，共同构成了"物""意""文"之间双向支撑的三角关系，形成了一个相对稳固的写作美学模式。在这一写作美学模式下，作品被反复打磨，进而有了达成钱锺书所提"意""文""物"之境界的可能。阅读视角的纳入，使创作的过程变得更为明晰和完整，也将创作从单一文章的书写扩展为文学历史进程中的创作行为，展现出作品与作品之间、作家与作家之间的承前和启后。"文"能映"物"反映出一种求真的态度，"文"作"典坟"则表现出一种求新的精神。在古代尚无科学体系的背景下，陆机的"天赋""天机"之说虽有一定的历史局限性，但也体现出其在突破自我和艺术审美上的极高追求。而"物""意""文"三者相融相通的美学境界，本质上也反映出中国古代"天人合一"的哲学思想。

三 读写自审下的"变""巧""异"追求

不论是写作美学视角还是阅读视角，都是以作者为主体来论述的。对文章的自我检视，既贯穿于写作过程，也包括成文之后的整体回顾，因此二者之间并不是完全割裂的关系，而是在创作过程中相互转化，并共同支撑创作的完成。换言之，作者始终处在读写自审的状态之下，反映本真、展现创新这两条自我审视的标准，也贯穿在"意不称物，文不逮意"的美学论题之中。"物"与"意"、"意"与"文"之间的矛盾是以彼此的互通互融来消解的，但并不意味着三者的等同。创作并不完全是如实地还原现

---

① （晋）陆机著，张少康集释《文赋集释》，人民文学出版社，2002，第36页。
② （晋）陆机著，张少康集释《文赋集释》，人民文学出版社，2002，第89页。
③ （晋）陆机著，张少康集释《文赋集释》，人民文学出版社，2002，第261页。

实的表象，还需要想象力的支撑，在内容与形式上创新。

《文赋》全篇仅有两处出现了"新"字，分别为"或袭故而弥新，或沿浊而更清"① 和文末一句"被金石而德广，流管弦而日新"②。前者指"新意"，是化古为新之新，后者指"与日更新"，象征着创作行为的生命力。故恐有疑问曰连"新"之字眼都寥寥，陆机《文赋》中真的有对写作的求新精神吗？事实上，这与《文赋》"以赋作论"有一定的关系。具体来说，一是用喻，二是用韵。因此，所言之"新"多隐藏或暗含在比喻的意象之中，如前述"谢朝华于已披，启夕秀于未振""课虚无以责有，叩寂寞而求音"等。此外，《文赋》中的"新"也出现在押韵之词中，主要借助于"变""巧""异"这三个字具象化地表达出来，且与"物""意""文"形成了一定的对应美学关系。

（一）察"物"之"变"

《文赋》中共有 7 处"变"字，分别为：（1）"夫放言遣辞，良多变矣"③，指语言辞藻的变化；（2）"至于操斧伐柯，虽取则不远；若夫随手之变，良难以辞逮"④，指写作时的随机应变；（3）"或虎变而兽扰，或龙见而鸟澜"⑤，指文思的确立；（4）"信情貌之不差，故每变而在颜"⑥，指作品内容的变化；（5）"苟达变而识次，犹开流以纳泉"⑦，指音调声韵的变化；（6）"若夫丰约之裁，俯仰之形，因宜适变，曲有微情"⑧，指因文所宜而改变；（7）"配沾润于云雨，象变化乎鬼神"⑨，指文章功用的千变万化。其余表示"变化"之意的语句还有；（8）"纷纭挥霍，形难为状"⑩，形容事物繁多而变化迅速，要描摹事物的形象并不容易；（9）"其为物也多姿，其为体也屡迁"⑪，表示文体往往随外物的多姿多态而变化。此外，"暨

---

① （晋）陆机著，张少康集释《文赋集释》，人民文学出版社，2002，第 212 页。
② （晋）陆机著，张少康集释《文赋集释》，人民文学出版社，2002，第 261 页。
③ （晋）陆机著，张少康集释《文赋集释》，人民文学出版社，2002，第 1 页。
④ （晋）陆机著，张少康集释《文赋集释》，人民文学出版社，2002，第 1 页。
⑤ （晋）陆机著，张少康集释《文赋集释》，人民文学出版社，2002，第 60 页。
⑥ （晋）陆机著，张少康集释《文赋集释》，人民文学出版社，2002，第 60 页。
⑦ （晋）陆机著，张少康集释《文赋集释》，人民文学出版社，2002，第 132 页。
⑧ （晋）陆机著，张少康集释《文赋集释》，人民文学出版社，2002，第 212 页。
⑨ （晋）陆机著，张少康集释《文赋集释》，人民文学出版社，2002，第 261 页。
⑩ （晋）陆机著，张少康集释《文赋集释》，人民文学出版社，2002，第 99 页。
⑪ （晋）陆机著，张少康集释《文赋集释》，人民文学出版社，2002，第 132 页。

音声之迭代，若五色之相宣"①　"虽逝止之无常，故崎锜而难便"② 二句与 "苟达变而识次"之"变"相通，均指音调声韵之变换。

（1）（5）是在前人之文的基础上发现变化，从经典中总结出行文规律；（2）（6）是在写作过程中结合实际情况，对形式与内容作出适当调整；（3）（4）关注文思与文意的变化，强调内容与形式的相互关联；（7）则称好的文章在功用上出神入化，能够滋润万物；（8）（9）肯定了客观世界之变化，而（9）又进一步强调了文体得当的必要性。

可以看出，陆机在"变"字上侧重于对"物"的观察，一方面重视客观世界之改变，认为外在之"物"的变迁会带来内心之"意"的变化，前人之"文"的演进会形成写作之规律，这是作者所应具备的敏感度和感知力；另一方面，重视"文"的"因宜适变"，认为"文"应随着"物""意"乃至写作环境的不同而有所改变，要求作者必须具备对文辞的把控能力。

（二）重"意"之"巧"

《文赋》中共有 3 处"巧"字，分别为：（1）"其会意也尚巧，其遣言也贵妍"③，指物意相合之下立意的奇巧；（2）"或言拙而喻巧，或理朴而辞轻"④，指言语粗拙下喻意的巧妙；（3）"虽浚发于巧心，或受蚩于拙目"⑤，指构思精巧却遭平庸者讥笑。不论是"奇巧""巧妙"还是"精巧"，都指向"意"的与众不同。陆机将"喻巧"与"辞轻""祢新""更清"同列为因时制宜下的四种代表性的写作表现，在"言不尽意"的情况下，凸显"意巧"的重要性。"意"何以能"巧"呢？陆机说："收百世之阙文，采千载之遗韵。谢朝华于已披，启夕秀于未振。观古今于须臾，抚四海于一瞬。"⑥ 可见，巧意来源于广阔的时空万物之中，挖掘于先贤的文章之外。而"朝华夕秀"则强调了"巧"不只是奇巧、巧妙和精妙，更重在构思的独创性。

---

①　（晋）陆机著，张少康集释《文赋集释》，人民文学出版社，2002，第 132 页。
②　（晋）陆机著，张少康集释《文赋集释》，人民文学出版社，2002，第 132 页。
③　（晋）陆机著，张少康集释《文赋集释》，人民文学出版社，2002，第 132 页。
④　（晋）陆机著，张少康集释《文赋集释》，人民文学出版社，2002，第 212 页。
⑤　（晋）陆机著，张少康集释《文赋集释》，人民文学出版社，2002，第 223 页。
⑥　（晋）陆机著，张少康集释《文赋集释》，人民文学出版社，2002，第 36 页。

刘勰在《文心雕龙·序志》中，将陆机的《文赋》评价为"巧而碎乱"①，在以"巧"对《文赋》的创造性给予了积极评价的同时，也以"碎"和"乱"对《文赋》的说理性给予了一定程度的消极评价，认为陆机在《文赋》中的论述有新意而无章法。②另在《文心雕龙·杂文》中，刘勰在多部仿扬雄《连珠》的作品之中，仅对陆机的《演连珠》给予了正面评价，称"唯士衡运思，理新文敏，而裁章置句，广于旧篇"③。刘勰对陆机作品中"巧意"的称赞，也从侧面印证了陆机对"巧意"的追求。

（三）寻"文"之"异"

《文赋》中仅有一处"异"字。在论文病之时，陆机以"或遗理以存异，徒寻虚以逐微"④来批评一些文章徒求新奇，追逐细微末节而不顾及内容。此处所谓"异"，是指辞句上的不同，顾施祯将其称为"小异"⑤，有舍本逐末、舍大留小之意。除"异"之外，与"不同"之意相近的还有"殊"字，共有 2 处。（1）"体有万殊，物无一量"⑥，指文章体裁的千差万别。正确的文体能让"文"风格明确、恰当且特色鲜明。视具体情貌而明体，依具体风格而定气，也正是求真与求新的反映。（2）"必所拟之不殊，乃暗合乎曩篇"⑦，指所拟之文无独特之处，与前人之文相雷同。陆机认为，这样的文章即使文思美妙，辞意相合，也"虽爱而必捐"。

"异"与"殊"分别对应辞句的不同、风格的不同以及文章整体的不同。在这三者之中，陆机最重视文章整体上的创新，其次是风格，再次是辞句。既包含了文思，也包含了文辞，若都非独创，则就都成了形式上的模仿。陆机反对一味地追求形式之新奇，而是讲求真情实感，更追求新意新知。陆机并不反对模仿，而是主张进行创新性的模仿。作为西晋拟古诗创作的代表诗人之一，其《拟行行重行行》《拟明月何皎皎》《拟青青陵上柏》《拟迢迢牵牛星》等收录于《文选》的共计 12 首拟古之作，尽管在后世获得的评价褒贬不一，但都在语言、结构及内容上保留了一部分古

① （南朝）刘勰著，陆侃如、牟世金译注《文心雕龙译注》，齐鲁书社，2009，第 646 页。
② 在刘勰的评价中，也包含了对魏晋文学中浮诡的形式主义文风的批判。
③ （南朝）刘勰著，陆侃如、牟世金译注《文心雕龙译注》，齐鲁书社，2009，第 231 页。
④ （晋）陆机著，张少康集释《文赋集释》，人民文学出版社，2002，第 183 页。
⑤ （晋）陆机著，张少康集释《文赋集释》，人民文学出版社，2002，第 194 页。
⑥ （晋）陆机著，张少康集释《文赋集释》，人民文学出版社，2002，第 99 页。
⑦ （晋）陆机著，张少康集释《文赋集释》，人民文学出版社，2002，第 145 页。

诗的传统，也同时在主题、抒情主体及表达上形成了新的美学范式，具有独特的美学风格。这与《文赋》所提出的"袭故而弥新"之创作态度相一致。

陆机的"用喻"与"用韵"是《文赋》撰文的一大特色，却也使其高度的求真求新之精神显得有些隐晦。所用"变""巧""异"以及其他同义或近义之辞句，虽没有直接点出"求新"，却是陆机写作美学论中对创新的具体要求，体现在"物""意""文"三个方面，并反复出现在《文赋》的论说之中。读写自审下的创作要求，反映出洞悉万物之变才能萌生新意，探寻巧思才有写出佳作的基础，化古为新则能创造文章的长久价值，从而既常读常新，也常写常新。

四　《文赋》新释的写作美学价值

若以曹丕的《典论·论文》为中国文学批评史上第一部文学专论，那么将《文赋》视为中国古代开创性的写作美学著作，应该是没有异议的。有学者提出陆机《文赋》的开创性意义，主要在于以下三个方面："真正地从文学本体上研究文学"、"真正地从艺术审美角度研究文学"、"真正地构建了相当系统的文学创作理论"。① 这显然不完全是从写作美学角度而言的。回顾近代以来的《文赋》研究可以发现，较多学者都试图将《文赋》作为一套完整的理论系统来解读，这与刘勰"巧而碎乱"的"碎乱"之间，似乎存在矛盾。刘若愚就认为陆机"似乎是采择派的（eclectic），不是综合派的（syncretic），因为他并不试图将这些不同的概念整合为一个系统，而是在他的作品中以不同的观点加以表现"，而在不同的概念中，他的注意力首先集中在实际的创作过程中，其次是创作准备阶段，再次是写作技术及审美观念，而陆机"并没有从他所采取的各种文学概念中形成首尾一贯的系统"②。意即陆机之文论不在于完整，而在于对个别创作环节的深入浅出的论述，且有所建树。陆机《文赋》以个人的阅读与写作经验为依据，并没有试图对写作的方方面面作出详细的论述。其原创性意义在于，一方面所论涵盖了从准备、构思到撰文、打磨的写作全过程，尤

---

① 姜剑云：《太康文学研究》，中华书局，2003，第 126 页。
② 〔美〕刘若愚：《中国文学理论》，杜国清译，江苏教育出版社，2006，第 183 页。

其是打磨阶段的自我检视，为作者和写作研究者提供了明确的阅读视角；另一方面，其在求真求新的创作态度和写作美学追求下，为作者的阅读和写作提供了具体的实践指导，可被认为是从写作美学的角度来探讨文学创作的先河。

在由古代文论、传统文章学、现代写作美学所一脉而成的写作学史中，陆机的写作观点起到了承上启下之重要作用，且主要是启下的作用。曹丕在《典论·论文》中提到了"奏""议""书""论""铭""诔""诗""赋"共四科八种文体，陆机在继承曹丕学说的基础上，增添了"碑""箴""颂""说"四种，同时又减去了"议""书"两种。这种对非文学性之文体的摒弃，虽是魏晋六朝文学自觉过程中的必然现象，但陆机的创新论述可以被认为是推动了文学自觉的进程，此为"承上"。而在陆机之后，刘勰在《文心雕龙》中进一步论述了各类文体共 35 种，将古代辨体批评的发展推到了一个新的层面，此为陆机写作观点之"启下"。而就写作中的创新观而言，曹丕《典论·论文》提出"文以气为主"的创作个性论，虽然彰显了文学自觉的萌芽特征，但尚未形成鲜明的求新主张。在《文赋》后，刘勰以《文心雕龙·通变》专章论述了继承与创新，和陆机的"袭故弥新"观念存在前后承继之关系。此外，《文赋》以赋体探讨文学创作问题，融合并蓄儒家与道家思想等方方面面，在包括刘勰《文心雕龙》、萧统《文选》、挚虞等人的"文体论"、沈约等人的"声律论"在内的写作理论批评中，也都有一定的继承和开拓。

20 世纪末起，现代写作学的概念在中国逐渐形成并被普遍接受，写作行为也随着社会发展和科技进步发生了较大变化，主要表现在以下四个方面：第一，写作主体的大众化，作者身份不再完全集中于专业作家或学者；第二，写作受体的高度参与，读者在写作关系中逐渐占据重要地位，甚至参与到写作的整个过程中；第三，写作载体的多元化，作品的呈现形式超越文字和纸媒，向新媒体尤其是视听媒体转变；第四，写作追求的多样性，跨领域写作和写作的产业化趋势明显。而这四个方面的共通点，在于都强调"阅读体验"和"写作创意"。在当下，"阅读体验"已不再单纯是指读者对作品的单向品读，而是包括了大众文学中的共读与共写，影像文学中的共编与共改等。作者在写作过程中，不得不更多地考虑到读者的存在。而在多作者写作甚至人机写作中，作者也不得不更多地在写作时进行阅读和互动。从这一角度来看，《文赋》中对自然万物的感知与对经典名篇的追溯，时至今日仍是符合现代写作学对生活经验和文学阅读之要求的。尤其是"文""意""物"的阅读视角，对增强作者在写作互动中的经验、理念乃至情感的交流能力有着重要的启迪作用，进而对文学作品的创作和批评也有着相当的实践意义。另外，当下的读者与市场对"写作创意"有着一定的刻意追求，这和新媒体时代文学的产业化，读者消费形态的短、平、快等之间，都有着密切的关系。在这样的背景下，培养写作的创新能力、教授写作的创意技巧等，逐渐成为写作教育领域中的热门话题。但需要注意的是，当下写作学对创意的教学理念和方法多受到西方创意写作学的直接影响，在理念和方法的发生背景和应用条件上，仍需要结合中国的现实情况进行融合与转化。而要实现创意写作学在中国的自洽以及与中国现代写作学的互洽，就势必要回归中国写作理论与实践之传统，寻找到代表"中国创意"的本土智慧。从这一角度来看，《文赋》所蕴含的美学创新精神和美学创新态度，有着极为重要的当代价值。其对文则、文术、文病的深入探讨以及对文思、灵感的孜孜探寻，可视为对写作创意美学的早期实践，尤其是论述中所蕴含的道家"虚静"的观念对创意灵性的开发有着重要的启示，而以"变""巧""异"为代表的写作技巧，也对写作的创意实践起到具体的指导作用。

陆机在《文赋》的结尾，以"被金石而德广，流管弦而日新"之语句，展示了其对文学创作的远大抱负和深切厚望。其对"物""意""文"关系的探讨，对"变""巧""异"技巧的追求，时至今日仍然可以为写作美学的发展提供借鉴和参照。在《文赋》之外，中国的传统文论中还包含着丰富的理论资源和实践经验，也不缺乏求新意识和博大视野。当下的写作美学应充分发掘传统文论中的写作美学资源，并积极进行现代转化，以"袭故弥新"之态度汲取先贤之智慧，开创未来之道路，真正做到放眼四海、史论结合、纵观古今，让写作美学思想的研究进入一个全新的阶段。

A New Interpretation of Lu Ji's *Wen Fu* and the Values of its Writing Aesthetics—Focusing on the Author's Reading Perspective

Zou Qian

Abstract：Lu Ji's *Wen Fu* （《文赋》） is a groundbreaking contribution to ancient Chinese writing aesthetics. Lu Ji proposes the thesis of creation, "*Yi Bu Chen Wu, Wen Bu Dai Yi*", in the inaugural chapter of *Wen Fu*. He suggests a writing aesthetic perspective that converts "*wu*-物" (things of the world) into "*yi*-意" (conceptions), then "*yi*-意" generates "*wen*-文" (writings). He also puts forward a reading perspective that compares "*wu*-物" to "*wen*-文" and discerns "*wu*-物" through "*wen*-文". This reading perspective also takes the author as the main body, as authors self-examin their own creative process. This self-examination in *Wen Fu* highlights the artistic innovation of writing by observing "*bian*-变" (changing) of "*wu*-物", stressing "*qiao*-巧" (originality) of "*yi*-意", and discerning "*yi*-异" (variation) in "*wen*-文". This approach underscores Lu Ji's commitment to truth, novelty, and the merging of the old with the new. Lu Ji's viewpoints are indeed pivotal to the development of writing aesthetics. The reinterpretation of creative aesthetic thoughts in *Wen Fu*, coupled with a modern transformation of this interpretation relative to present writing practices, holds significant theoretical and practical merits for contemporary writing aesthetics.

Keywords：Lu Ji; *Wen Fu*; Aesthetics of Writing; Traditional Literary Theory; Modern Transformation

《文心雕龙》"体道"的审美进程与艺术显现[*]

黎　臻[**]

摘要："体"从人体之本义发展至形而上的精神意义，在《文心雕龙》中有形体、文体、风格、体察等多种内涵。考察其中"体道"思想的审美内涵，可以从一个侧面见出刘勰的批评思维特点。刘勰《文心雕龙》将庄子"体道"的人生境界诠释为创作论中的审美进程，指出作家在创作过程中经历了复杂层次的审美体验，并提出了"体物"的审美方式、"体要"的言辞审美标准，最终凝聚成"意象"的概念。"意象"可以说是"体道"的艺术显现，"体道"思想也由此成为当时人物美、自然美、艺术美得以贯通的根本。

关键词：《文心雕龙》　体道　体物　体要　意象

"体"是中国古代文论中一个重要的范畴。"体"之本义为人身之十二属，包括了人身的全部、部分及各部分之关系。从本义向外拓展，一方面指向"物"之形体，另一方面指向事物之主要部分或根本，以及制度、法式，后来"体"的内涵从"形"转变为"形而上"的精神意义，以"体"表示气、阴阳、天地等实在。[①] 在魏晋玄学中，"体"作为事物"所以然"

---

* 本文系四川省社会科学重点研究基地美学与美育研究中心一般项目"南朝文学批评方法研究"（21Y009）阶段性成果。

** 黎臻，四川师范大学文学院副教授，主要研究方向为魏晋南北朝文论、美学。

① 表形体，如《诗·大雅·行苇》："方苞方体，维叶泥泥。"郑玄笺："体，成形也。"表根本，如《左传·定公十五年》："夫礼，死生存亡之体也。"表体制，如《管子·君臣下》："四肢六道，身之体也。四正五官，国之体也。"表精神实体，如《潜夫论·本训》："阴阳有体，实生两仪。"

之根本，确立了与"一""无""道"等范畴的关系，并形成了"体用"的思维方式。特别是在何晏、王弼的思想中，"以无为本""体无"的观点奠定了魏晋玄学的基础。

《文心雕龙》中的"体"所涉及的内涵颇为复杂，主要集中在文体体制、风格方面，且与"情""义""势"等内容紧密联系。这就使"体"的内涵往往是多层次，又统一于"文体"这一概念之中的。此外，《文心雕龙》中"体"的体察、体味的含义也十分重要，涉及的"体道""体要""体物"等概念，是非常重要的哲学和美学范畴。历来研究者对这些范畴的讨论颇为丰富，但对刘勰《文心雕龙》中"体道"思想的审美内涵关注较少。本文主要通过剖析"体道"的审美过程，讨论刘勰对庄子"体道"境界的发展，以及他在文学批评思维与方法角度上对"体道"范畴的运用。

一　"体道"者与"道"的契合

刘勰在讨论文艺本体时，以"文原于道"的观点为基本，并以"道—圣—文"的关系将圣人置于文艺创作之中，来连接道与文。而圣人之所以能够以文明道，是在于圣人首先能够体道，圣人的体道境界不仅是当时士人的理想人格境界，也是文艺创作过程中审美境界的模范。

刘勰在《文心雕龙·原道》中即以"道"为文章之本原。究极事物之本原，是中国古人的思维习惯，先秦道家以"道"为万物之所以为万物的总原理，魏晋玄学从名教与自然合一的思想出发，将万物本体、万物存在之"道"与人类社会联系得更加紧密。王弼在《老子指略》中即言："夫欲定物之本者，则虽近而必自远以证其始。夫欲明物之所由者，则虽显而必自幽以叙其本。故取天地之外，以明形骸之内；明侯王孤寡之义，而从道一以宣其始。"① 王弼的体用如一、本末不二的思想在一定程度上影响了后来的玄学家，也对文学理论道本论中的"道—文"关系产生了启发。刘勰在体用观点的基础之上完成了"道—文"的最基本的理论框架，并在此框架内进行了"道—圣—文"的进一步阐发。

从《文心雕龙·原道》中对于"道—文"关系的讨论来看，"道"首先是作为天地万物的本体存在的。《原道》中关注的是天文、地文、人文，

---

① （魏）王弼著，楼宇烈校释《王弼集校释》，中华书局，1980，第 197 页。

这些"文"所赖以存在的内在依据，这些"文"皆为"道之文"，是"道"向外的显现。"道"的这一层本体论意义奠定了"道—文"关系的玄学特征，即"道"与"文"表现出本末体用的关系。"文"是"道"向外的显现，因此它的属性特征与道的属性特征相符，而它的功能也与道的功能一致，"辞之所以能鼓天下者，乃道之文也"①。而"道"所以能向外展现为"文"的最重要的中介是"圣"，"道沿圣以垂文，圣因文而明道"②，"圣"是与"道"完美契合的主体，圣人体道，而能明道。

"道"是不可名、不可知、不可交流的。《老子》第一章中便指出"道"的不可言传、不可交流性。庄子也谈道："道不可闻，闻而非也；道不可见，见而非也；道不可言，言而非也。"③"视之无形，听之无声，于人之论者，谓之冥冥，所以论道，而非道也。"④"道"既不可以闻见，亦不可以言说，是不可以用感官感受对其进行直接把握的。庄子以象罔寻得黄帝之玄珠为喻，指出"道"不是感觉的对象，感官、言辩都无从求得，而静默无心方可以领会"道"，提出了"体道"的方式。如《庄子·天地》有："夫明白入素，无为复朴，体性抱神，以游世俗之间者。"成玄英疏："夫心智明白，会于质素之本；无为虚淡，复于淳朴之原。悟真性而抱精淳，混嚣尘而游世俗者……"⑤要领悟"道"，需得体悟自性，与神合一。《庄子·刻意》中也阐释了如何由体纯素而进益到体道的过程："纯素之道，唯神是守；守而勿失，与神为一；一之精通，合于天伦……能体纯素，谓之真人。"成玄英疏："体，悟解也。妙契纯素之理，则所在皆真道也，故可谓之得真道之人也。"⑥"素"乃无所与杂、精神宁静，"纯"乃不亏其神，守神而不受到外物的侵扰，才能与神为一，合于自然之理。

因此，"体道"首先要求主体条件上的明白虚淡、精神宁静，形同枯木、心如死灰，如此才能不为外物所摇荡。这是一种审美主体对对象所产生的审美注意，是主体条件上的聚精会神的心理状态。庄子以"心斋""坐忘"来描述这种心理状态，以虚静之心作为观照的主体，而这种虚、静的境界也是进入到审美观照之后的精神状态。《庄子·达生》中借孔子遇佝偻

① （南朝梁）刘勰著，范文澜注《文心雕龙注》，人民文学出版社，1958，第3页。
② （南朝梁）刘勰著，范文澜注《文心雕龙注》，人民文学出版社，1958，第3页。
③ （清）郭庆藩撰，王孝鱼点校《庄子集释》，中华书局，1961，第757页。
④ （清）郭庆藩撰，王孝鱼点校《庄子集释》，中华书局，1961，第755页。
⑤ （清）郭庆藩撰，王孝鱼点校《庄子集释》，中华书局，1961，第438页。
⑥ （清）郭庆藩撰，王孝鱼点校《庄子集释》，中华书局，1961，第546~547页。

丈人承蜩的故事言及"用志不分，乃凝于神"①的境界，在艺术活动中，忘去艺术对象之外的一切而全神灌注于对象之上，"以虚静之心照物，则心与物冥为一体，此时之某一物即系一切，而此外之物皆忘；此即成为美的观照"②。后来《淮南子·原道训》中也谈到圣人"内修其本""保其精神，偃其智故"③，以达到无为境界。因此，在文艺创作过程中，刘勰要求审美主体"陶钧文思，贵在虚静，疏瀹五藏，澡雪精神"④，在进行艺术创作时要保持虚静的心境。这是"体道"过程的首要条件，也是审美活动中的主体条件准备。

其次，"体"是悟解、领悟。领悟万物之自性、自然如此之理。对于"道"的把握方式不是知、不是言，而应当是体味、悟解，才能最终得道。这一思想在老子这里最先得到阐释，老子提出"味无味"的命题，以"味"的方式对"无味"这一本体性的"道"进行把握。这种体悟、体味的方式融入了更多的生命感悟，在后来论者言及审美活动过程时，也强调审美主体要对审美对象进行观察欣赏，反复咀嚼玩味。庄子还把这种方式阐释为"听之以气"⑤"神遇"⑥。"听之以气"与"耳""心"等感官和知觉活动不同，"神遇"与"目视""官知"的活动亦不同，它们都已经进入了更高层次的体验，是领悟"道"的方式。南朝时期宗炳所提出的"应目""会心""畅神"即是吸纳了庄子"体道"的方式，将其运用于山水欣赏与绘画创作领域。刘勰也强调文艺创作过程中的神与物游的重要性。

最后，"体"是相互契入。"体道"进入物我两忘、与道为一的阶段，是主体与对象之间的相互契入，达到自身与道体的融合。这正是审美体验中的最高体验层次，主体在对象上注入自己的生命，消除二者的界限，物我不分，从而达到一瞬与万古同一、一花与大千同一的化境。庄子的"体尽无穷"正是指的此种化境，主体在其中生出忘怀一切的自由感，获得高度的精神解放，从而达到悠远的"游"的境界。这也是审美活动中审美主体最终获得的最高审美体验。

---

① （清）郭庆藩撰，王孝鱼点校《庄子集释》，中华书局，1961，第 641 页。
② 徐复观：《中国艺术精神》，华东师范大学出版社，2001，第 74 页。
③ 何宁撰《淮南子集释》，中华书局，1998，第 48 页。
④ （南朝梁）刘勰著，范文澜注《文心雕龙注》，人民文学出版社，1958，第 493 页。
⑤ （清）郭庆藩撰，王孝鱼点校《庄子集释》，中华书局，1961，第 147 页。
⑥ （清）郭庆藩撰，王孝鱼点校《庄子集释》，中华书局，1961，第 119 页。

我们可以看到，"体道"的过程与审美体验的进程是一致的，直指审美活动的核心层次。刘勰继承了"体道"的思想，在主体条件的准备、审美过程中，对"神思"的活动以及最后达到的"游"的境界等方面都进行了阐释，同时他还特别揭示出在文艺创作与批评领域中的"体物""体要"等概念，并凝聚为"意象"理论。

二 "体物"："体道"的审美方式

在"体"的过程中，核心的特点便是契入，这与"道"本身的性质密切相关。《世说新语》中有时人关于"《易》以感为体"的讨论："殷荆州曾问远公：'《易》以何为体？'答曰：'《易》以感为体。'殷曰：'铜山西崩，灵钟东应，便是《易》耶？'远公笑而不答。"① 概括来说，这段对话表达了以下几个方面的内容。一是在王弼扫落象数、坚定地用义理来阐释《易》之后，人们受此影响更多地关注其本体论意义上的内容。二是慧远从"感"的角度来阐释《易》之体。《周易·咸卦》："《象》曰：咸，感也。柔上而刚下，二气感应以相与……天地感而万物化生，圣人感人心而天下和平。观其所感，而天地万物之情可见矣。"王弼注："天地万物之情，见于所感也。"② 《咸卦》说"感"是天地万物之相互感应。"感"是魏晋时期人们较为重视的万物之"道"的根本性质之一。"体道"的过程与"道"的本质密切相关，因而"体道"同样要以"应感"的方式进行。在刘勰的时代，万物是"道"向外的显现这样的观点不断被提及，在文艺理论中，万物之具象对于"体道"的作用便凸显出来。

自《乐记》感物而动的观点开始，物感说在音乐理论和诗歌理论中产生了重要的影响，这里的"物"是指社会人事对人心的感触。魏晋南北朝时期，人们对自然山水的审美欣赏兴起，"物"也逐渐以自然风物为主。自然风物与社会人事感召主体的心神，使人的情志涌动而向外抒发。陆机《文赋》就首先谈到："赋体物而浏亮。"③ 李善注："赋以陈事，故曰体

① （南朝宋）刘义庆著，（南朝梁）刘孝标注，余嘉锡笺疏，周祖谟、余淑宜、周士琦整理《世说新语笺疏》，中华书局，2007，第284~285页。
② （魏）王弼著，楼宇烈校释《王弼集校释》，中华书局，1980，第373~374页。
③ （晋）陆机著，张少康集释《文赋集释》，人民文学出版社，2002，第99页。

物。"五臣注："赋象事故体物。"① 强调其托体于物、志因物见。《文心雕龙》对于为文之道的把握，起点正在于"体物"。《文心雕龙》中"体物"的内涵对于物的体察，一是体情，体味因物而起的情兴；二是写物，写状物之形貌。

（一）体情

体情是一个心物交流的过程，也是文学创作过程中"物象"向"心象"生成的第一阶段。《文心雕龙·神思》中提出的"神与物游"②，即是这一阶段的写照。"神与物游"首先表达了主体情志与物象之间的紧密联系，"登山则情满于山，观海则意溢于海"③，"情以物兴，故义必明雅；物以情观，故词必巧丽"④。而主体完成心物交流须动用心神进行想象，《文心雕龙·物色》有"诗人感物，联类不穷"⑤，诗人见到"物"，引起感兴，便会兴起诸多联想，这是一个复杂变化的动态过程。"神"乃变化之极，不可测量，妙万物而为言，变化推移，自然而然；"象"变而通之、周流不滞。自然社会之事物、事理参与到主体的思维活动中，心物的交流与契合，通过想象而产生与主体情志相契合的意象。"体物"中有"体情"义，又涵盖了表达情志的方法义，已具有文艺创作论的普遍意义。

（二）写物

"写物"是将审美意象外化的一种方式，是内在情志的表达方法。《文心雕龙·物色》随后说："写气图貌，既随物以宛转；属采附声，亦与心而徘徊。"⑥ 心与物、情与景是密切贴合的，一方面要贴切地表达主体对物之情感，另一方面要贴切地描绘物之情状。"随物以宛转"，正是要与物相适合，使纷繁复杂的情感与多样的物象相应。主观情思与"物"互相赠答、往来，"物以貌求，心以理应"⑦。而写状物之貌则成为"体物"中不可缺少的一部分。从"写物"的角度来理解"体物"，即是对物象的体状，有状

---

① （晋）陆机著，张少康集释《文赋集释》，人民文学出版社，2002，第 112 页。
② （南朝梁）刘勰著，范文澜注《文心雕龙注》，人民文学出版社，1958，第 493 页。
③ （南朝梁）刘勰著，范文澜注《文心雕龙注》，人民文学出版社，1958，第 493~494 页。
④ （南朝梁）刘勰著，范文澜注《文心雕龙注》，人民文学出版社，1958，第 136 页。
⑤ （南朝梁）刘勰著，范文澜注《文心雕龙注》，人民文学出版社，1958，第 693 页。
⑥ （南朝梁）刘勰著，范文澜注《文心雕龙注》，人民文学出版社，1958，第 693 页。
⑦ （南朝梁）刘勰著，范文澜注《文心雕龙注》，人民文学出版社，1958，第 495 页。

写、描绘之意。从这一层面上来看，《文心雕龙·诠赋》所说"赋者，铺也，铺采摛文，体物写志也"①，《物色》所言"吟咏所发，志惟深远；体物为妙，功在密附"②，都蕴含着"写物"的内涵。

在"体物"的审美过程中，本体之"道"在"物"上所反映出来的"气"与"貌"是交织在一起的，就如《文心雕龙·物色》所言"写气图貌"③，《文心雕龙·夸饰》所言"气貌山海"④，就是带有"气""貌"两个层次的，即是"物"作为"道"的显现所蕴含的精神与形貌。抒写情志与描绘景物的统一，正是表现与再现的统一，这是中国古典美学中审美意象的本质所在，也是对审美理想的追求。

因此，"体物"是"体道"的一种具体的审美方式。它有对"物"的直接感知，但对于"物"的体味与写状还须不黏滞于物，要包含在此基础之上又超越感官的精神性审美。"体道"通过言教、形器，却不拘执于言教、形器，最后达到通于道的境界。对具体的"物"的体状与对"物情"的体味，正是通向"道"的重要途径。

三 "体要"："体道"的言辞标准

在"体道"的基础之上，刘勰提出了文艺创作过程中对于要义、精神的体察问题。《文心雕龙》中多次使用"体要"一词，内涵颇为丰富，历来解释不一，但综观"体要""体于要"的要求与趣尚，我们可以发现其中与言辞审美标准的紧密联系。

刘勰从《尚书》"辞尚体要"的观点出发，提出了对言辞表达的要求。《文心雕龙·征圣》有："易称辨物正言，断辞则备；书云辞尚体要，弗惟好异。"⑤《文心雕龙·风骨》有："周书云，辞尚体要，弗惟好异。盖防文滥也。"⑥《文心雕龙·序志》有："盖周书论辞，贵乎体要；尼父陈训，恶乎异端；辞训之异，宜体于要。"⑦皆论及《尚书》之语，与文辞表达相关。

---

① （南朝梁）刘勰著，范文澜注《文心雕龙注》，人民文学出版社，1958，第134页。
② （南朝梁）刘勰著，范文澜注《文心雕龙注》，人民文学出版社，1958，第694页。
③ （南朝梁）刘勰著，范文澜注《文心雕龙注》，人民文学出版社，1958，第693页。
④ （南朝梁）刘勰著，范文澜注《文心雕龙注》，人民文学出版社，1958，第609页。
⑤ （南朝梁）刘勰著，范文澜注《文心雕龙注》，人民文学出版社，1958，第16页。
⑥ （南朝梁）刘勰著，范文澜注《文心雕龙注》，人民文学出版社，1958，第514页。
⑦ （南朝梁）刘勰著，范文澜注《文心雕龙注》，人民文学出版社，1958，第726页。

《尚书·毕命》中"辞尚体要"句曰："政贵有恒，辞尚体要，不惟好异。"孔安国传："政以仁义为常，辞以理实为要，故贵尚之。"孔颖达疏："为政贵在有常，言辞尚其体实要约，当不惟好其奇异。"① 历来对"辞尚体要"的解释多以孔疏为基本，概括起来即是言辞应当"体实要约"。《尚书》中对于文辞的规范，在刘勰这里已被详细地阐释。刘勰从"体""要"两个方面的统一着手，提出了言辞的审美标准。

（一）约以存博

"体要"的评语，显示出刘勰对文辞博而要、多而一的要求。《文心雕龙·征圣》引《尚书》语，肯定了体实要约的言辞标准，并进一步谈及"体要"与"微辞"的关系，"虽精义曲隐，无伤其正言；微辞婉晦，不害其体要。体要与微辞偕通，正言共精义并用；圣人之文章，亦可见也"②，即使是曲隐、婉晦的言辞也不应伤及其内在之旨义。从"体"之本义来看，其全体与部分的关系亦较为明显。《说文解字》解："体，总十二属也。"段玉裁注："今以人体及许书核之。首之属有三，曰顶，曰面，曰颐。身之属三，曰肩，曰脊，曰冗。手之属三，曰厷，曰臂，曰手。足之属三，曰股，曰胫，曰足。合《说文》全书求之，以十二者统之，皆此十二者所分属也。"③ 以人体之所属对"体"进行解释，既强调其全体，又关注其各具体部分。在后来的典籍中，人们也颇为注重人体的本义，如《释名》中称："体，第也；骨肉、毛血、表里、大小，相次第也。"④ 强调人体各部分之次第关系，既注重完备、全体，又强调各部分之具体。蔡沈《书集传》中对《尚书》"辞尚体要"句的解释亦表达了"体"的完具之义："趣完具而已之谓体，众体所会之谓要。"又引王氏樵曰："趣谓辞之旨趣，趣不完具则未能达意，而理未明，趣完具而不已则为枝辞衍说，皆不可谓之体。"⑤ 完具而能要约，即一方面要言辞完备，能够明白晓畅地表达意思；另一方面则不可枝辞衍说，芜杂繁滥，即刘勰在《文心雕龙·风骨》中所说"防文

---

① （清）阮元校刻《十三经注疏·尚书正义》，中华书局，1980，第 245 页。
② （南朝梁）刘勰著，范文澜注《文心雕龙注》，人民文学出版社，1958，第 16 页。
③ （汉）许慎撰，（清）段玉裁注《说文解字注》，上海古籍出版社，1981，第 166 页。
④ （东汉）刘熙撰，（清）毕沅疏证，王先谦补，祝敏彻、孙玉文点校《释名疏证补》，中华书局，2008，第 60 页。
⑤ （南朝梁）刘勰著，詹锳义证《文心雕龙义证》，上海古籍出版社，1989，第 48 页。

滥也"①,强调言辞的简约。刘勰的这一思想与王弼"约以存博"的观点是一致的。王弼在《周易略例·明象》中强调"约以存博,简以济众"②,这是他在解释《周易》时的本体论思想的反映。在《文心雕龙·物色》中刘勰便举《诗经》之例,说明了这种审美标准:"故灼灼状桃花之鲜,依依尽杨柳之貌,杲杲为出日之容,漉漉拟雨雪之状,喈喈逐黄鸟之声,喓喓学草虫之韵。皎日嘒星,一言穷理;参差沃若,两字穷形。并以少总多,情貌无遗矣。"③

对于言辞简约的要求来自魏晋南北朝时期盛行的人物品藻。在这一时期,"体道"是名士的理想人格境界。王弼曾言"圣人体无"④,正始以来人们常以"体道"作为衡量圣人的标准,也是士人理想人格的体现。"体道"是品题人物的重要评语,如荀𫖮"清纯体道"⑤,魏舒"体道弘粹"⑥,裴頠"体道居正"⑦,司马道子"体道自然"⑧,王导"体道明哲"⑨ 等。"体道"者是对宇宙之本体的体察,表现出与"道"相一致的特质:清纯、自然、简约、静正等。《世说新语·文学》载刘孝标注引《晋诸公赞》曰:"侍中乐广、吏部郎刘汉亦体道而言约。"⑩ 乐广、刘漠⑪皆以清简见称。乐广是西晋时期的清谈人物,"善以约言厌人心"⑫;刘漠"少以请识为名……以贵简称"⑬。《世说新语·赏誉》刘孝标注引《晋阳秋》又称赞王述"体

---

① (南朝梁)刘勰著,范文澜注《文心雕龙注》,人民文学出版社,1958,第514页。
② (魏)王弼著,楼宇烈校释《王弼集校释》,中华书局,1980,第592页。
③ (南朝梁)刘勰著,范文澜注《文心雕龙注》,人民文学出版社,1958,第693~694页。
④ (南朝宋)刘义庆著,(南朝梁)刘孝标注,余嘉锡笺疏,周祖谟、余淑宜、周士琦整理《世说新语笺疏》,中华书局,2007,第235页。
⑤ (唐)房玄龄等撰《晋书》,中华书局,1974,第1151页。
⑥ (唐)房玄龄等撰《晋书》,中华书局,1974,第1187页。
⑦ (唐)房玄龄等撰《晋书》,中华书局,1974,第1351页。
⑧ (唐)房玄龄等撰《晋书》,中华书局,1974,第1732页。
⑨ (唐)房玄龄等撰《晋书》,中华书局,1974,第1752页。
⑩ (南朝宋)刘义庆著,(南朝梁)刘孝标注,余嘉锡笺疏,周祖谟、余淑宜、周士琦整理《世说新语笺疏》,中华书局,2007,第238页。
⑪ 据前人考,刘汉当作刘漠。
⑫ (南朝宋)刘义庆著,(南朝梁)刘孝标注,余嘉锡笺疏,周祖谟、余淑宜、周士琦整理《世说新语笺疏》,中华书局,2007,第515页。
⑬ (南朝宋)刘义庆著,(南朝梁)刘孝标注,余嘉锡笺疏,周祖谟、余淑宜、周士琦整理《世说新语笺疏》,中华书局,2007,第513页。

道清粹，简贵静正，怡然自足"①。可见，清简、要约是当时士人达到"体道"境界的一个重要特质，表现在言辞上，即要求完具而要约。这一标准在当时是比较盛行的，颜延之在《庭诰》中提出"观书贵要，观要贵博，博而知要，万流可一"②的观点，刘勰或许颇受其启发，并加以推阐。

（二）尚大体、大要

出于对内在精神与灵气的关注，"体道"表现出对具体形貌的超越。东晋时期谢安对于时人指出支遁讲经"不留心象喻，解释章句，或有所漏"的问题回护道："此九方皋之相马也，略其玄黄，而取其俊逸。"③九方皋在相马时能够"得其精而忘其粗，在其内而忘其外"，张湛注曰"神明所得"④，因此能相出天下之马。这也是魏晋南北朝时期学术风气发生变化的表现。人们在注经、品评文学书法等艺术时，更加推重内在之神、注重大义幽旨。

刘勰在运用"体要"这一概念的时候，也注重其大体、大要之义。他在《文心雕龙·诠赋》中说："然逐末之俦，蔑弃其本，虽读千赋，愈惑体要。"⑤这里的"体要"主要指作赋之本，不可以舍本逐末，要把握大体。又有"立范运衡，宜明体要"⑥等亦如此类。同时，刘勰也运用了其体会、体察之义："盖周书论辞，贵乎体要；尼父陈训，恶乎异端；辞训之异，宜体于要。"⑦论及《周书》论辞，尼父陈训之后，又针对此"辞"与"训"强调"辞训之异，宜体于要"，牟世金《〈文心雕龙〉的"范注补正"》解释："'周书论辞'之'辞'，'尼父陈训'之'训'，各不相同，一是'辞尚体要'，一是'攻乎异端'，这就是所谓'辞、训之异'。圣人和经书所说虽异，但都应领会其主要精神；'宜体于要'，此之谓也。"⑧刘勰认为"辞"和"论"其说虽各有异，却都"宜体于要"，即应体会其主要精神。从体察万

---

① （南朝宋）刘义庆著，（南朝梁）刘孝标注，余嘉锡笺疏，周祖谟、余淑宜、周士琦整理《世说新语笺疏》，中华书局，2007，第 541 页。
② （南朝梁）刘勰著，詹锳义证《文心雕龙义证》，上海古籍出版社，1989，第 50 页。
③ （南朝宋）刘义庆著，（南朝梁）刘孝标注，余嘉锡笺疏，周祖谟、余淑宜、周士琦整理《世说新语笺疏》，中华书局，2007，第 990 页。
④ 杨伯峻撰《列子集释》，中华书局，1985，第 257、258 页。
⑤ （南朝梁）刘勰著，范文澜注《文心雕龙注》，人民文学出版社，1958，第 136 页。
⑥ （南朝梁）刘勰著，范文澜注《文心雕龙注》，人民文学出版社，1958，第 423 页。
⑦ （南朝梁）刘勰著，范文澜注《文心雕龙注》，人民文学出版社，1958，第 726 页。
⑧ 牟世金：《〈文心雕龙〉的"范注补正"》，《社会科学战线》1984 年第 4 期，第 243 页。

物本体之"道"到体察文章大体之"要"，都是基于"体"的本体之义。

四　"意象"："体道"的综合呈现

综观上文所讨论的"体道"的审美过程、方式和表达等诸多方面，我们可以看到刘勰将"体道"的哲学意义和人生境界意义逐步转化，进入文学理论的领域。刘勰在此基础之上生成了蕴含艺术的本体性及其具象化过程中诸多丰富内容的"意象"的概念。

《文心雕龙·神思》中的"独照之匠，窥意象而运斤"① 是首次见"意象"一词运用在文学理论领域者。《周易·系辞上》讨论了"圣人立象以尽意""系辞焉以尽其言"② 的观点。这里的象并不只是形象，而是包含了拟象、象征之意在内的卦爻之象。"形"与"《易》象"的区分，在东晋时期殷浩、孙盛等人之间已有讨论，有著名的论题"《易》象妙于见形"，当时普遍认为《易》象的蕴涵相比形器而言更加深赜奥妙。这些卦爻之象具有形象性、概括性和多样性，既包含诸多具有一定形象性的自然、社会事物，亦象征多种复杂的道理，可以说是将形象与抽象结合起来的"象"。《文心雕龙》中对于意象本质的讨论也注意到这一点，即"物象"与"意象"的区分。"物象"侧重于物，更多指物呈现在主体眼中的表象。而"意象"更侧重于"意"，钱锺书曾指出刘勰使用"意象"二字，是因为行文原因而作的"意"的偶词，其内涵就是"意"。③ 此"意"能够以"象"的形式表现，再经由言辞描述此"象"；抑或不经过"象"，而直接由言语表达出来。

《文心雕龙》中多次提到含"意"之"象"，《比兴》有："盖写物以附意，飏言以切事者也。故金锡以喻明德，珪璋以譬秀民，螟蛉以类教诲，蜩螗以写号呼，浣衣以拟心忧，席卷以方志固，凡斯切象，皆比义也。"④《情采》有："若乃综述性灵，敷写器象，镂心鸟迹之中，织辞鱼网之上，其为彪炳，缛采名矣。"⑤《物色》有："是以诗人感物，联类不穷。流连万

---

①　（南朝梁）刘勰著，范文澜注《文心雕龙注》，人民文学出版社，1958，第493页。

②　（清）阮元校刻《十三经注疏·周易正义》，中华书局，1980，第82页。

③　参见敏泽《钱锺书先生谈"意象"》，《文学遗产》2000年第2期，第2~3页。

④　（南朝梁）刘勰著，范文澜注《文心雕龙注》，人民文学出版社，1958，第601页。

⑤　（南朝梁）刘勰著，范文澜注《文心雕龙注》，人民文学出版社，1958，第537页。

象之际，沉吟视听之区；写气图貌，既随物以宛转；属采附声，亦与心而徘徊。"① 《养气》有："纷哉万象，劳矣千想。"② 刘勰所言"写物附意""飒言切事"，是谈言、意关系，而"象"则是其中一个非常重要的中介。所写之物皆有形象，又内含明德、秀民、教诲等义，器象亦内含有性灵。《物色》与《养气》中的万象既包含了自然的、社会的具体形象的"物象"，同时也与"心""想"密不可分。可以看到，刘勰所谈的"象"的本质仍是"意"，即是蕴含了"意"的"物象"。"物象"是"意"的直接表现方式，在主体眼中呈现感性直观的表象，触动"意象"的产生。

如果推究"意"与"道"之关系，可以用正始玄学中体用的思维方式来观察。王弼提出的"得意忘象"的观点给后世以深刻的启发，其观点提出的基本思维方式即本末体用。以"道"为体，则"意"为用；以"意"为体，则"言""象"为用。"意"是主体意识到的事物本质，是有主体参与的。从这个意义上来说，"意"是"道"进入审美领域的化身，而"意象"的生成过程正是"体道"过程的艺术化显现。审美主体保持虚静的状态，进入体物阶段，物象作为意象的一个构成部分是非常重要的，但要成为意象还需要创作主体的参与。体情，即是由物象向意象生成的第一阶段。心物交流，引起情兴，同时还需要进行创造性想象，从而生成审美意象。《文心雕龙·神思》中说的"神用象通，情变所孕"③，即是借助想象造就意象。王元化先生认为，"神用象通"是指意象由想象而成，"情变所孕"是指情志在想象而成意象的过程当中的重要作用。④ 言辞，则是意象的表达和接受过程中的另一要素。言辞是将生成的心象转化为意象的重要步骤，创作者有较高的驾驭文辞的能力，在意象的呈现上才能更顺畅、更清晰。此外，在心物契合的基础之上所产生的意象需要贴切的言辞表达来进行补充，不论是拟声还是赋彩，对于物象的描述需要以少总多、贴切无遗地还原其情貌。因此刘勰提出"体要"的言辞审美标准，要求言辞完具而要约，并注重对大要之旨的传达。

---

① （南朝梁）刘勰著，范文澜注《文心雕龙注》，人民文学出版社，1958，第 693 页。
② （南朝梁）刘勰著，范文澜注《文心雕龙注》，人民文学出版社，1958，第 647 页。
③ （南朝梁）刘勰著，范文澜注《文心雕龙注》，人民文学出版社，1958，第 495 页。
④ 参见王元化《读文心雕龙》，上海书店出版社，2019，第 103 页。

结　语

　　总的来说，在从人生境界层次上的"体道"向文学审美意象发生转变的过程中，"体"表现为一种非常重要的审美能力。由于"道"的深赜本质，"体"作为人与道相交通的方式也是无法用概念与逻辑进行剖析的。那么，形象的显现正是"体道"的重要途径，"意象"的生成正是从文学角度讨论通向幽邈之"道"的形象构建问题。在《文心雕龙》中，生成了蕴含着艺术本体及其具象化过程的丰富内容，"意象"的内涵就得到丰富，它作为一个重要的审美范畴便形成了。它不仅经历了主体条件从准备、感知、情兴、想象到言辞的几个阶段，也蕴含着超越感官而得神遇的不同层次。"体道"和"意象"这两个范畴内在地联系在了一起。

　　除了文学，其他艺术的创作与欣赏也是通向"道"的重要途径，"道"也存在于具体的物象之中，被包含在"意象"之中。在批评思维中便显示出以"道"（"神"）为内核的人物美、自然美与艺术美的欣赏模式的相通，乃至于不同艺术门类的批评方式的相通。这是由道推人、由人及文的一种批评方式，常以不同具体的形象来呈现精神的内核。从谢灵运、颜延之二人的"初发芙蓉，自然可爱""铺锦列绣，亦雕缋满眼"① 的品评，到王羲之风度及书法"飘若浮云，矫若惊龙"② 的评语等，人物、自然、文学、书法、绘画都蕴含着紧密的内在联系。这正是在"体道"的审美内涵基础之上，人物美、自然美和艺术美的相互融通与统一。

Aesthetic Connotations and Artistic Representation of "Ti-Dao" in *The Literary Mind and the Carving of Dragons*

Li Zhen

Abstract：The concept of "Ti" has evolved from the original meaning of hu-

---

① （唐）李延寿撰《南史》，中华书局，1975，第881页。
② 《晋书》卷80《王羲之》称王羲之"飘若浮云，矫若惊龙"，《世说新语·容止》载时人评王羲之书法"飘如游云，矫若惊龙"。

man body to the metaphysical meaning. In *The Literary Mind and the Carving of Dragons*, "Ti" has various meanings such as structure, literary form, literary style and perception. Exploring the aesthetic connotations of the "Ti-Dao" ideology can reveal some characteristics of Liu Xie's critical thinking. In *The Literary Mind and the Carving of Dragons*, Zhuangzi's "Ti-Dao" ideology was illustrated to be a complicate aesthetic experience. On such a basis, it further proposes the aesthetic-appreciation method of "Ti-Wu (feeling and depicting things)" and the aesthetic-appreciation standard of "Ti-Yao (Succinctness ss valued in writing)" in the process of literary and artistic creation, and thus forms the concept of "Yixiang (Imagery)". "Yixiang (Imagery)" can be viewed as the aesthetic manifestation of "Ti-Dao". Therefore, the idea of "Ti-Dao" became the foundation for the integration of the beauty of characters, nature and art.

Keywords: *The Literary Mind and the Carving of Dragons*; Ti-Dao; Ti-Wu; Ti-Yao; Yixiang (Imagery)

庄子"散"论与中国传统美学中"萧散"思想的生成[*]

王启迪[**]

摘要："萧散"作为中国古代美学的重要组成部分，以庄子哲学为理论根源，其意涵的主体导源于庄子之"散"，"散"决定了"萧散"的精神内核及其意涵走向。"散人"为"散"概念于《庄子》中的托体，"散人"境界是文人效法的理想人格范式，也是推动"萧散"思想生成与衍化的重要因素，影响了文人的行为规范与审美标准，促发了"萧散"的人物品评功能的生成；重"散人"之道的文人群体崇尚"山林之气"与"隐逸之风"，以"萧散"作为其理想生命境界的典型，为"萧散"思想内涵的清晰和成熟奠定了人文基础。"萧散"的根性中沿袭了庄子"散"之"消解性"，从而生发出一种超越秩序、不拘常法的特质，在艺术上体现为笔简意足、游逸天放的审美范式以及超然尘外的审美旨趣。"萧散"既是一种生命境界，亦是一种审美理想，代表了文人对既有文化的自觉反思，其落实到切实生活中，作用于中国文人之精神涵养、审美营造以及艺术理念之上，对于艺术的发展和审美的流变产生了深刻影响。

关键词：庄子"散"思想 "散人"范式 萧散 文人士大夫

---

[*] 本文系河北省社会科学基金项目"饶宗颐艺术思想研究"（HB21YS056）和河北大学宋史研究专项"历史语境与哲学观念：'大生命'视域下的宋代艺术研究"（2023HSS006）阶段性成果。

[**] 王启迪，河北大学艺术学院博士研究生，主要研究方向为中国古典艺术理论、中国书画美学。

"萧散"是中国古典美学中的一个重要范畴，"萧散"概念的提出、发展以及成熟的时间历程由西汉沿袭至宋代，并于元明清承传，但细究其渊源，可知"萧散"的内核导源于庄子哲学中的"散"思想。"散"是庄子哲学的核心概念之一，"散"的提出是为解除个体生命内在与外在的限制，超越种种被动性的载体，最大限度地使生命的主动性得以醒觉，使人得获真正的绝对自由。庄子之"散"对"萧散"精神意蕴的生成具有推动作用，其影响主要涉及三个方面：其一，支撑"萧散"思想内核之生成；其二，推动"萧散"之生命理想的建构；其三，影响"萧散"艺术旨趣的审美基调。作为庄子美学衍展的"萧散"影响了中国古代文人的审美观和艺术风格，彰显着中国古代文人审美主体意识的倡扬。

一　庄子之"散"与"萧散"的内核

"萧散"一词最早出现于西汉笔记小说《西京杂记》中①，用于评价司马相如所作《上林赋》："司马相如为上林、子虚赋，意思萧散，不复与外事相关，控引天地，错综古今，忽然如睡，焕然而兴，几百日而后成。"②周天游注："萧散，萧洒，无拘无束。"③其中"萧散"一词用于形容文赋风格之不拘法度，随意兴发，与此同时，"不复与外事相关，控引天地，错综古今，忽然如睡，焕然而兴"一句阐明了"萧散"文风生成的要素。周天游将"忽然入睡，焕然而兴"阐释为"指文思一时模模糊糊，令人不识其真面目；忽然间论述豁然开朗，精彩绝伦"④，这种解释具有歧义，既可理解为司马相如针对创作对象所感知到的文思的模糊与豁然开朗，亦可指其行文之于客体的观感，但结合全文来看，于此句更为精确的解读似乎应是其展现了一种与"萧散"相呼应的创作状态。司马相如作文之时不再关

---

① 学术史上关于《西京杂记》成书年代的研究众说纷纭，至今未有定论，其中可信度较高同时争议也较大的两种说法为刘歆说和葛洪说。刘歆说源于葛洪为《西京杂记》所作跋文之中，大意为葛洪将刘歆所作《汉书》中未被人收录的二万余字抄录整理成书，取名为《西京杂记》，即《西京杂记》由刘歆撰写、葛洪抄录；葛洪说最早起源于后晋，唐代认同该说者众多，认为《西京杂记》是葛洪托名刘歆之作。刘歆说与葛洪说皆有各自可取之处，亦有存疑处，本文以当今考据较为充分的"刘歆撰、葛洪辑"之说法为准，判定《西京杂记》之内容最早见于西汉。
② （晋）葛洪撰，周天游校注《西京杂记校注》，中华书局，2021，第 88 页。
③ （晋）葛洪撰，周天游校注《西京杂记校注》，中华书局，2021，第 89 页。
④ （晋）葛洪撰，周天游校注《西京杂记校注》，中华书局，2021，第 89 页。

注外界之事，精神纵横于天地宇宙之间，时而昏昏然恍惚似要入睡，时而精神勃发，这代表创作者之身心全然投入作品之中，已然忘却了惯常规范之中的时间、空间等概念，不计功利得失，体现了其感官意念全然集中于创作之上的"忘我"的状态，而这种状态正是形成"萧散"文风的重要因素。值得注意的是，所谓"忘我"状态以及无所拘束的文风，与庄子"坐忘""心斋"等概念暗合，体现了庄子哲学的中核。由此可知，"萧散"之内涵直接关涉庄子哲学，且二者联系紧密，而究其根源，可知"萧散"的基本内涵导源于庄子哲学中的"散"思想。

"散"是庄子哲学及美学的重要组成部分，其思想导源于《庄子·人间世》，由一则"散木"寓言展开推进和衍化。

> 匠石之齐，至于曲辕，见栎社树。其大蔽数千牛，絜之百围，其高临山，十仞而后有枝，其可以为舟者旁十数。观者如市，匠伯不顾，遂行不辍。弟子厌观之，走及匠石，曰："自吾执斧斤以随夫子，未尝见材如此其美也。先生不肯视，行不辍，何邪？"曰："已矣，勿言之矣！散木也，以为舟则沉，以为棺椁则速腐，以为器则速毁，以为门户则液樠，以为柱则蠹。是不材之木也，无所可用，故能若是之寿。"匠石归，栎社见梦曰："女将恶乎比予哉？若将比予于文木邪？……而几死之散人，又恶知散木！"①

郭象注："不在可用之数曰散木，可用之木为文木。"② 成玄英疏："疏散之树，终于天年，亦是不材之木，故致闲散也。"③ 又有："匠石以不材为散。"④ "散"，即无用，没有价值，"散木"意即"无用之木"。栎社树身上存有弊端，不具备"可用"的工具价值，遂使匠石不屑一顾，殊不知这些弊端恰是栎社树得以全生远害的缘由，即"是不材之木也，无所可用，故能若是之寿"。此处庄子借"散木"寓言对"无用"的含义进行了一种解构式的价值转换，"无用"不再单纯承载着一般意义上的贬义属性，而是涵纳

---

① 陈鼓应注译《庄子今注今译》，中华书局，2016，第155~156页。
② 钱穆：《庄子纂笺》，九州出版社，2016，第36页。
③ （晋）郭象注，（唐）成玄英疏，曹础基、黄兰发点校《庄子注疏》，中华书局，2011，第93页。
④ （晋）郭象注，（唐）成玄英疏，曹础基、黄兰发点校《庄子注疏》，中华书局，2011，第94页。

了积极意味，"无用"反而为"大用"——"人皆知有用之用，而莫知无用之用也"。庄子"无用之用"的重点不在于具有价值取向的"用"，而在于"无"，"无"是对"用"的超常认知，是逸脱常规、超越生命的"无缚、无待、无扰"的逍遥和至乐，这是庄子哲学所追求的关键点。而"散"，正是一种达到"无"的境界的过程，也是"无"之思想状态的体现。因此，"散"可以说是庄子哲学中的一个核心命题。

"散"从纯粹逻辑思辨的角度讲，是一种通向道体的渠道。综观《庄子》可知，"散木"喻象不只存在于《人间世》之中，而是以不同形象贯穿文本，形成一种"喻象的集合"。除栎社树外，"散木"喻象丛至少还包括"不中绳墨之樗"、商之丘大木、不材之大木以及大瓠四种喻象，这种喻象间纵向的延续性与增生性，使散之思想与庄子哲学中其他核心概念彼此呼应和贯通，形成以"道"为中心的逻辑网，而"散"也因此在庄子哲学的范畴体系中具备了中心性与联结性。对比"散木"喻象丛中的几种物象可知，庄子为其设定了鲜明的共性特征，如"无用"、"大"、存于无人之野等，总结来说，"散木"喻象的特征指向一种与世俗体系完全背离的价值设定。庄子之所以将"散木"喻象从社会惯常的架构中隔离出来，是喻示要将人从被对象化的宿命中解脱出来，从而走向独立，"散木"成为一种释怀的寄载，是"散"思想的载体，也成为"散"在《庄子》文本中得以贯通的脉络。"散木"是超越"用"与"器"的维度，能在其自在生存的场域成为并显现自我，法于道而归于本然的"自然"之木，由此可以获知，以"散木"为载体的"散"思想之内核，便是超越世俗规定，消解外在束缚，从而得获个体心灵的解脱，复归于逍遥自然。

从合成词构成的角度对"萧散"进行拆解可知，其内在意蕴是"萧"与"散"交融后的整体性阐发，如果说"萧"字决定了"萧散"所表达的视觉空间以及外在情态的范式，那么"散"字便更多决定了其思维空间与审美境界层面的内涵，因此"萧散"之义建基于"散"义，"散"之所指是构成"萧散"意涵的重要维度，也承托了"萧散"内蕴的主体部分。从文字学角度分析，"散"原初有散布、杂乱、分离、分散之义①，具有贬义属性，但在《庄子》"散木"寓言中，"散"涵纳了一种乱世生存之道中"消极的积极性"，具有自我救赎的意味，此处"散"义被拓展和延伸，产

---

① 参见张立文《中国哲学范畴发展史（天道篇）》，中国人民大学出版社，1988，第 180 页。

生了正向意义，"散"也由此上升为一种哲思。在此基础上，"散"的应用范围延伸至艺术理论中，其生发出的审美属性与"萧散"联系紧密，如东汉蔡邕《笔论》中对于书法创作活动的经典论述便明确体现了"散"与"萧散"在审美层面的联系性："书者，散也。欲书，先散怀抱，任情恣性，然后书之。若迫于事，虽山中兔毫，不能佳也。"蔡邕将"散怀抱"视为书者的要务，此处"散"首先代表性情层面"神意舒缓"的状态，创作者抛却身心束缚，神、形皆得解脱，如此方能获致思想的自由与不黏不滞。而"散怀抱"作为一种创作状态，其影响渗透于书风之中，书之面貌因心意的散缓也具备了超越法度、散淡飘逸的特质，由此，"散"亦指向书法创作中纵横洒落的风格，而这种风格的呈现也是"散怀抱"所要达到的理想结果。传东汉蔡邕始创"飞白书"，此书风的形成与蔡邕对"散"的推崇互为表里，宋代沈括《梦溪笔谈》卷18《伎艺》有言："古人以散笔作隶书，谓之散隶。近岁蔡君谟又以散笔作草书，谓之散草，或曰飞草。其法皆生于飞白，亦自成一家。"① 散隶、散草皆衍生于飞白书，具有萧散畅逸的风格特质，若欲书散隶、散草，需用"散"笔。此处"散"不仅指"物（笔）"的外在形态，亦指笔墨之动势、字之体势，更指书之境界。笔散、意散，方成"散"书，由"散"之形式彰显"散"之性情，从而呈现"萧散"的艺术风格，这正说明了"散"与"萧散"的必然联系。

学者朱良志曾从内在思想性出发将"散"与"萧散"义划为等同："散，在中国艺术论中又称萧散。萧散，汉语中指精神上的无拘束、气氛上的萧瑟凄清。"② 又从美学角度对二者进行定义："'散'（或称'萧散''散淡''萧疏'等）……是与联系、秩序、整饬感相对的一种审美倾向，与传统士人追求孤迥特立、截断众流的思想有关。"③ 又言："'萧疏'与'萧散'意近，都强调脱略秩序，在不全中追求大全。"④ 朱良志认为，"散"等同于"萧散"，并与"散淡""萧疏"等词语同义，这种观点是从语汇内在所指的角度对以"散"为思想主体的词群的整合，此观点从概念辨析层面来看虽不甚严谨，但可表明，"散"主导"萧散"语义之内核，其决定了

① 杭州大学中文系编《古书典故辞典》（校订本），江西教育出版社，1988，第450页。
② 朱良志：《真水无香》，北京大学出版社，2009，第113页。
③ 参见朱良志《纯粹观照下的绘画"绝对空间"》，载叶朗主编《观·物：哲学与艺术中的视觉问题》，北京大学出版社，2019，第180页。
④ 朱良志：《大成若缺——中国传统艺术哲学中的"当下圆满"学说》，《天津社会科学》2020年第2期，第113页。

"萧散"概念的思想核心及其意涵走向，因此可以明确，庄子"散"思想是"萧散"意涵的主体。中国古代诗文和艺术品评中多以"萧散"涵盖"散"的含义，以表达二者共通内蕴，如颜之推《颜氏家训》中有言："尝有《秋诗》云：'芙蓉露下落，杨柳月中疏。'时人未之赏也。吾爱其萧散，宛然在目。"① 以"萧散"作为一种审美质性评价诗之清逸洒落的境界；又有刘克庄评林希逸诗："槁干中含华滋，萧散中藏严密，窘狭中见纡余。"② "萧散"指恣肆散朗的诗风；曹彦约更以"萧散"为题作诗："风日倚余勇，扶春不自由。在家曾半面，随我到他州。絮后酴醾约，莺前杜宇愁。新来无吏责，萧散更何求。""萧散"指向一种自由纾解之意。由此可知，在精神内涵维度，"散"作为内核决定"萧散"之意涵所指；在艺术品评维度，"散"作为一种审美形态从属于"萧散"之下，二者共通处多以"萧散"指代。

庄子哲学追求的最高境界"道"，可看作一种最高的艺术精神③，"散"作为其中的核心思想，成为"萧散"意涵生发的源头。"萧散"的思想内核由"散"主导，其概念中的品评性质与审美属性自西汉肇始，而"萧散"之所以于宋代发展成为一个成熟的艺术批评观念，并成为文人的审美理想，建基于魏晋以来文人对庄子"散人"范式的接受及其在现实生活中的具体展开。

二 "散人"范式与"萧散"生命精神的建构

关于"散人"概念的讨论，需回溯至《庄子·人间世》文本。"散木"寓言文末，有"而几死之散人，又恶知散木！"④ 句，"散人"即闲散不才之人，其由于不合世俗常理之规，未能"周于世用"而沦于"无用"，但正是因其"无用"，才得以保全性命。"散人"概念的提出，将整个文本的基调拉回至庄子哲学的本质问题——对人之生命存在的观照。从"散木"到"散人"，这是庄子借"木"之存在对于人生的映射，作为"人"，需"散其心"，冲破世俗束缚，才可超越自身的局限进而实现主体精神的张扬。因

---

① 黄霖、蒋凡主编《中国古代文论选编·上》，复旦大学出版社，2022，第 308 页。
② 黄霖、蒋凡主编《中国古代文论选编·上》，复旦大学出版社，2022，第 650 页。
③ 参见徐复观《中国艺术精神》，广西师范大学出版社，2007，第 73 页。
④ 陈鼓应注译《庄子今注今译》，中华书局，2016，第 156 页。

此,"散人"概念所承载的核心属性在于解除个体于物质和精神层面的限制,将生命安置于自得逍遥的纯粹自由之中。"散人"是庄子塑造的理想人格于现实世界的实例,在中国古代历史上,文士群体对"散人"范式的接受与对"萧散"审美理想的构建相辅相成,此处对"散人"范式与"萧散"之关系的讨论,主要关涉两个重点问题:一为"散人"精神对"萧散"人物品评功能的促发;二为"散人"范式的落实与"萧散"生命境界维度的生成。

(一)"散人"精神对"萧散"人物品评功能的促发

"散人"作为一个形而上概念为后世文士所接受,在形而下的具体实现中成为一种固定的人格范式,影响了文人的行为规范与审美标准。在中国古代,"散人"多用于指称具有高迈气格与情操的名士以及风神潇洒之人,如陶宗仪《南村辍耕录》"黄子久散人,自号大痴,又号一峰"称黄公望为"散人";苏轼《监洞霄宫俞康直郎中所居四咏 其二》"请君置酒吾当贺,知向江湖拜散人"中的"散人"指晚唐诗人陆龟蒙;吴芾《寄题鲍昌朝足轩》"江南有散人,几年卧草野"称鲍昌为"散人"。中国古代文士对"散人"精神的推崇提供了一种审美范式,而"萧散"便是针对此种范式的品评用语,成为具备美学意义的人格评价标准。历史上以"萧散"品评人物风神、形貌气度的现象初始于魏晋南北朝时期,此时在玄学家们"淡然自得、泊乎忘为"的思想引导之下,潇洒散朗的风神、任诞恣肆的作风与隐逸的生活方式成为"魏晋风度"的重要标志,体现着魏晋士人对"散人"范式的追求。魏晋时期人物品藻盛行一时,"萧散"于此时开始被有意识地用于品评具有"散人"境界的、具备脱俗风神的超逸之士,评价所涉范围既包括外在风姿气度,也指向内在道德品性,如颜之推在《颜氏家训》中言:"王逸少风流才士,萧散名人,举世唯知其书,翻以能自蔽也。萧子云每叹曰:'吾著《齐书》,勒成一典,文章弘义,自谓可观;唯以笔迹得名,亦异事也。'"① 以"萧散"评价王羲之人格情操的风流韵致及潇洒风神;南朝梁高僧慧皎在《高僧传》中以"萧散"言明释惠隆高僧庄严凛然的法相:"隆公萧散森疏,若霜下之松竹。"② 以"霜下之松竹"之自然美喻人,

---

① 童强主编《艺术理论基本文献·中国古代卷》,生活·读书·新知三联书店,2014,第85页。
② (梁)慧皎撰《高僧传14卷》卷8,日本大正新修大藏经本,第172页。

传达出人物清疏出尘又威严自持之貌，此处"萧散森疏"指向人物由内而外表现出的精神气度。

以"萧散"作为人物品评的风气由魏晋沿袭至宋代，其意涵所指在发展过程中较为稳定，品评角度依然集中在人物仪容、风姿以及由此体现的道德品性等方面。如邓椿《画继·轩冕才贤》中评价米芾"芾人物萧散，被服效唐人，所与游皆一时名士"，《京口耆旧传》亦称米芾"其风神萧散，趣尚高洁，雅不欲与人同"①，此处二者皆称赏米芾志趣高洁、率真脱俗的人格。与之相似的有陆游在《涂毒策禅师真赞》中所言："骨相瑰奇，风神萧散。"② 以"萧散"赞颂涂毒策禅师潇洒容与的风度。赵以夫评价东皋子之诗时云："物以忘为适。腰适于带，足适于履，忘故也。东皋子一生嗜诗，工造妙境，而吟稿不存，脍炙而传者仅十首。是真能忘于诗，而适其所适者也。则其人之萧散洒落，可想像见。"③ 东皋子嗜诗却不执着于诗，吟诗后不留存诗稿，这种"嗜诗不存"的不取不舍、只求自适的人格境界，与朱象先"能文而不求举，善画而不求售"异曲同工，此处"萧散洒落"指向东皋子不慕荣利的高雅品性、潇洒散朗的人格气度与纯粹适意的艺术追求。

"萧散"的指谓从外部风姿深入到内在的神韵和心性，历代文士在自觉中践行"萧散"的行为规范，在潜移默化中将"萧散"发展为一种生命美学的代表。文士常于诗文中表达对"散人"境界的向往，如"扁舟会泛江湖去，鸥鸟相随作散人"（李正民《连雨薪舫不至》），"权门炙手非吾事，祇合丘园作散人"（王十朋《剪拂花木戏成二绝》其一），"故人少借论思口，放我山林作散人"（《寄刘侍郎韶美》），聚焦以上诗句中的自然背景描述可以发现，诗人对于"散人"生存场域的设定皆体现出"萧散"的审美理想，带有强烈的任情自适、"通于天地"的属性。对"散人"范式的追求体现了中国古代文人个体意识的兴发，而"散人"范式于文人中的具体展开直接推动了"萧散"思想性的发展与成熟，"萧散"逐渐由一种对人格特质的指谓发展为对平和自适、圆融无碍的理想生命境界的指称，成为文士于庄子隐逸的精神文化活动影响下生成的生命理想。

---

① （宋）佚名撰《京口耆旧传》卷 9，清道光二十四年金山钱氏刻守山阁丛书本，第 25 页。
② （宋）陆游著，马亚中、涂小马校注《渭南文集校注》第 3 册，浙江古籍出版社，2015，第 18 页。
③ 曾枣庄主编《宋代序跋全编》第 8 册，齐鲁书社，2015，第 5299 页。

（二）"散人"范式的落实与"萧散"生命境界维度的生成

"散人"范式是庄子隐逸精神落实于现实场域的表征，中国古代文士认为，做一名萧散淡宕、恣肆优游的"散人"，呈现一种完全不受外在环境影响和束缚的超然状态，正如《庄子》中承托了理想人格样态的"至人""真人""神人"，超越"律令式的必然与不可掌控的偶然"① 之间的歧裂，摆脱了一切被动性，通过最彻底的否定，从而达到最充足的主动性②。学者张桂芳认为，士人所拥有的这种稳定的理想性群体特征体现在他们的生活方式上，即士人群体也存在理想的生活方式典型③，而"萧散"既指称中国古代文士人格风度之典型，也代表着其理想生活境界之典型。"萧散"作为一种标志性的生命境界，超越了"个人性"与特定时间场域，为不同时代的文士所追求，是"文人意识"的群体性特征的显现。历代文士以"散人"为范式，践行"隐逸"的生存方式，在各自的时空中，努力寻求一种能够超越自身局限、抵达心灵自由的"萧散"境界，回归生命的原初真性。

"散人"范式首先为魏晋时竹林七贤所尊崇，正始时期的嵇康可看作"散人"范式的典型。嵇康生于儒学世家但偏好老庄，在《与山巨源绝交书》中自谓："老子庄周，吾之师也。"嵇康的人格风韵广泛为人所称颂。晋人李充在《吊嵇中散》中言："先生挺邈世之风，资高明之质，神萧萧以宏远，志落落以遐逸，忘尊荣于华堂，括卑静于蓬室，宁漆园之逍遥，安柱下之得一。寄欣孤松，取乐竹林；尚想荣庄，聊与抽簪。"④ "神萧萧""志落落"表达嵇康放荡通达、卓荦不群、萧散超然的人格风貌。东晋荀氏《灵鬼志》中有关于嵇康的一则志怪故事："嵇康尝行去路数十里，有亭名月华，投此亭，由来杀人，中散心神萧散，了无惧意。"⑤ 此处"心神萧散"指向人物内在的心态，内心洒落坦荡，外在才有高洁傲岸的风度。苏轼在《李宪仲哀词》中有"萧然野鹤姿，谁复识中散"之言，表达对嵇康"萧

---

① 杨立华：《庄子哲学研究》，北京大学出版社，2020，第179页。

② 参见杨立华《庄子哲学研究》，北京大学出版社，2020，第81页。

③ 参见张桂芳《"弘道"与"归隐"——儒、道思想中的生活美学理念及其实践》，载邹华主编《中国美学》第13辑，社会科学文献出版社，2023，第105页。

④ （宋）李昉编纂，任明、朱瑞平、李建国校点《太平御览》第5卷，河北教育出版社，1994，第695页。

⑤ （明）冯梦龙评纂，孙大鹏点校《太平广记钞》第3册，卷43—卷61，崇文书局，2019，第691页。

散"风神的钦羡与推崇。

学者罗宗强认为："嵇康的意义，就在于他把庄子的理想的人生境界人间化了，把它从纯哲学的境界，变为一种实有的境界，把它从道的境界，变成诗的境界。"① 嵇康对庄子哲学的"人间化"，是将庄子形而上的理想精神落实为一种真正属于现实世界的"人"的生命体验，这种体验区别于触不可及的神性，是"人"之本性的自觉，体现在随物化迁、优游容与的生活方式中。嵇康多次在诗文中表达一种"萧散"的人生态度，如："息徒兰圃，秣马华山。流磻平皋，垂纶长川。目送归鸿，手挥五弦。俯仰自得，游心太玄。嘉彼钓叟，得鱼忘筌。郢人逝矣，谁可尽言。"（《兄秀才公穆入军赠诗十九首》之十五）"目送归鸿，手挥五弦"联与"俯仰自得，游心太玄"联，将嵇康任心于天地之间悠游自得的境界，与尽情游弋于自然造化之中的情态意趣体现得淋漓尽致。嵇康一生追求隐逸于山林之间的无所羁绊、逍遥清寂的生命态度："淡淡流水，沦胥而逝。泛泛柏舟，载浮载滞。微啸清风，鼓楫容裔。放棹投竿，优游卒岁。"（《酒会诗七首》之二）于淡宕流水、清风微啸中鼓楫泛舟于江上，任由世事随风而去，无所系念于心，这种清寂闲适不为物累的情致，成为后世钦羡的对象和令人永久追崇的精神导向，而嵇康追求的淡泊适性的生活理想正是"萧散"之美的显现。

晚唐隐士陆龟蒙亦是将"散人"范式落实于现实世界的代表，他自号"江湖散人"，标榜自身自然无为的宗仰。陆龟蒙将其对"散人"意涵的参悟灌注于《江湖散人传》中：

> 散人者，散诞之人也。心散、意散、形散、神散，既无羁限，为时之怪民。束于礼乐者外之曰：此散人也，散人不知耻，从而称之。人或笑曰："彼病子之散而目之，子反以为其号。何也？"散人曰："天地大者也，在太虚中一物耳。劳乎覆载，劳乎运行，差之晷度，寒暑错乱，望斯须之散，其可得耶？水土之散，稽有用乎？水之散，为雨、为露、为霜雪；水之局，为潴洳、为潢、为污；土之散，封之可崇，穴之可深，生可以艺，死可以入；土之局，埴不可以为垼，礬不可以为盂，得非散能通变化，局不能耶？退若不散，守名之筌；进若不散，

---

① 　罗宗强：《玄学与魏晋士人心态》，天津教育出版社，2005，第 85 页。

执时之权。筌可守耶？权可执耶？"遂为散歌、散传，以志其散。[①]

　　作为客体的他者，视"散"为一种异端与缺陷，以其作为嘲讽的论据，将陆龟蒙划分至"怪民"之列，但陆氏却"从而称之"，并以自然水土之"散"与"局"言明"散"之妙奥：水若局限于自身形态，便只能沦为潴汋潢污等沤陷的烂塘，但若"散"其形，则为雨露霜雪，自在于宇宙之中；泥土若"局"，则难以取用制作日常器具，而土之"散"，以其筑坛可祭天仰拜神明，向下探挖则可深入地下，由此便可会通于天地，其格局之高下立见。因此，人只有"散"，才可将有限的生命放达于无限寰宇之中，呈现精神之通达无碍，与道合一。陆龟蒙认为，"散人"者，"心散意散，神散形散"，是为摒除一切羁绊与束缚方可为之，这种提法显然源于对庄子哲学的撷取，唯有无形无我，全然与万事万物合而为一，人才能成为最本真之存在。陆龟蒙的诗文中亦体现了"萧散"的生命旨趣，如："几年无事傍江湖，醉倒黄公旧酒坊。觉后不知明月上，满身花影倩人扶。"（《和袭美春夕酒醒》）不问仕事的逍遥之士于酒后酣然，散怀忘我，似乎忘却了时间的存在，流连于月色花影与娇俏佳人之间，诗中不见颓然无人问的孤寂失落，更多的是祛除欲念后随性阔达的慵懒适意。陆龟蒙以内在心性的觉醒否弃了庙堂对个体的异化，后世叶茵以《吴江三高祠·陆龟蒙》赞誉陆氏高风俊节的气度和闲逸萧散的生命境界："江湖萧散乐平生，夜课图书日课耕。一段高风犹凛凛，逢人肯说鸭呼名。"元人胡祗遹在《题张公佐〈江山归棹图〉》中表达了对陆氏的称赏："写尽江湖萧散意，前身应是陆龟蒙。"可见后世在对陆氏的接受中消泯了其幽愤难当、傲视公侯的部分，只撷取了与天地相往来的豁达与适性，这显现了晚唐之后文士们淡然洒落的心态与平淡圆融的思想倾向。

　　对"散人"境界的崇尚沿袭至宋代，中唐白居易"中隐"思想的提出为"萧散"之思的发展提供了导向，成为宋人最为推崇的生存方式，如苏轼于《六月二十七日望湖楼醉书五绝》其五中所言："未成小隐聊中隐，可得长闲胜暂闲。"实际上"中隐"是宋代文人的折中之法，他们并非如陆龟蒙等恬淡隐士般全然退避世俗，而是以亦官亦隐的行为方式将始于庄子的

　　① 任继愈主编，（宋）姚铉编《中华传世文选·唐文粹》，吉林人民出版社，1998，第1003页。

隐逸文化诠释得更为圆融，使文士们可以于境遇升沉间寻求心安自适的法门。北宋"散人"之风的旗手以苏轼为代表，作为推动"萧散"思想走向成熟的关键人物，苏轼曾明确提出对"散人"问题的思考，在《雪堂记》一文中，以主客问答的形式展开，表达"萧散"的生命理想：

> 客有至而问者曰："子世之散人耶，拘人耶？散人也而天机浅，拘人也而嗜欲深。今似系马而止也，有得乎而有失乎？"苏子心若省而口未尝言，徐思其应，揖而进之堂上。客曰："嘻，是矣，子之欲为散人而未得者也。予今告子以散人之道。夫禹之行水，庖丁之投刀，避众碍而散其智者也。是故以至柔驰至刚，故石有时以泐。以至刚遇至柔，故未尝见全牛也。予能散也，物固不能缚；不能散也，物固不能释。子有惠矣，用之于内可也。今也如猬之在囊，而时动其脊胁，见于外者，不特一毛二毛而已。风不可拵，影不可捕，童子知之。名之于人，犹风之与影也，子独留之。故愚者视而惊，智者起而轧，吾固怪子为今日之晚也。子之遇我幸矣，吾今邀子为藩外之游，可乎？"①

苏轼筑雪堂并在堂中绘雪以表达自己对萧散自适境界的追求，而客人的一番问询使苏轼陷入了沉思并得到彻悟。客人认为，苏轼虽欲做藩外散人，却并未如其所愿，"是囿之构堂，将以佚子之身也？是堂之绘雪，将以佚子之心也？身待堂而安，则形固不能释。心以雪而警，则神固不能凝"②。苏轼以雪堂作为安身之地，以于堂中绘雪作为安养内心的"萧散"事，却不知此举反倒是"拘"于雪，使自己成了"拘人"。依托于外物，身心必不能全然散释，客人指出，"予能散也，物固不能缚；不能散也，物固不能释"，真正的"散人"不会为"物"所缚，也不会执着于以"物"作为精神的容器。接着客人之言直接指向"散人"问题的关键点——真正束缚人的并非外物，而是应从自身寻找答案，"所以藩予者，特智也尔""人之为患以有身，身之为患以有心"，皆说明了人真正的束缚来自自身的"智""身""心"，这种论调显然沿袭了庄子的"心斋""坐忘"之说，与陆龟蒙

---

① （宋）苏轼著，李之亮笺注《苏轼文集编年笺注·诗词附》第 2 册，巴蜀书社，2011，第 250 页。
② （宋）苏轼著，李之亮笺注《苏轼文集编年笺注·诗词附》第 2 册，巴蜀书社，2011，第 251 页。

对于"散人"的阐释同源共轨。客人提到的"智"即为人的知见，人只要有知见、有思考，便难免会生发出"成心"。"成心"使人产生执着，正如苏轼对于"雪"的坚持。做一位"散人"，需要以"心斋""坐忘"等方式对自我执着进行"消解"，这种消解涉及"心"与"身"两个方面，如此方能达到一种理想境界，也即"散人"的生存状态。所谓"心斋"，便是"虚心"，放到生命实践上说，就是去掉人的心智活动，使心灵处于一种如气般轻盈虚无的状态，涤除执念、抛却欲望，从而达到"无心"，"心斋"的实质便是让人从"无"中体悟生命之美。若欲达到"无心"，则需"无听之以耳"和"无听之以心"，"耳"指代外在身体之"形"与"物"，"心"指代人内在的心智和知见，若要达到"心斋"，就要排除"耳目"之知觉和"心"之逻辑思考，这也对应了"坐忘"中的"离形"与"去知"。"离形"是摆脱由身体外在感觉器官接收生存环境中的信息后产生的欲望，"去知"是主动地隔离人与"物"相接时心灵内部所产生的知识活动，对知识活动之概念"存而不论"，并以不动心念之"纯粹知觉"对其进行观照。《雪堂记》中，主、客二者皆为苏轼本人灵魂的一部分，他以个人内在生发的心念消解了自身对于外物的执着，消除了人与物之间的对立。人也物也，"我"也"雪"也，并无分别，既然天地万物即我，便也无所谓雪堂、无所谓雪、无所谓散与拘，至此便全然达到一种与道相通的逍遥境界，这便是"萧散"生命理想的终极呈现。

苏轼所追求的"散人"境界代表了一种对"沉潜于怀抱之间，萧散于大人之际"的生存样态的向往，而对游逸放旷的"萧散"生命情怀的抒发亦多见于宋代文士的诗文中，如向子諲《蓦山溪》："蓑衣箬笠，更著些儿雨。横笛两三声，晚云中、惊鸥来去。欲烦妙手，写入散人图，蜗角名，蝇头利，著甚来由顾。"对于一位淡然若定、旷达自在的散人来说，身外轩冕如蜗角蝇头般不屑一顾，断不值得为其放弃"明月清风我"的生活，面对繁缛复杂的社会牢笼之于人的束缚，最明智的选择便是专注于自我内在的精神追求，这是一种对于有限生命的超越。宋人频繁表达"萧散"生活的诗意，如宋祁《题阮步兵祠二首》之一："昏酣酒垆卧，萧散竹林游"；韩维《董家园对雨》："霏微池上来，萧散竹间度"；秦观《秋兴九首》其七："紫领宽袍漉酒巾，江头萧散作闲人。"可以看到，以上诗句中"萧散"皆指代一种生活理想和生命精神，文士们在一切落尽处找寻生命的慰藉，明了人事甚微后，拂衣而去，敬畏宇宙之旷渺，参悟天地之大美，如庄子

《秋水》所言："吾在天地间，犹小石小木之在大山也。"无尽天地中，一切皆为无常，唯有以"萧散"之心面对，接受万物之本然，才能使自身于彷徨忧虑之中得以解脱。"萧散"思想由落实于切实生活的"散人"范式而自然开显，其作为一种为文士所普遍认知的生命境界，是"真理性生存"的具体体现，这种生命理想经由苏轼而发展成熟，成为宋代以来所追求和延续的"文人意识"的重要内涵，充斥在宋代及其后世文士的行为观念和审美意识中，成为一种重要的艺术批评标准，并影响了艺术风格的发展。

三　"散"之"消解性"与"萧散"艺术旨趣的基调

"萧散"的根性中蕴含着一种以"散"为驱动主体生发出的"消解性"，这种"消解性"决定了"萧散"思想的内在走向。在《庄子》中，"散"的消解性具备三个面向：第一，对"用"的消解；第二，对个体生命与物理空间之联系的消解；第三，对个体生命之"小我"（也即我执）的消解。① 这三重消解性由外至内对一切制约包括秩序、世俗恒常理法以及人的执着与分别心进行全面性地解脱，使心从散乱的外部世界内转，最终得获灵魂的真正充实。"萧散"内在的思想性与其外在呈现之间并非独立存在的关系，而是有机的相互统一，因其"消解"的特质，以"萧散"思想为主体的审美观照必然体现为对于有限之物象的超越，体现在具体审美范式和艺术形式上，是对法度、状物形象等框架的关注度的削弱以及对于"秩序感"的抛却，超越技术工巧的追求转而走向对"真意""自然"等可以凸显个人精神与贴近事物本质的审美情趣的抒发与倡扬，在艺术上体现为一种笔简意足、自然天放的风格与不拘法度、超然尘外的审美旨趣。

"萧散"思想最为显见的审美特征便是尚简易、去繁杂。"萧散"之美由于其具有"消解性"必不可能是繁复华丽的，与其说"萧散"是对外部秩序的消解，不如说是将"秩序"法度等繁复规矩内化之后的"大道至简"、以简驭繁，是从冗杂中精炼出的具备规定性的内核。歌德认为，"凡是真的、善的和美的事物"，"都是简单的"②，而"萧散"正是体现了一种

① 参见王启迪《庄子"散"思想稽论》，载《中国美学》第 13 辑，社会科学文献出版社，2023，第 142 页。
② 蒋孔阳主编《哲学大辞典·美学卷》编辑委员会编《哲学大辞典·美学卷》，上海辞书出版社，1991，第 925 页。

发于真实、神韵天然的美感。欧阳修提倡"笔简而意足""文简而意深"，其在《论尹师鲁墓志》中有关于为文之法的论述："述其文，则曰：'简而有法'……其语愈缓，其意愈切，诗人之义也……故师鲁之志，用意特深而语简，盖为师鲁文简而意深。"[①] 在论画时亦谈到"萧条淡泊，此难画之意"[②]，事实上，无论是"笔简意足""文简意深"还是"萧条淡泊"，都是名异实同，其审美旨趣皆指向一种简约平淡又涵养深远的维度，是"萧散"审美观的体现。苏轼推崇晋人书风，其在《书黄子思诗集后》中言："予尝论书，以谓钟、王之迹，萧散简远，妙在笔画之外。至唐颜、柳，始集古今笔法而尽发之，极书之变，天下翕然以为宗师，而钟、王之法益微。"[③] 六朝书家之作，气象萧散超逸，不事修饰而自有一种清雅秀逸之神采，而六朝风神之奥窍，正蕴含在对"简"的崇尚之中。苏轼认为东晋钟繇、王羲之的书法具备萧散简远的艺术特征，"简远"与"萧散"连用，凸显了笔简、意远与"萧散"的关联性，"简"并非单纯的形式简化，而是将繁复之象精简后凸显其意蕴的深致，苏轼倡导的"简远"是一种超越形式而追求神韵的艺术理念。其又言："……独韦应物、柳宗元发纤秾于简古，寄至味于淡泊，非余子所及也。"[④] 以平实自然、简古淡泊的风格体现幽厚绵长之意味，这正是"萧散"的体现。

"萧散"之美不拘法度、规矩和人工技巧，具有"法而无法"的特性。苏轼曾言："我书意造本无法，点画信手烦推求。"艺术创作不应受刻板法则的束缚，而应追求自然率性、意趣盎然的表现，如此才能抒展作者情思。南朝钟嵘在《诗品序》中有相关观点，认为沈约等提出的"声律"之说使"文多拘忌，伤其真美"，若遵循"声律"之说的严谨法度作诗，便使诗文过于拘束，而与之相对的"真"美，则是一种自然天放、潇洒不拘之意趣，也即是"萧散"艺术观念的体现。黄庭坚于《书家弟幼安作草后》有言："老夫之书本无法也，但观世间万缘，如蚊蚋聚散，未尝一事横于胸中，故

---

① 黄霖、蒋凡主编《中国古代文论选编·下》，复旦大学出版社，2022，第552、553页。
② （宋）欧阳修撰《欧阳文忠公集》卷153，1919年上海商务印书馆四部丛刊景元刻本，第3463页。
③ （宋）苏轼撰，（明）茅维编，孔凡礼点校《苏轼文集》第5册，中华书局，1986，第2124页。
④ （宋）苏轼撰，（明）茅维编，孔凡礼点校《苏轼文集》第5册，中华书局，1986，第2124页。

不择笔墨，遇纸则书，纸尽则已，亦不计较工拙与人之品藻讥弹。"① 黄庭坚作书"无法"，不拘泥于作书之方法与工具，追求全然的情感抒发，物质与精神上皆脱去了"法"之束缚，具有"萧散"风致。唐人张怀瓘《书断》将嵇康之草书奉为妙品，评曰："……善书，妙于草制。观其体势，得之自然，意不在乎笔墨。"② 嵇康之草书不拘于笔墨之法，得之自然，正是这种无法而自在的书写方式，使其书具有潇洒散朗的韵致。中国古代文人重视艺术中"人"的主体性，艺术的产生立基于创作主体的内心对外部存在的感受，是一种"内在感觉的形式化"，"萧散"的艺术旨趣因其对法度的摒弃，更着重于对个体心性和意度的抒发，即"写胸中之意"，在艺术表现形式上具有淋漓畅逸、飞扬恣肆的特征。黄庭坚评文同画之言是对于"写意"的创作方式的典型阐释："急起从之，振笔直遂，追其所见，如兔起鹘落，稍纵即逝。"这种对创作过程的"一镜到底"式的动态描写，令人身临其境般感知到文同笔墨的不落俗尘、肆意纵横之感。细究其创作过程，"急起从之""振笔直遂"这种迅捷而非描摹式的创作状态必然是一种不假思索的由内在之"意动"驱使的行为，在这种创作模式下，自然导致艺术呈现得畅逸淋漓、潇洒恣肆。需要说明的是，"写意"状态下的笔墨并非不知法度的仓促为之和无意识行为，恰恰是经过长久的累积，积淀成的下意识的倾发，倪瓒对此有相关论述："下笔能形萧散趣，要须胸次有箕笢"③，若要达到"萧散"的意趣，当以"胸有成竹"为前提，正如《庄子》中的"内则除去心识，怳然无知"，"去知"不是"不知"、不是"无知"，而是先"有知"而后"忘知"。"忘知"即停止用头脑对知觉进行分析，也不再将知觉与人的思维活动产生关联，从而达到"知觉的孤立化"④，使知觉活动更为纯粹和专一，换至艺术层面上说，"无法之法"并非不知法，而是去除对于法度的执着，使艺术创作活动不再受外物之缚，笔墨不再拘于秩序，也即实现了创作主体与客体经由意识上的融汇统一后进入发之自然、任物自适的"虚"的状态，从而达成一种纯粹性的审美观照，在创作中生发出"萧散"的通达与超脱。中国艺术讲"意""写意"，写的是人内在之"真意"，是真实自性的抒发，苏轼《又跋汉杰画山二首之二》中有言："观士

① （宋）黄庭坚著，白石点校《山谷题跋》，浙江人民美术出版社，2022，第 89 页。
② 于民主编《中国美学史资料选编》，复旦大学出版社，2008，第 209 页。
③ 于民、孙通海编著《中国古典美学举要》，安徽教育出版社，2000，第 641 页。
④ 参见徐复观《中国艺术精神》，广西师范大学出版社，2007，第 55 页。

人画，如阅天下马，取其意气所到。"① 此处"意气"便是一种由内而外生发的志趣，是自然抒发一己之情性。重"意"与"萧散"思想之内核皆为重视对个体生命之主体性的畅扬，是对超越于外在形式的精神气度的兴现，体现了率意抒发个人情性便足矣的审美态度。

"萧散"思想消解了个体生命与物理空间的联系，将人与物隔离，制造了一种"绝对"的生命空间，这个空间脱离了世俗，不被实体的"物"所规训，不与形而下的"相"产生联系，这种对"物"的超越生发出一种"超然尘外"的审美旨趣。若要达到"萧散"的境界，首先要在人格上脱却尘俗，才能展现清逸不俗之艺术风度，正如姜夔在《续书谱·真书》中所言："欲其萧散，则自不尘俗，此又有王子敬之风，岂足以尽法书之美哉！"② 中国古代文士向往的是一种化尘俗而归于自然的境界和超脱、旷达的心境——一种生命的了悟，而这种心境转化到艺术之上便是对"物外之意"的重视。沈括曾评价琴僧义海："海之艺不在于声，其意蕴萧然，得于声外。"③ 所谓"声外"，即超越于"声音"现象本身。"声音"的概念是经由人之"耳"接收到的外界信息，代表了"物"的属性，谈"声音"时，实质上针对的是其物质性，因此，"声外"凸显的是对"物"的超越，魏晋玄学"得意忘言"的方法论，苏轼"萧散简远，妙在笔画之外"，要达到的都是这个状态。"萧散"的绝对空间性并非只限定于物理意义层面，更衍生出一种"自远"之意，即内在精神心灵的距离化，"远"便可脱略事物之羁绊，不落尘俗，是通向道之"虚静"的渠道。吴升《大观录》中载有黄颐对吴镇《渔父图》的跋文：

　　昔唐末荆浩尝作《渔父图》拓本传于世，仲圭得其本遂作此卷，笔力清奇，风神潇洒，有幽远闲散之情，若放傲形骸之外者……态千状万，无不自适，要皆仲圭胸中丘壑，发而为幽逸疏散之情，自非高人清士窥其岁月，未悉其意也。④

---

①　（宋）苏轼著，李之亮笺注《苏轼文集编年笺注·诗词附》第9册，巴蜀书社，2011，第619页。
②　中国书画全书编纂委员会编《中国书画全书》第2册，上海书画出版社，1993，第172页。
③　（宋）沈括原著，杨渭生新编《沈括全集》，浙江大学出版社，2011，第560页。
④　（清）吴升辑《大观录20卷》卷17，1920年武进李氏圣译廎排印本，第1985~1986页。

黄颐认为吴镇《渔父图》之笔墨有"幽远闲散之情"，"远"意超越了有限时空，淡泊幽远之境为文人画所追求的理想境界，心因"远"才可自适，正如陶渊明"问君何能尔，心远地自偏"句，"心远"是远的最高境界，是一种审美心胸，游心于方外，内心全然超离于尘世，便无所谓身居何处，其意涵远远超越了视听之感官，是"无待""无依"之所在。"萧散""不是不食人间烟火，不是虚无缥缈，而是优游适意，自足怀抱"①，是找到一种生命的自适，"萧散"之思的最终意义便是为了由外而内将个体生命从现象界的裹挟和束缚中"散"出，进而寻求内在的平和、愉悦，从而达到一种会通于宇宙的状态，实现对生命自主性的成全。

结　语

发端于庄子哲学的"萧散"思想，经由文士对庄学的接受而不断发展和衔续，最终于宋代在艺术思想中占据重要位置。"萧散"的意涵既指潇洒不拘、从容高迈的人格气度，又指向不拘法度、纵逸恣肆的艺术精神，更是中国古代文士所追求的一种出离于俗世的自然淡宕、隐逸超离的审美理想与生命追求。"萧散"是文士对既有文化的一种自省与反思，是对"文化规训"的觉察和觉知，既是一种人格理想，亦是一种审美理想，其作为文士所遵循的生活意旨，使文士挣脱困顿的羁绊，任情抒写生命之感发，生命于宇宙中适性逍遥，与万物自相优游。"萧散"的发展由魏晋名士之精神为先导，自中唐至五代宋元时期其理论内涵逐渐丰富，在北宋由苏轼发展为一个成熟的美学概念和艺术品评观念，影响了元明清时期的美学观与艺术风貌，并成为中国古代文士所追求的理想境界。对同种思想的崇尚使文士群体于艺术历史之异彩纷呈中集结成一条深厚紧密的链条，文士们代代衔续，以"萧散"为艺术生命之信仰，体味着共通的情感，这条血脉于无边的时间之野中，以其永恒的地位浸润艺术历史，对接今人的生存体验。

---

① 罗宗强：《玄学与魏晋士人心态》，天津教育出版社，2005，第 82 页。

Zhuang Zi's Theory of "San" and the Generation of the Idea of "Xiao San" in Traditional Chinese Aesthetics

Wang Qidi

Abstract: As an important part of ancient Chinese aesthetics, "Xiao San" (萧散) was theoretically rooted in Zhuangzi's philosophy. Its main idea is derived from Zhuangzi's "San" (散), which determines the spiritual core of "Xiao San" and its meaning direction. "San Ren" (散人) is the carrier of the concept of "San" in *Zhuang Zi* (《庄子》). The realm of "San Ren" is the ideal personality that the literati imitate, and it is also an important factor to promote the generation and evolution of the thought of "Xiao San". It affects the behavioral norms and aesthetic standards of the literati, and cultivates the appreciation function of figures of "Xiao San". The literati group that emphasizes the style of "San ren" advocates the "atmosphere of mountains and forests" and the "elegance of hermits". They take "Xiao San" as a typical feature of the ideal life style, which lays a humanistic foundation for the clarity and maturity of the ideological connotation of "Xiao San". The nature of "Xiao San" inherits the "dissolution" of Zhuangzi's "San", thus giving birth to a characteristic that transcends orders and surpass the constraint of ordinary laws. This nature is embodied in art as an aesthetic paradigm of simplicity and indulgence, and an aesthetic purpose that surpasses any mundane life. "Xiao San" is not only a state of life, but also an aesthetic ideal, representing the literati's conscious reflection on the existing culture. It is implemented in practical life, practiced in the spiritual cultivation, aesthetic construction and artistic concept of Chinese literati, exerting a profound influence on the development and changes of art and aesthetics.

Keywords: Zhuangzi's Idea of "San"; "San Ren" Paradigm; Xiao San; Literati

葛洪美学思想影响下的文章风格论

刘　伟[*]

摘要：葛洪对美认识深刻，不仅注意到美的客观存在、多元统一等问题，还指出审美活动的复杂性在于人们审美喜好、鉴赏能力的不同，因而对美的多样性持肯定态度，认为审美标准不可一概而论。葛洪的美学思想与文学思想密切交织，影响到其对于文章风格的看法。他从文章和文人两个层面探究文章风格"其体难识"与"尤难详赏"的原因，并提出"文贵丰赡"的文章理想和审美追求。具体来看，主张文章风格多样化的葛洪，尤为推崇"汪濊弘丽"与"自然清省"两类风格，这不但深受陆机、陆云的影响，而且与自身的道教思想有一定关联。总之，葛洪以思想家、宗教家的综合视野对美和文章风格阐幽发微，兼具美学史和文学史意义。

关键词：葛洪　"文贵丰赡"　"汪濊弘丽"　"自然清省"

葛洪思想丰富、视野开阔，在吸收先秦两汉以来思想资源的基础上，阐发了不少关于美与文章风格的真知灼见，在学术史与思想史上占有重要位置。李泽厚、刘纲纪先生对此评价道："他在《抱朴子》一书中发表了不少关于美与文艺问题的见解，表现了晋代以来美学思想的新倾向，有着值得注意的理论意义。在晋代思想家的著作中，像葛洪这样重视美与文艺问题的，极为少见。"[①] 由此可见，葛洪关于美与文章风格的相关思想与言论

---

　*　刘伟，首都师范大学文学院博士研究生，主要研究方向为中国古代文论。
　①　李泽厚、刘纲纪：《中国美学史——魏晋南北朝编》上，安徽文艺出版社，1999，第295页。

值得我们特别重视和深入研究，但似乎学术界对于这个问题的关注度不高。有鉴于此，本文将厘清葛洪论美的几个层面，阐明他对于文章风格多样性的深刻思考，以及对"汪濊弘丽"与"自然清省"两种文风的审美追求，以期进一步揭示葛洪美论和文论的思想价值与历史意义。

一　美的认识："华衮粲烂"与"憎爱异情"

葛洪广泛摄取先秦两汉以来关于美的思想资源，并受到当时社会文化风尚的影响，因而对于美体认深刻。在他看来，美是客观存在的，并且往往与丑对待出现，它还是多种要素的集合统一；正是美的这种丰富性、多样性特质，以及主体审美喜好、审美能力的不同等因素，致使审美活动复杂而难鉴。

葛洪肯定了美的客观性，并将之置于与丑的对待关系中加以阐发。美的客观性是指事物之美存在于其本身，不因人的赏识与否而改变本质。葛洪认为，"耀灵、光夜之珍，不为莫求而亏其质……峥阳、云和，不为不御而息唱"[1]，宝珠、美琴的光彩散发于自身，其美的质性是客观存在的，与人无涉，"盈尺之珍，不以莫知而暗其质"[2] 亦是同理，可以说这种认识是清晰而理性的。葛洪还注意到，美往往与丑对待出现，如此更能彰显其义，这其实是古人对待立义思维的反映。所谓"对待立义"，是古人的重要思维方式之一，具有一而二的对待性和两归一的立义性，它"作为中国传统学术思想体系中最核心的方法论原则，源自古人在长期自然、社会、人事观察中对天地人之间最一般联系和最深刻本质的探索，其思想精髓浸透到古代哲学、政治、宗教、艺术、医学、军事、地理诸领域"[3]。故而在此认知下，古人构建出众多两两对举的范畴，美与丑便是其中之一。葛洪秉承这种思想，常常将美与丑一并论述，如"不睹琼琨之熠烁，则不觉瓦砾之可贱；不觌虎豹之或蔚，则不知犬羊之质漫。聆《白雪》之九成，然后悟《巴人》之极鄙"[4]，琨玉、虎豹、《白雪》之美是在与瓦砾、犬羊、《巴人》之丑的对比中得以显现的，而且美与丑并非静止固定，而是处于运动变化

---

① 杨明照撰《抱朴子外篇校笺》上册，中华书局，1991，第 465 页。
② 杨明照撰《抱朴子外篇校笺》下册，中华书局，1997，第 376 页。
③ 夏静：《对待立义与中国文论话语形态的建构》，《文学评论》2010 年第 6 期，第 30 页。
④ 杨明照撰《抱朴子外篇校笺》下册，中华书局，1997，第 327 页。

之中，所谓"贵珠出乎贱蚌，美玉出乎丑璞"① 即道出此理。同一事物可能兼具美、丑两种因素，葛洪认为"西施有所恶而不能减其美"是因她"美多"，"嫫母有所美而不能救其丑"缘于其"丑笃"，判定事物性质的美、丑终究还是要看其中的主导因素；同时又受《淮南子·氾论训》"小恶不足妨大美"以及王充"大羹必有澹味，至宝必有瑕秽"等观点的影响，葛洪还强调"论珍则不可以细疵弃巨美"②，即如何正确、全面地看待事物，不但要观察其主要方面，还不能因其次要部分而否定全部，这亦与他"短疾不足以累长才"的人才思想一脉相通。葛洪对于美、丑问题的论述，不但含有合理因素，还颇具辩证精神。

葛洪充分注意到美的多元统一问题，即美须待众多要素集合而成，单一要素则不成美，这种看法背后有其深刻的思想渊源，也彰显出鲜明的时代印记。《周礼·冬官考工记》记载"画缋之事"，所谓"杂五色"，结合了阴阳五行思想，以青、赤、白、黑、玄、黄对应四方与天地，并称"杂四时五色之位以章之，谓之巧"③，强调色彩相互搭配所带来的审美感受，界定了色彩与绘画的基本审美规范。《吕氏春秋·孝行览》论养之五道中的"养目之道"时说："树五色，施五采，列文章，养目之道也。"许维遹注曰："青与赤谓之文，赤与白谓之章。"④ 可以看出是对《周礼》美学思想的继承与发扬。《淮南子·说林训》所云"弹一弦不足以见悲""一弦之瑟不可听"⑤ 等也是此意。葛洪顺承这一思想脉络，就美之多元统一问题进一步发挥，他言道："单弦不能发《韶》、《夏》之和音，孑色不能成衮龙之玮烨，一味不能合伊鼎之甘，独木不能致邓林之茂。"⑥ "华衮粲烂，非只色之功；嵩、岱之峻，非一箦之积。"⑦ 这里认识到圣乐、华服、佳肴、茂林、峻岭之美绝非仅靠一种元素所能成，而是将和音、群彩、众味等多种元素和谐统一的状态呈现出来，涉及听觉、视觉、味觉、嗅觉等多项知觉感受，丰富了前人美学思想。此外，葛洪承认美的表现形态是多样化的，"妍姿媚

① 杨明照撰《抱朴子外篇校笺》下册，中华书局，1997，第 287 页。
② 杨明照撰《抱朴子外篇校笺》下册，中华书局，1997，第 317 页。
③ 《周礼注疏》卷 40，（清）阮元校刻《十三经注疏》，中华书局，1982，第 918~919 页。
④ 许维遹撰《吕氏春秋集释》，中华书局，2010，第 308 页。
⑤ 何宁撰《淮南子集释》，中华书局，1998，第 1197、1223 页。
⑥ 杨明照撰《抱朴子外篇校笺》上册，中华书局，1991，第 439 页。
⑦ 杨明照撰《抱朴子外篇校笺》下册，中华书局，1997，第 279 页。

貌，形色不齐，而悦情可均；丝、竹、金、石，五声诡韵，而快耳不异"①，尽管美人"形色不齐"、音乐"五声诡韵"，但其均可悦人之情、快人之耳，这的确也符合审美实际。

事实上，美之多样性是魏晋人的共同议题，涵盖人物品藻、艺术鉴赏等多个维度。如刘劭《人物志》将人才品鉴与阴阳五行之说相结合，丰富了人才思想，还以"人流之业"区分了十二类臣才，在肯定人才价值的同时，亦从理论上辨别了人物的不同个性与殊异之美；又如嵇康《琴赋》赞美角、羽、宫、徵的变化以及不同指法的搭配运用可以带来不同的听觉效果，而《南荆》《西秦》《陵阳》《巴人》等乐曲韵律各异，"变用杂而并起，竦众听而骇神"②，亦能产生别样的审美韵味。这些都是时人关于美的多样性的具体讨论，只不过葛洪更多地站在美的本体论角度加以阐释说明，从而更具哲学意味与普遍审美意义。

葛洪对于美是持欣赏态度的，而审美鉴赏并不容易，除了关注上述美的丰富性、多样性等客观因素外，他还注意到人与人的审美喜好千差万别。这一点，在葛洪之前已有相关论述。《庄子·知北游》以气论解释人之生死，"万物一也"是其齐物思想的反映，但又指出"其所美者为神奇，其所恶者为臭腐"，实际上认识到了不同人具有不同审美感受，对此郭象注曰"然彼之所美，我之所恶也；我之所美，彼或恶之"，成玄英疏曰"物无美恶而情有向背"③，已然说得很清楚。《吕氏春秋·孝行览》所举的几个故事，如越王不知五声而喜"野音"，黄帝因嫫母贤德而不觉其貌丑，海上之人因某人"大臭"而昼夜追随，都意在说明审美因人而异。《庄子》和《吕氏春秋》体察的角度给予葛洪一定启发，《抱朴子内篇·塞难》正是继承此说而申言。葛洪认为美与丑、雅与郑肯定不同，但界定孰是美、雅，孰为丑、郑的标准却不统一，那是人们的"憎爱异情"与"好恶不同"所致，甚至出现"以丑为美者""以浊为清者"，质言之，由于人们的审美喜好有霄壤之别，会作出截然不同的审美判断，故"彼此终不可得而一焉"④。《抱朴子内篇·辨问》所云周文王嗜好"不美之菹"，魏明帝喜爱"椎凿之声"也是此意，这其实给审美鉴赏带来了一定的难度。

①　杨明照撰《抱朴子外篇校笺》下册，中华书局，1997，第289页。
②　（三国魏）嵇康著，戴明扬校注《嵇康集校注》，中华书局，2014，第143页。
③　（清）郭庆藩撰，王孝鱼点校《庄子集释》，中华书局，2012，第730页。
④　王明：《抱朴子内篇校释》增订本，中华书局，1996，第141页。

除了审美喜好各不相同外，人们的审美能力、审美风尚、知识水平等因素，亦会导致审美标准莫衷一是。如"见玉而指之曰石，非玉之不真也，待和氏而后识"①，是说若不具备必要的审美能力，人们面对美的事物将无动于衷，犹如瞻视不清者不能识别出"衮龙"一样，葛洪要求他应与审美对象处于同一水准，与嵇康所言"非夫至精者，不能与之析理"② 意近，旨在强调双方的一致性。"衮藻之粲焕，不能悦裸乡之目；《采菱》之清音，不能快楚隶之耳"③，意谓习惯于裸露的乡人自然不爱华丽之服，楚人也难以欣赏中原清乐，葛洪于此并未作高尚或卑俗的价值评判，而旨在说明不同地域文化与审美风尚往往决定着人们审美趣味的不同。"所博涉素狭，不能赏物"④ 则是在强调个体知识水平的重要性，而"郢人美《下里》之淫蛙，而薄《六茎》之和音"⑤ 之类的话语则有鄙薄下层民众的意味，虽失之偏颇，但也流露出葛洪对于审美知识经验的重视，它与个体审美能力、审美习尚一起成为影响审美判断标准的重要因素。

对于审美标准不一的问题，葛洪给予的答案是"卑高不可以一概齐，餐禀不可以劝沮化"⑥，"人各有意，安可求此以同彼"⑦ 即不必强求一致，美的形态不同，人的秉性各异，顺应自然即可，这展露出他的豁达心态。

总体而言，葛洪的美学思想既前承古人，又映照同代，对于美的见解较为全面与深刻，敏泽先生曾对此高度评价："葛洪对美的形态的丰富性、多样性的认识，不仅完全是符合实际，而且，在中国美学思想史上，提得这样鲜明，并且这样强调，葛洪可以说是第一个。"⑧ 而如此丰富的美学理念赋予葛洪文艺上的细腻感悟，尤其影响到其对文章风格的看法。

二 文章风格多样性："尤难详赏"与"文贵丰赡"

葛洪关于文章风格的看法与其美学思想是分不开的，对此前贤已有所

① 王明：《抱朴子内篇校释》增订本，中华书局，1996，第141页。
② （三国魏）嵇康著，戴明扬校注《嵇康集校注》，第144页。
③ 杨明照撰《抱朴子外篇校笺》下册，中华书局，1997，第388页。
④ 王明：《抱朴子内篇校释》增订本，中华书局，1996，第256页。
⑤ 杨明照撰《抱朴子外篇校笺》下册，中华书局，1997，第316页。
⑥ 杨明照撰《抱朴子外篇校笺》下册，中华书局，1997，第249页。
⑦ 王明：《抱朴子内篇校释》增订本，中华书局，1996，第230页。
⑧ 敏泽：《中国美学思想史》，湖南教育出版社，2004，第506页。

识，如邓新华指出："葛洪认为，既然客观世界的美具有多样性，那么文学作品的美也就同样具有多样性……不同风格和韵味的作品都（有）自己的美，也都有自己存在的价值。"① 蒋振华认为："葛洪的这种追求风格多样性的文学思想，固然与他在学问、思想上的兼容并收、旁征博引分不开，但也是他深刻丰富的美学思想的反映。"② 在两位学者所揭示的基础上，笔者作出进一步分析。葛洪的思想观念中，美的鉴赏与文风鉴赏具有相通性，约有两端：其一，受个人喜好、鉴赏能力等多种因素制约，鉴赏活动并非易事；其二，与其"卑高不可以一概齐"的美学要求相一致，葛洪要求文章风格应该具备多样化特征，即"文贵丰赡"，而文才不可或缺。

葛洪曾两次指出文风鉴赏之难，即"文章微妙，其体难识"，"文章之体，尤难详赏"③。前者是与德行相对而论，认为德"粗"文"精"，故而文章"品藻难一"；后者是在作家才性和"文人相轻"语境下提出的。换言之，葛洪从文章和文人两个层面考察了文风何以"难赏"的问题。

葛洪的德"粗"文"精"之论是魏晋以来重文思潮的产物，文士们争先创作，作品之多犹如恒河沙数，不但拓展了文章体裁，更增添了行文风格。陆机便致力于理论总结，《文赋》称文章"体有万殊，物无一量"④，并指出诗、赋、碑、诔、铭、箴、颂、论、奏、说诸文体的不同审美风貌。葛洪虽未系统论述文体，但也认识到数量众多的文章有万千风貌，以为"五味舛而并甘，众色乖而皆丽"，肯定文章带给人们审美愉悦的功效，同时又承认它们"五味""众色"等多样性与丰富性的客观存在。从宏观层面审视，"或浩漾而不渊潭，或得事情而辞钝，违物理而文工"⑤，文章或重在铺张，或精于义理，或善绘辞藻，致使文章之貌千姿百态；而细观字句的韵律、遣词，详察篇章的意蕴、境界，则"翰迹韵略之宏促，属辞比事之疏密，源流至到之修短，蕴藉汲引之深浅"⑥，在葛洪看来，各类文章不会集于一色、偏于一调，它们呈现的风格差异甚至大过于天际与毫毛之悬殊，其文本阐释空间亦具广阔性与多元性特征，这是文"精"之所在，也势必

---

①　邓新华：《葛洪的文学接受理论试探》，《贵州社会科学》2000 年第 5 期，第 71 页。
②　蒋振华：《葛洪仙学理论影响下的文学创作观和风格论》，《中国文学研究》2006 年第 2 期，第 53 页。
③　杨明照撰《抱朴子外篇校笺》下册，中华书局，1997，第 107、395 页。
④　张少康集释《文赋集释》，人民文学出版社，2002，第 99 页。
⑤　杨明照撰《抱朴子外篇校笺》下册，中华书局，1997，第 394~395 页。
⑥　杨明照撰《抱朴子外篇校笺》下册，中华书局，1997，第 109 页。

带来甄别、鉴赏方面的复杂难题。

文章何以"尤难详赏"，葛洪还从文人层面道出缘由，主要由作家才性和"文人相轻"两个角度着手论述。顺沿汉魏人"禀性在清浊""气之清浊有体"的思想理路，葛洪称"才有清浊，思有修短，虽并属文，参差万品"①，将作者的才性清浊、思理轩轻问题与文章风貌密切关联，即生发出由作者才性至文章风格的前后因果逻辑，而且同刘劭一样，认为作者大多是偏才，"兼通之才"少之又少，基本囿于各自擅长的文体或题材中驰骋文采，亦是对魏文帝"能之者偏"见识的进一步申说。如此来看，如若不谙习多种不同的文章风格，在鉴赏他人文章时的确会深感"其体难识"。

从另一角度看待，"文人相轻"现象亦是不可忽视的因素。所谓"近人之情，爱同憎异，贵乎合己，贱于殊途"② 即流露出葛洪对晋代文坛的不满，文人间的相互提拂或贬抑仅从自我角度出发，同者爱、异者憎，并不利于文学健康发展。在葛洪之前，王充、曹丕已肇其始，《论衡·齐世》道："世俗之性，好褒古而毁今，少所见而多所闻"③，《典论·论文》称："文人相轻，自古而然"④。葛洪承其余绪，反复论说，如《抱朴子外篇·钧世》所言"贵远贱近，有自来矣"，《抱朴子外篇·广譬》所讲"贵远而贱近者，常人之用情也；信耳而疑目者，古今之所患也"⑤，等等，均是此意⑥，文章之所以"难赏"，是因文人们并非以真实、客观为准绳，全凭个人好恶，文章不能因此得到公允评价。"文人相轻"或许带来另一个问题，由于人们以悦己为先，缺乏包容性，而魏晋是文风渐次绮靡的时代，所以先秦两汉那种以自然风格为主的文章越发不受重视。葛洪以咸酸之味与无味譬喻文章风格，认为"盐梅"终究不如"大羹"："苟以入耳为佳，适心为快，鲜知忘味之九成，雅颂之风流也。"⑦ 尽管如此，但鲜有人能欣赏品

---

① 杨明照撰《抱朴子外篇校笺》下册，中华书局，1997，第 394 页。
② 杨明照撰《抱朴子外篇校笺》下册，中华书局，1997，第 395 页。
③ （汉）王充著，张宗祥校注，郑绍昌标点《论衡校注》，上海古籍出版社，2018，第 384 页。
④ （清）严可均辑，马志伟审订《全三国文》，商务印书馆，1999，第 82 页。
⑤ 杨明照撰《抱朴子外篇校笺》下册，中华书局，1997，第 71、348 页。
⑥ 本文认为崇古抑今、贵远贱近、向声背实等现象亦可归于"文人相轻"范畴之内，是"文人相轻"的特殊表现形式，对此，彭玉平教授归纳了"文人相轻"的五种表现形态，与本文观点相近。参见彭玉平《论"文人相轻"》，《中山大学学报》（社会科学版）2004 年第 6 期，第 35~37 页。
⑦ 杨明照撰《抱朴子外篇校笺》下册，中华书局，1997，第 395 页。

味《韶》乐与《雅》《颂》诗之美感，因为它们不再"入耳""适心"，换句话说，即便葛洪对"尽善尽美"的雅乐和"思无邪"的《诗经》推崇备至，但在当世文坛，情感浓烈、文采妍丽之作被奉为圭臬，而将自然清新的文章束之高阁，隐晦抒发对文章格调趋同的忧虑，这亦与他主张文章风格多样化背道而驰。

鉴于上述问题，葛洪得出自己的文风评鉴原则，即以客观、宽容替代个人成见。他宣称"好尚不可以一概枒，趋舍不可以彼我易"，从态度与信念上予以"文人相轻"有力驳斥。具体到文章风格，葛洪主张："文贵丰赡，何必称善如一口乎？"① 文章风格理应多样并存，赏析其美，既不能执一而论，更无须故步自封，他以一种平和心态看待该问题，亦与其观照世界"物是事非，本钧末乖，未可一也"② 的思维理路和精神内涵相一致。除此之外，葛洪还注意到个人鉴赏能力不可或缺："华章藻蔚，非矇瞍所玩。"③ 文章琳琅满目，只有通过学习努力提升自我鉴赏水平，拓展审美视野，站在与文学作品同一高度，才能作出正确的价值判断，真正懂得"识儒雅之汪濊，尔乃悲不学之固陋"之理，方能体悟各种文风的美感。

多样化文风的创造，需由社会风尚、文化导向、作家心态、文才能力等诸多因素共同推动，其中，葛洪尤为看重文人之才。在"才性之辩"背景下，魏晋人对"才"的重视超越了以往任何时期，"才由此成为魏晋时期出现频率极高的语码，并被推举到前所未有的程度"④。文章才能成为作家必备素养之一，如曹丕称赞应场"常斐然有述作之意，其才学足以著书"，曹植讥讽刘修"才不逮于作者，而好诋呵文章，掎摭利病"⑤，陆机亦云"辞程才以效伎，意司契而为匠"⑥。文章创作需以情感为双目，以想象为羽翼，而落实纸笔终以才能为脊梁，葛洪深谙此理，所谓"格言不吐庸人之口，高文不堕顽夫之笔"⑦，即宣告文才乃文章写作要旨，具体而言有两点。一方面，赞成王充对俗儒抱残守缺、只穷一经的批判，葛洪也以"博我以文"为典范，对待诸多古书的态度为"要当以为学者之山渊，使属笔者得

①　杨明照撰《抱朴子外篇校笺》下册，中华书局，1997，第397页。
②　王明：《抱朴子内篇校释》增订本，中华书局，1996，第13页。
③　杨明照撰《抱朴子外篇校笺》上册，中华书局，1991，第456页。
④　赵树功：《中国古代文才思想论》，人民出版社，2016，第76页。
⑤　（清）严可均辑，马志伟审订《全三国文》，商务印书馆，1999，第66、159页。
⑥　张少康集释《文赋集释》，人民文学出版社，2002，第99页。
⑦　杨明照撰《抱朴子外篇校笺》上册，中华书局，1991，第407页。

采伐渔猎其中"①，认为创作不同类型的文章当以广泛汲取前人丰厚知识经验为前提，但"采伐渔猎"并非人人能做好，慧眼识珠需要才能的参与，故《抱朴子外篇·辞义》称："众书无限，非英才不能收膏腴。"② 另一方面，成文、修饰更是依赖才能的撑持，《抱朴子外篇·广譬》有云："开源不亿仞，则无怀山之流；崇峻不凌霄，则无弥天之云。财不丰，则其惠也不博；才不远，则其辞也不赡。"③ 譬之以深水、高山、丰财，阐释了文才对于构撰各种动人篇章、修饰丰富文辞的重要意义。在葛洪看来，"文贵丰赡"的审美格局正是凭借文才而得以实现。

以上可知，对待文章风格"尤难详赏"的问题，葛洪从文章和文人两个面向探究其因，并得出"文贵丰赡"的精当结论，文坛的蓬勃发展有赖于此。对于文章风格多样性的强调与追求，前朝的曹氏兄弟，同代的陆机、陆云、左思、皇甫谧等人，都不如葛洪如此明显与强烈。

三　推崇两类文风："汪濊弘丽"与"自然清省"

《文心雕龙·体性》归纳了文章"八体"，可见六朝文章风格已非常繁盛。主张文章风格多样化的葛洪，最为推崇的文风有两类，可拈出"汪濊弘丽"与"自然清省"二语加以概括。究其原因，不但深受陆机、陆云的影响，还与自身的道教思想不无关联。

从文学思想渊源上来讲，葛洪"汪濊弘丽"与"自然清省"两类文风主张源自"二陆"。葛洪极少臧否人物，自言"口不及人之非"，并批判以许劭为代表的评议人物的社会风气，却对陆氏兄弟不吝溢美之词："吾见二陆之文百许卷，似未尽也……及其精处，妙绝汉魏之人也，""陆士龙、士衡旷世特秀，超古邈今。"④ 而"二陆"正是"绮靡"与"清省"两种不同创作风格与美学主张的代表，对葛洪的影响是不言而喻的。

魏晋以降，诗文逐步摆脱汉代教化传统，显示出自身审美价值，侈丽文风渐受重视。曹丕倡导"诗赋欲丽"，曹植与"建安七子"等邺下文人创作出大量优美婉转、色彩秾丽之作。至于西晋文学，有学者总结道："文学

① 杨明照撰《抱朴子外篇校笺》下册，中华书局，1997，第 73 页。
② 杨明照撰《抱朴子外篇校笺》下册，中华书局，1997，第 393 页。
③ 杨明照撰《抱朴子外篇校笺》下册，中华书局，1997，第 351 页。
④ 杨明照撰《抱朴子外篇校笺》下册，中华书局，1997，第 751、760 页。

作为修辞艺术的一面，受到更多的重视，因此，建安文学追求华丽的倾向被发展到极端。语言明显地趋向书面化，雕琢刻画的功夫更深了"①，诚为确切之言。作为"太康之英"的陆机是西晋文坛代表，其诗文描摹繁复，辞藻华丽，在西晋及南朝的影响颇深，张华、沈约、钟嵘、刘勰、萧绎等人均给予不同程度的称赞，葛洪亦高度评价："机文犹玄圃之积玉，无非夜光焉……其弘丽妍赡，英锐漂逸，亦一代之绝乎！"②《文赋》主张"绮靡""尚巧""贵妍"，葛洪承其余绪，畅谈"汪濊弘丽"之美。在文章内容方面，葛洪要求广博丰富。当有人讥讽王充著书"兼箱累帙"，葛洪反驳道："言少则至理不备，辞寡即庶事不畅……五色聚而锦绣丽，八音谐而《箫韶》美，群言合而道艺辨。"③ 文章亦如锦绣和《箫韶》之美，多言累辞才能尽诉深邃之理，若著述单薄，反而是"琐碌"之人，故曰："观翰草之汪濊，则知其不出乎章句之徒矣。"④ 所以葛洪对鸿篇巨制、深广繁复的子书情有独钟："汪濊玄旷，合契作者，内辟不测之深源，外播不匮之远流。"⑤认为它的内容涵盖万千，可传递作者深邃思想并影响后世，达成"立言"的宏伟目标。在文章辞藻方面，葛洪崇尚华丽之风。他似乎本就偏爱形式美感，视其"侏儒不能看重仞之弘丽""短唱不足以致弘丽之和"⑥ 等话语便可知悉。在表达古书"未必尽美"观点时，取譬原始木料与华美房屋，原始木料再多，"未可谓之为大厦之壮观，华屋之弘丽也"⑦，以此说明，文章需经雕饰润色方能尽显弘丽精美。《抱朴子外篇·钧世》还比较了古诗与今诗优劣，二者虽"俱有义理"，但今诗略胜一筹之处恰恰在于文辞更为优美，所以他笃定认为，祭祀诗赋，《清庙》《云汉》不如郭璞《南郊赋》；行旅篇章，《出车》《六月》不抵陈琳《武军赋》；甚至夏侯湛、潘越的"补亡诗"远胜《诗经》原作，此论不免有过分夸赞今诗之嫌，但亦可看出葛洪对于文章辞藻的重视。由此，葛洪对文章内容和言辞提出双重审美要求："繁华�，则并七曜以高丽；沉微沦妙，则侪玄渊之无测。"⑧ 前者是

① 章培恒、骆玉明主编《中国文学史》上卷，复旦大学出版社，1996，第340页。
② （唐）房玄龄等撰《晋书》，中华书局，1974，第1481页。
③ 杨明照撰《抱朴子外篇校笺》下册，中华书局，1997，第433页。
④ 杨明照撰《抱朴子外篇校笺》下册，中华书局，1997，第290页。
⑤ 杨明照撰《抱朴子外篇校笺》下册，中华书局，1997，第116页。
⑥ 杨明照撰《抱朴子外篇校笺》下册，中华书局，1997，第26、362页。
⑦ 杨明照撰《抱朴子外篇校笺》下册，中华书局，1997，第73页。
⑧ 杨明照撰《抱朴子外篇校笺》下册，中华书局，1997，第399页。

就文辞而言，后者是就内容立论，二者皆不可偏废，符合他"汪濊弘丽"的文风追求。

葛洪虽然未能脱离"结藻清英，流韵绮靡"文学思潮的影响，但对此又有着清醒认知，在"汪濊弘丽"之外还主张"自然清省"文风，而陆云对其影响颇深。陆云不同于陆机的文学审美倾向，《与兄平原书》显露出不满之意，认为"《文赋》甚有辞，绮语颇多，文适多体便欲不清"，并提出自己的美学标准："今意视文，乃好清省，欲无以尚，意之至此，乃出自然。"①《文心雕龙·镕裁》一言以蔽之："士衡才优，而缀辞尤繁；士龙思劣，而雅好清省"②，才之优劣暂且不论，但对二人文风的概述不啻精当之言。葛洪对"二陆"的推崇已如前述，他继承陆云衣钵，亦提出"自然清省"的文风主张。如《抱朴子外篇·辞义》假借他人之口道："知夫至真，贵乎天然，"随即补充说："清音贵于雅韵克谐，著作珍乎判微析理……何必寻木千里，乃构大厦；鬼神之言，乃著篇章乎？"③ 文章以达意为先，何必奇谲之辞，正如本文前文所言，葛洪欣赏《韶》乐与《雅》《颂》诗，也是看到它们的自然之美。故此，他对有些过于繁杂的文章颇有微词："属笔之家，亦各有病：其深者，则患乎譬烦言冗，申诫广喻，欲弃而惜，不觉成烦也。"④ 有些文章累赘杂芜，而作者不忍割舍，葛洪不免有所揶揄，这实际是对"清省"文风的一种深刻体会。此论颇有见地，刘勰讥讽陆机"情苦芟繁"，或许受此启发。总之，葛洪坚信"故声希者，响必巨；辞寡者，信必著"⑤，文章思想的传达应借助"自然清省"的字句。陆云的审美主张在西晋并未激起太大浪花，却对两晋之交的葛洪产生了重要影响，随着时代推移，"清新自然的美感在东晋终于占据了文学艺术的主流地位"⑥。可以说，葛洪"自然清省"的文风主张还是具有一定文学史与美学史意义的。

值得注意的是，葛洪"自然清省"的文章审美要求还与其道教思想关联密切。道教崇尚自然，汉代道教经典《太平经》已现端倪，主张"天地

---

① （清）严可均辑《全晋文》，商务印书馆，1999，第 1076、1077 页。
② （南朝梁）刘勰著，詹锳义证《文心雕龙义证》，上海古籍出版社，1994，第 1203 页。
③ 杨明照撰《抱朴子外篇校笺》下册，中华书局，1997，第 392~393 页。
④ 杨明照撰《抱朴子外篇校笺》下册，中华书局，1997，第 399 页。
⑤ 杨明照撰《抱朴子外篇校笺》下册，中华书局，1997，第 365 页。
⑥ 龚斌：《陆云"雅好清省"的文学审美观》，《古代文学理论研究》第 21 辑，第 63 页。

之性，独贵自然，各顺其事，毋敢逆焉"①，将自然看作天地之性，遵循自
然方能符合大道。葛洪也持相似观点："天道无为，任物自然，无亲无疏，
无彼无此也，"万物不分彼此，处在这种环境中的人则"所乐善否，判于所
禀，移易予夺，非天所能。"② 由于向往这种融洽和畅的自然之态，所以他
的神仙理想除了要致肉体长生外，还企求达到"或升太清，或翔紫霄"的
逍遥境界。炼丹修仙地点也一般选择自然山川或深林，"认为'绝迹幽隐'
于山林之中会有助于修养这种美学品格，更容易到达这种美学理想，这就
将山水之自然美与修道之神秘美统一起来"③。这种自然思想辐射于文章风
格方面，便呈现葛洪反对华辞丽藻的倾向。当有人称赞儒家"其事大而辞
美"，葛洪反驳说"摘华骋艳，质直所不尚"④，虽其本意是站在宗教家立场
非难儒家，却也鲜明表达出对自然文风的追求，并以虔诚道徒口吻劝说世
人："欲使将来之好生道者，审于所托，故竭其忠告之良谋，而不饰淫丽之
言。"⑤ 凡此种种，均揭櫫葛洪"自然清省"的文风要求。

　　此外，从葛洪的行文中亦能感知到"汪濊弘丽"与"自然清省"之所
在。综观《抱朴子》，葛洪并非仅从理论上倡导这两种文章风格，而且在身
体力行地耕耘其审美理念。近人刘师培对葛洪文风评价道："晋人所撰子
书，文体亦异。其以繁缛擅长者，则有葛洪《抱朴子·外篇》。"⑥《抱朴
子》虽有些篇章的确如此，但仅归结于"繁缛"一语则失之偏颇，刘氏并
未察觉到其文风"自然清省"之所在。倒是徐公持先生的看法较为公允：
"文字平易通达，不故作艰深奇崛，平铺直叙，不尚藻采，不务雕饰……然
而《抱朴子》中亦有少数篇章，颇以精心结撰、词采繁丽见胜，尤以《博
喻》、《广譬》二篇为甚。"⑦ 实际上除了徐先生提到的两篇，诸如《嘉遁》
《崇教》《任能》《尚博》《应嘲》《诘鲍》《知止》《畅玄》《至理》等篇章，
或多使骈偶、句式整饬，或运典隶事、纵横铺排，或用韵和谐、悦耳铿锵，
在体式上又往往借鉴政论、辞赋、连珠等手法，以致造成"博喻酿采，炜

① 王明编《太平经合校》，中华书局，1979，第472页。
② 王明：《抱朴子内篇校释》增订本，中华书局，1996，第136页。
③ 潘显一：《早期道教美学思想的发展与分化——〈太平经〉与〈抱朴子〉美学思想比较》，
　《四川大学学报》（哲学社会科学版）2002年第6期，第20页。
④ 王明：《抱朴子内篇校释》增订本，中华书局，1996，第188页。
⑤ 王明：《抱朴子内篇校释》增订本，中华书局，1996，第260页。
⑥ 刘师培：《中国中古文学史（论文杂记）》，人民文学出版社，1984，第68页。
⑦ 徐公持编著《魏晋文学史》，人民文学出版社，1999，第505页。

烨枝派"之感，在很大程度上增强了行文丰富性与审美体验。其余篇章，诸如《审举》《讥惑》《钧世》《汉过》《仁明》《论仙》《微旨》《仙药》《自叙》等则又平铺直叙、明白晓畅，以精要之语阐释通达之理，"自然清省"的风格一目了然，正如葛洪自己所说："若言以易晓为辨，则书何故以难知为好哉！"①

要言之，受"二陆"及道教思想影响，葛洪对于"汪濊弘丽"与"自然清省"两类不同文章风格均予以提倡与实践，是其主张文风多样化的有力证明，亦充分彰显其兼容并包的宽广气度，是《晋书》赞其"博闻深洽，江左绝伦"的切当注脚。

结　语

葛洪对美有着深刻的把握与见解，不但认识到美的客观性、对待性、多样性等特质，而且进一步揭示了审美活动因人而异的现象，是其在美学思想史上的特殊贡献。这种美学理念深印在葛洪的文学思想之中，其对文章风格的认识可谓相当通脱，直言"文贵丰赡"实际是针对越发繁缛的西晋文风发出的逆耳良言，在魏晋文士之中并不多见，诚如罗宗强先生所言，葛洪是一位"冷静的旁观者"，故其文学思想"更为全面"②。受到"二陆"及道教思想影响，葛洪主张"汪濊弘丽"与"自然清省"的文章风格，并非自相矛盾，而是站在不同语境下言说，并泽溉了后世文学思想，如东晋对于自然文风的追求、南朝"踵事增华"的创作风尚，或均可追溯至葛洪，这些都值得更加深入地探讨。

Ge Hong's Discussion on Writing Style under
the Influence of His Aesthetics

Liu Wei

Abstract：Ge Hong had a sophisticated understanding of beauty. He noticed

---

① 杨明照撰《抱朴子外篇校笺》下册，中华书局，1997，第 78 页。
② 罗宗强：《魏晋南北朝文学思想史》，中华书局，1996，第 165 页。

the objective existence, multielement and unity of beauty, while he pointed out that the complexity of aesthetic activities lied in the difference of people's aesthetic preference and appreciation ability. Therefore, he held a positive attitude towards the diversity of beauty-appreciation and believed that aesthetic standards could not be united. Ge Hong's aesthetic and literary thoughts are closely intertwined, affecting his views on writing styles. He discussed the reasons why writing styles were "difficult to appreciate" from the aspects of writings and the literati, proposing the literary ideal and aesthetic pursuit of "diversity of writing". Ge Hong advocated the diversification of writing styles, especially the styles of "plentiful and ornate" and "natural and elegant". This preference was not only influenced deeply by Lu Ji and Lu Yun, but also related to his own Taoist ideology. In short, Ge Hong elaborated his views on beauty and writing styles from the comprehensive vision of a thinker and religionist, which was significant in the history both of aesthetics and literary.

Keywords: Ge Hong; "Diversity of Writing"; "Plentiful and Ornate"; "Natural and Elegant"

中国古代审美文化研究 ◀

清初文人雅集的图文生成及其审美阐释*

张 兵 王 维**

摘要：清初，文人雅士承续了晚明以来雅集结社的传统，每至上巳修禊、名贤生辰、寒暑节令，便会邀约职业画师、富商巨贾乃至台阁重臣，齐聚园林，赋诗论文，绘图题诗，集中生成了数量可观的雅集图像及其题咏诗文，从而构成了一种"具象"与"抽象"相结合的文本形态。这种特殊的文本形态，不仅用以"叙事"，还原和重构当时的文学事件与文学场景，为观看者呈现图文背后隐含的文学史意义，还以韵律、节奏等形式承载"审美"元素，共同提升雅集作品的审美张力、加深雅集空间的审美体验，以及传递雅集成员急欲留名后世的审美诉求。进一步探究清初文人雅集与图像呈现、文学叙事及审美价值等诸要素之间的内在联系，对于观察清代文人的文艺实践、理解园林造景的审美内涵，以及梳理中国古代文人雅集的发展流变等，皆有一定的借鉴意义。

关键词：清初文人雅集 图文生成 审美阐释

雅集是中国古代文人日常社交的重要组成部分，文人在雅集活动中诗酒唱和、书画遣兴、以文会友。他们既追寻一种高雅的生活方式，也切磋

* 本文系国家社会科学基金项目"清初诗人雅集与诗风演进研究"（19BZW075）阶段性成果。
** 张兵，西北师范大学文学院教授、博士生导师，主要研究方向为明清文学与艺术；王维，西北师范大学文学院博士研究生，主要研究方向为明清文学与艺术。

诗文，提高技艺，更通过雅集活动找寻同声相应、同气相求的同道知己。清初，在京文人"往往假精庐古刹，流连觞咏，畅叙终朝"①。邓汉仪之子邓方回就曾回忆道："时都中喜招客聚饮者，若司马宋公德宜、学士李公天馥、宫詹沈公荃等，宴集至数十人，皆一时名流，号称盛举。"② 陈维崧在诗中对京师文人的行乐雅事亦有相应描述："时于五夜阑，或在百人座。分曹掷帽呼，联袂摄衣坐。欢笑无不为，乐事任人作。"③ 由此可见清初京师雅集之盛况。除此之外，江南的一些地方官员，更是对林下之乐、诗酒集会充满热情，他们乐于进入文士们的交际圈，既能游山玩水以涤荡胸次、结交名儒以提高素养，又可以驰骋诗才、切磋诗艺、谈古论今、品鉴书画古器以享文人情趣。④ 因此，像王士禛、宋荦、曹寅等地方官员也开始主盟风雅，参与唱和，再加上他们有着绝对的政治话语权，因而登高一呼，应者如云，时常能主持一些比京城雅集规模更大的文会活动。总之，无论是京师雅集还是江南雅集，在雅集的过程中往往会集中生成大量的雅集图和题咏文字，反映出清初文人的诗酒风流与审美风尚，影响和启发着后人的"想象"与"再想象"。有鉴于此，本文试图从雅集的生成背景、图式类型及审美价值等多个维度，探讨清初文人雅集与图像呈现、文学叙事及审美价值等诸要素之间的内在本质联系，以期对清初文人的文学活动和艺术生活有更深层次的揭示。

一　清初文人雅集的生成背景与雅集图的产生

清初文人雅集生成于复杂的政治、人文生态中，它既和明清易代息息相关，又与私家园林的勃兴和富商巨贾的大力支持密切关联，还跟政治环境与文化政策有着不解之缘。只有将文人雅集置于清初的历史语境中，才能寻绎出更为具体的生成原因。

其一，与雅集结社的传统和明清易代有关。文人雅集由来已久，风靡

---

① （清）朱彭寿：《安乐康平室随笔》（卷 6），见《清代史料笔记丛刊本》，中华书局，1982，第 282 页。
② （清）邓方回：《征辟始末》，见卢佩民主编《泰州文献》（第 24 辑），凤凰出版社，2015，第 516 页。
③ （清）陈维崧著，陈振鹏标点，李学颖校补《陈维崧集》（中册），上海古籍出版社，2010，第 837 页。
④ 张兵等：《文化视域中的清代文学研究》，人民出版社，2013，第 157 页。

各代，如东晋的兰亭雅集、宋代的西园雅集以及元代的玉山雅集等，都是影响较大的文会。明清以来，效仿前贤举行雅集，已成风气，再加上文人结社之风的习染，雅集已成为社中同道进行学术交流、诗文创作的重要场所，他们在雅集中相互切磋、鼓励、启发，既提升了自己的文艺水平，又扩大了诗社的社会声誉。明清易代之际，雅集更是成为诗社成员长歌当哭、抱团取暖的心灵栖息之地。其中，西湖七子社的雅集活动颇具典型性，全祖望《陆雪樵传》载曰：

> 观日楼者，春明之居也，雪樵与五人者靡日不至，以大节古谊交相勖。语者，默者，流观典册者，狂饮作白眼者，痛哭呼天不置者，皆见之诗。其时评雪樵之诗者，以为吐弃一切，古穆如彝尊。雪樵之去春明仅一巷，而与正庵为比户，其唱酬为尤多。桐城方子留，畸士也，由春明以交雪樵，相得甚欢，遂居其湖楼中。已而奉其父傲居东皋之殷隘。①

"七子"雅集时百态毕现，有"语者，默者，流观典册者，狂饮作白眼者，痛哭呼天不置者"，读之如临其境。又全氏《宗征君墓幢铭》记载："湖上之结社也，陆披云、董晓山、叶天益、陆雪樵，皆鄞产，范香谷则定产，而蜀人余生生以寓公亦预焉。七子以扁舟共游湖上，或孺子泣，或放歌相和，或瞠目视，岸上人多怪之。"② 此外，像"畿南三子"申涵光、殷岳、张盖在易代之后，亦是"相哀相痛，相与唱和"，其雅集则每每"谈论极欢，或酒后耳热，则相与歌呼，呜呜至于泣下，人莫能测其故也"③。这些经历过明清易代的社团成员，入清之后人多有旧巢倾覆、新枝难栖的惊悸、幻灭、失落之感，以及伴随的悲愤、哀伤、苦寒等心绪，而雅集正好能为他们提供一种精神上的寄托和情感上的发泄，从而减轻心灵上的孤独与失落，得到片刻的安宁与栖息。④

　　其二，与私家园林的勃兴和富商巨贾的支持有关。明清之际，造园之

---

① （清）全祖望撰，朱铸禹汇校集注《全祖望集汇校集注》（中册），上海古籍出版社，2000，第972页。
② （清）全祖望撰，朱铸禹汇校集注《全祖望集汇校集注》（上册），第856页。
③ 谢正光、范金民编《明遗民录汇辑》（上册），南京大学出版社，1995，第629页。
④ 关于清初遗民雅集结社的相关论述，具体可看看《明清之际文人社团的兴衰嬗变与诗风演进》一文，见张兵等《明清之际：诗人心态与诗歌走向》，人民出版社，2023，第362~367页。

风盛行，无论是天潢贵胄，还是地方大吏，抑或是盐商富户、风雅文士，不少人兴建了颇具诗情画意的园林，他们在园林中交游聚会、吟诗作对，使雅集和园林形成了一种鱼水关系，甚至更为紧密，以至于园林成为雅集不可或缺的组成部分，雅集构成了园林的本质活动。这是因为文人士大夫在公务之余，没有太多闲暇时光遍履自然山水，而"虽由人作，宛自天开"的私家园林，恰好能为文人士子提供游心揽胜的便利。因此，清初士人多借园林之便，举行雅集活动，如冒襄的水绘园、祁彪佳的寓园、徐乾学的遂园、孙承泽的秋水轩、冯溥的万柳堂，以及赵吉士的寄园等，都是清初著名的风雅之地。朱彝尊《曝书亭全集》记载：赵恒夫"所居寄园……浚池累石，分布亭馆，种花木，海内名士入都，恒留连不忍去。"① 可见寄园独特的风景，促成了"寄园雅集"的文化盛况。

除了文人士大夫，富商巨贾为了加强与文人的联系，提升自身的社会地位，往往也会在园林中举办各种雅集活动。袁枚曾对此感叹道：

> 升平日久，海内殷富，商人士大夫慕古人顾阿瑛、徐良夫之风，蓄积书史，广开坛坫。扬州有马氏秋玉之玲珑山馆，天津有查氏心谷之水西庄，杭州有赵氏公千之小山堂、吴氏尺凫之瓶花斋，名流宴咏，殆无虚日。②

其中，雍正元年，由盐业巨商查为仁父子兴建的水西庄，更是成为天津乃至整个北方地区的"文化大观园"，以至于周汝昌先生认为，水西庄是《红楼梦》大观园的重要原型。另据查氏《族谱》记载，查为仁父子尚气谊，广结交，重然诺，大江南北，名流学子，凡道出津门者，无不款接，使水西庄宾客如云，人文荟萃，名流宴咏，殆无虚日③，故时人有"庇人孙北海，置驿郑南阳"之颂。雍正年间的一些诗人，如陈元龙、钱陈群、杭世骏、厉鹗、陈皋、汪沆等，都曾寄居于此。除了诗人，水西庄的宾客还有画家朱岷、陈元复等人，他们与庄主交谊深厚，并为其绘制了《秋庄夜雨读书图》

---

① （清）朱彝尊著，王利民等校点《曝书亭全集》，吉林文史出版社，2009，第 724 页。
② （清）袁枚著，顾学颉校点《随园诗话》（卷 3），见郭绍虞、罗根泽主编《中国古典文学理论批评专著选辑》，人民文学出版社，1982，第 92 页。
③ 具体可参见张兵、王小恒《天津查氏水西庄与清代雍、乾之际文坛走向》，《西北师大学报》（社会科学版）2014 年第 6 期，第 42~49 页。

《慕园老人携孙采菊图》《水西庄修禊图》等雅集图，其中《慕园老人携孙采菊图》还引起了后人查日乾、查善和、查淳、查诚等的隔代唱和。

其三，与文人画士的政治攀援以及文治政策的导引有关。文人画士之所以向往雅集，不外乎有两个方面的需要：一是基于某种社会需要的联谊、政治的攀援、社会地位或声望的攀附；二是文人雅趣生活的享受。清初文人大多属于后者，但也有一部分属于前者，尤其是社会地位较低的画师，他们热衷于参加雅集活动并主动绘制雅集图，必然带有一定的政治功利性。如有清初"画圣"之誉的王翚，既没有过硬的家庭关系，也没有特殊的文化背景，但为何能在极其讲究门第、重视科举的时代受到世人的疯狂追捧与皇家的高度赞誉？其中一个重要因素，即接连不断地参加由社会名流所举办的雅集活动①。此外，诸如禹之鼎、吴宏、杨晋等清初画家，也都会通过参加雅集活动，来提升社会地位。因为他们想要扩大社会影响力，必然要认同由这些社会精英所搭建的雅集制度。一旦进入他们的交往圈，就会获得源源不断的社会资源，为自己拓展人脉、建构声望，积累更多的文化资本。

另外，雅集在清初还有着重要的文化与政治功能，如冯溥的万柳堂雅集、王渔洋的红桥雅集，以及宋荦的沧浪亭雅集，表面看似是集体性的诗酒风流，实则是在贯彻康熙皇帝"将文艺之事运用于文治之中"的政策。恰如严迪昌先生所言，清王朝的统治者们全力实施诗文化的投入，"达官大僚以权势、才学、名望、财力等诸种因素综合而成的优势广揽人才，'结佩'相交，并非只是一种纯文学的风雅韵事，在具体历史条件下，他们所起的作用是使'务期于正'的指归得以贯彻于实践，从而净化着高层次人才圈的氛围。"② 而这也正是清初文人雅集不断生成的动因之一。

其四，与党争和文字狱的频频发生有关。清初，党争错综复杂，愈演愈烈，前朝故老依旧狃于党派纷争，大有不可遏制之势。著名贰臣龚鼎孳的宦海生涯，几乎与顺治一朝的党争息息相关，最初因弹劾冯铨，成为北党首要的攻击目标；后因在满汉问题上每持两议，被顺治帝连降十二级。在仕途上数度起落、备尝坎壈后，龚鼎孳早有归隐的打算，时常通过雅集唱

---

① 王翚先后参与了王时敏举行的"西田雅集"、杨兆鲁举行的"近园雅集"、袁其重举行的"渔庄雅集"、周亮工举行的"金陵雅集"、吴正治举行的"西山雅集"、徐乾学举行的"昆山雅集"、博尔都举行的"听枫轩雅集"、索芬举行的"索园雅集"等，并先后绘制了《近园雅集图》《渔庄烟雨图》《毗陵秋兴图》《草堂雅集图》《水竹幽居图》等相关雅集图。

② 严迪昌：《清诗史》（下册），人民文学出版社，2019，第595页。

和、诗酒风流来缓解身心疲惫，获得精神上的一时之愉，这在其诗词中不难看到。无论是《定山堂诗集》还是《定山堂诗余》，其中的雅集唱和之作均占一半以上。事实上，清初的大多数贰臣在朝中都会受到满人的排挤、打压，如钱谦益、吴伟业、龚鼎孳在入清后曾屡次请求辞官归里，但未获允可，一度产生求死之念。陈名夏、周亮工、曹溶等贰臣在身罹党祸之后，则选择与画家交往，他们雅集唱和，吟诗作画，集中反映了"亦仕亦隐"的处世之道。

及至康熙一朝，朝廷内外满汉大臣以及诸皇子等，各树朋党，窃弄权柄，相互倾轧，动辄以文字倾陷诬告，毒化了社会风气，形成了人人自危的恐怖氛围。雍正即位以后，则公开利用文字狱剪除朋党，打击江浙文士，许多文人官员不得不聚集一地，抱团取暖，借助相濡以沫的"心灵场"之共同构筑，寻找自我疗伤的良药。如兴盛于雍乾之际的"韩江雅集"，聚集、交往的文士，不是"八怪"式的野逸畸形之士，就是饱受惊吓、逃离浙省的文人以及落职官员等；那小玲珑山馆中消寒、消夏的诗文酒会，行庵里神旷情怡的赏画咏花，正是供那"阒寂荒凉之辈"躲避时世风雨的港湾，相濡以沫、安顿心灵的乐土。①

综上可见，清初文人雅集的发生，有着独特的时空背景，政治、文化、经济等都是促使雅集生成的重要因素。伴随着雅集的频频发生，各种类型的雅集图也顺应而生，同时又与图上的诗文题跋形成了一种图—文互释的艺术状态。

二　清初文人雅集图的构成类型与内涵特征

晚明张凤翼对文人雅集图有过总括式的论说，其云："图自兰亭修禊而下，若香山九老，若耆英十三，莫不有图。"② 足见绘图之风盛行。上文所提及的红桥雅集、水西庄雅集、遂园雅集、韩江雅集等，皆有相应的绘图流传后世，从而构成了类型不一、特征不同的雅集图。

第一类，政治性雅集图。明清易代之际，那些拒不仕清的明遗民以结社

---

① 具体可参见严迪昌《往事惊心叫断鸿——扬州马氏小玲珑山馆与雍、乾之际广陵文学集群》，《文学遗产》2002 年第 4 期，第 105～118 页。

② （明）张凤翼：《处实堂集》，《四库全书存目丛书》（集部 137 册），齐鲁书社，1997，第408 页。

的方式召集同志，以图兴复，借诗酒唱和，抒发亡国之痛和故国之思，由此，带有反清复明倾向的遗民诗社便应运而生，并成为这一时期文人结社的主流，与东南沿海此起彼伏的反清复明斗争互相呼应。① 其中，西园诗社、探梅诗社、东皋诗社、北田五子社、南湖九子社等都是较为典型的遗民诗社。有时，为记录一时的文酒之乐，他们还会邀请画师绘制相应的雅集图，如绘制于康熙九年的《娄东十老图》（见图1），就描绘了清初活跃于太仓地区的十位遗民——陈瑚、陆世仪、王撰、宋龙、郁法、顾士琏、盛敬、陆羲宾、王育、江士韶雅集唱和的盛况。颇为有趣的是，图中遗老均头戴幅巾而衣着明服，这种穿着打扮显然是遗民自我指陈的一种文化符号。众所周知，入清而着明服，实犯清廷之大忌，《研堂见闻杂录》载述：

> 士在明朝，多方巾大袖，雍容儒雅。至本朝定鼎，乱离之后，士多戴平头小帽，以自晦匿。而功令严敕，方巾为世大禁，士遂无平顶帽者。遂巨绅孝廉，出与齐民无二，间有惜饩羊遗意，私居偶戴方巾，一夫窥眈，惨祸立发。②

身在新朝，心恋故国，是易代后大部分遗民的心态呈现，然敢于冒天下之大不韪，集体公开身着明服以对抗新朝的文人集会实不多见。再加上清廷于顺治九年、顺治十七年两次颁布禁社令，严厉打击士人结社，尤其是涉及时事政治的清议结社，许多文社也相继销声匿迹，更毋论绘制相应的雅集图。

图1 佚名《娄东十老图》

注：南京博物院藏。

---

① 何宗美：《明末清初文人结社研究》，南开大学出版社，2003，第22页。
② （明）王家桢：《研堂见闻杂录》，见（明）文秉等《烈皇小识（外一种）》，北京古籍出版社，2002，第298页。

　　然而有趣的是，清初遗民为了避开祸事，又通过二次构想，创造性地绘制出一种虚拟的、追忆性的雅集图，图中人物不再是入清之后的遗民，而是已故的前朝好友。如项圣谟的《尚友图》（见图2），图中董其昌着"晋巾荔服"、李日华戴"唐巾"、鲁得之戴"渊明巾"，画家的"尚古"安排一目了然，遗民的"恋旧"又何尝不明显？陈洪绶的《雅集图》亦有同工之妙，表面描写了晚明葡萄社成员的雅聚场景，实则暗含了鼎革之际文人阶层在面对山河破碎时的悲凉心境和精神危机。他们选择近乎相同的装束，将自己和图中人塑造成"非写实"的遗民形象，无疑是在倾诉亡国之痛、寄托故国之思，以阐明自己的道德态度和情感方式。

图2　项圣谟《尚友图》

注：上海博物馆藏。

　　第二类，纯粹性雅集图。康熙朝中后期，随着遗民的相继离世，加之

"内部门户、地域之见，分出派别，不能统一"①，政治性质的文人雅集逐渐消退，纯粹性的诗酒雅集则日益兴盛，并进而占据了主流。纯粹性的诗酒雅集可分为书画雅集和文学雅集两种。

书画雅集，即文人雅士聚集在一起，共同欣赏、创作、交流书法和绘画艺术。王士禛《居易录》记载了门人陈奕禧与同僚讨论"拨镫法"的雅事：

> 门人吴雯（天章）、蒋景祁（京少）、查嗣瑮（德尹）偶集邸舍，谈及门人陈奕禧（子文）在京师时，上陆嘉淑（冰修）诗云："借问如何是拨镫？"冰修，陈同里尊行也，与子文皆以书法名，见诗甚恚。子文近自安邑丞迁知深泽县，有大吏颇自矜其书。查言，子文倘以书法见知，定自水乳。予笑云："固然，第不可献诗问拨镫法耳。"合坐大笑。②

所谓"拨镫法"，清人或认为是"拨灯草"之意，或认为是执笔手形如"马镫"。据梁章钜记载，陈奕禧在一次雅集时，甚至还与一巨公为"拨镫法"讨论意见不合，以致绝交。除了书法雅集，还有绘画雅集，朱彝尊在书画题跋中就提及不少雅集观画的韵事，如其跋文徵明《仿赵伯骕〈后赤壁图〉》曰："黄海程邃（垢区）、携李朱彝尊（锡鬯）、沈岸登（覃九）同观于谭木禾芜城客舍。"③ 又在黄子久《浮岚暖翠图》后跋曰："顺治十有七年冬十一月朔，寓山阴之篁醪河，饮于莱阳宋公之廨。……客以醉辞，公出黄子久《浮岚暖翠图》示客，以当解醒。……是日，南昌王猷定（于一）、长洲宋实颖（既庭）、金坛蒋超（虎臣）、仁和陈晋明（康侯）、吴江叶燮（星期）同观。秀水朱锡鬯书。"④ 可见朱彝尊经常与同人在雅集聚会时品鉴古画。有时他还会在某些画作上留下自己的题画诗，比如《吴江顾处士樵扁舟过访留所画〈山水图〉并新诗见赠集杜句酬之》《盛秀才书斋观〈文嘉水墨杏花新燕图〉》等。

书画雅集之外，还有一种比较纯粹的雅集——文学雅集。在文学雅集中，文人士大夫可以分享自己的文学作品，接受他人的评价和建议，也可

---

① 冯尔康、常建华：《清人社会生活》，沈阳出版社，2002，第66页。
② （清）王士禛著，袁世硕主编《王士禛全集》（第5册），齐鲁书社，2007，第3733页。
③ （清）胡敬撰，刘英点校《胡氏书画考三种》，浙江人民美术出版社，2015，第363页。
④ （清）朱彝尊著，王利民等校点《曝书亭全集》，吉林文史出版社，2009，第564页。

以欣赏他人的作品，进行文学探讨和批评。如康熙二十一年，徐乾学与汪懋麟、王士禛、陈廷敬、王又旦雅集于陈廷敬城南庄园之中，五人或因赴外公干，或因归乡丁忧，时常聚少离多，已接近二十年没有会面，因而此次文会格外热闹，诗酒唱和、登临冶游，已不新鲜。据载，徐乾学、汪懋麟两人甚至还就"宗唐"和"宗宋"的诗学观，进行了激烈的辩论，以致惊动了树上的鸟儿。禹之鼎也随后绘制了著名的《城南雅集图》（又名《五客话旧图》）。从整体上看，文学雅集图应该是清初最为繁盛的一类，亦是文人士大夫题咏最多的一项。清初重要文学雅集图一览如表 1 所示。

表 1　清初重要文学雅集图一览

雅集图名称	雅集图作者	雅集时间	雅集人物	雅集图来源
《柳州诗话图》	王　某	顺治十七年	王士禛与扬州文人	顾颉刚后人收藏
《西湖三舟图》	萧　晨	康熙四年	宋琬、王士禄、曹尔堪	佳士得 2023 春拍
《滴翠园雅集图》	徐　易	康熙八年	冯溥、曹申吉、高珩、李之芳、孙光祀、李赞元等 14 人	北京翰海 2003 秋拍
《柘溪草堂图》	查士标	康熙十三年	乔莱、汪懋麟、吴绮、叶舒崇、宋曹、李念慈、严绳孙、姜宸英、秦松龄	北京保利 2010 冬拍
《竹林雅集图》	禹之鼎	康熙十四年	乔莱、汪懋麟、孙蕙、王洁、陈钰等 6 人	南京博物院
《城南雅集图》	禹之鼎	康熙二十一年	王士禛、陈廷敬、徐乾学、王又旦、汪懋麟	东京国立博物馆
《九日适成图》	王原祁	康熙四十年	王原祁、王暈、王揆等 7 人	南京博物院
《听鹂轩雅集图》	杨　晋	康熙五十一年	戴熙、侯铨、孙祖诒、孙扬光、何畋、周桢等 9 人	常熟博物馆
《秀野草堂图》	黄　玢	康熙年间	顾嗣立、朱彝尊、查慎行等数十人	上海图书馆
《水西庄修禊图》	朱　岷	雍正年间	查氏父子及其门客等	天津博物馆

注：笔者据雅昌网与各大博物馆所示实物图片整理。

这些雅集图大多以群像的方式流传后世，寓有"嘤其鸣矣，求其友声"与"以友辅仁"之意。徐雁平先生对此有过精确的概括，他说："此类群像，整合关系密切的相关人物，融入某种精神意趣或理念，所绘大致以某次具体活动，或日常中有意味的片段为素材，但不完全写实，从而构成意气相投的群体形象……在此刻显示其作用的方式是：首先是将现实交往与精神想象融合并固定，形成一种三五同好可以赏玩、默想的物体；其次，友朋毕竟不能长久朝夕相处，手卷中的群像以奇妙的方式克服这一生活中的局限，使某一刻的聚会获得恒久的品质，从而达到'形散神聚'。"① 另外，从雅集本身的特征来看，此类雅集区域主要集中在江南地区，客观上推动了宋明以来浙东、吴中等相对独立又相互联系的"文化圈"之发展；雅集成员的身份也比较复杂，前明遗老、国朝新贵、诗坛名宿、布衣寒士以及商人画家等都是座上宾，他们往往能够自觉打破区域界限和身份之别，进行雅集唱和与学术交流。同时，此类雅集无论是次数之多还是规模之大，均远超前代，但雅集内容则以诗文唱和与书画品鉴为主，与前代雅集相差无多。

第三类，以兰亭修禊为母题的雅集图。东晋永和九年三月初三，王羲之于会稽山阴之兰亭，举办了声势浩大的修禊集会。自此之后，"兰亭修禊"也就成为后世文人追捧的对象。清初文人不仅模仿雅集活动，而且对"兰亭修禊"这一母题进行绘画创作，在绘画创作中，他们一直强调的也是盛会的雅趣风流，其中"祈福消灾"的内涵鲜有表现。这些雅集图的共同特征是，对当年"兰亭雅集"盛事、文坛佳话的无限追慕、怀念，对山水之美的咏怀赞颂。画家记录自己的雅集活动，或者通过自己的雅集活动向兰亭雅集致敬。② 如康熙三十三年的"遂园雅集"，就颇具代表性。康熙三十三年三月三日上巳节，正是雅集修禊的好时节，恰逢徐乾学"遂园"修葺一新，年过花甲的徐乾学便以东道主的身份，邀请了二十余位老年文友前来参加雅集，所到之人皆是当朝的大儒名著，可谓声势浩大，史称"遂园禊饮"。此次修禊，无论官职大小，皆按年齿长幼列座其次，众人清樽雅集，琴弈觞咏，以"兰""亭"为韵，各赋七律二首，以此来纪念千百年前的兰亭集会，所作之诗后被徐乾学编成三卷，名曰《遂园禊饮集》。除了宏远深致的诗歌，此次耆老年会上还产生了重要的绘画精品，即徐乾学乞请禹之鼎所绘的《遂园雅集图》（见图3）。图像生动还原了老友们在雅集时的外貌衣着、神态举止等。

---

① 徐雁平：《论清代写照性手卷及其文学史意义》，《文学评论》2017年第3期，第206页。
② 王宗英：《类型、符号、隐喻与象征——中国传统绘画母题"文人雅集图"的现代阐释》，《中国美术研究》2018年第2期，第30页。

图 3　禹之鼎《遂园雅集图》

注：北京华艺国际 2022 春拍。

　　值得一提的是，"兰亭雅集"在叙述"游目骋怀，足以极视听之娱"的欢快气氛后，王羲之突然悲从中生，发出了"死生亦大矣，岂不痛哉"的激切悲慨，使"兰亭雅集"前后形成了强烈的反差，兼有了悲喜交织的两个向度。然而，"遂园雅集"在使用兰亭典故时，却对"修短随化，终期于尽"的人生感慨置若罔闻，他们似乎只在意雅集之乐，如长洲何栋诗云："流觞解禊欢无极，击鼓催花醉不醒！"华亭王日藻更是直呼："何须俯仰悲陈迹？只向空山问醉醒！"① 事实上，清初以兰亭修禊为母题的雅集，都有此类特征。如冯溥虽然追忆"昔贤有序，尤传感慨之文"，但他显然并不在意什么感慨，只是一味标榜"今日无诗，何当风流之目？"如此抒情就淡化了《兰亭集序》中物是人非的伤感。此外，姜宸英参与徐乾学等人在祝氏园宴饮，也写"况当良辰会"，"水浮觞可激"，把兰亭想象叠加到雅集宴游中，并且收束于"呼唱俄满林"的欢乐。朱彝尊与王崇简、钱澄之等雅集丰台药圃，从"群贤少长并"写起，联想"流觞过上巳"的兰亭风物，至结尾处依然延续"重过知不厌"的乐境。他们都调动了兰亭想象，却拒绝时间的流动，将想象定格在当下的群贤交往，从而把情感凝固在一幅以群为乐的欢乐图景中。②

　　第四类，以祝寿为主题的雅集图。清初出现了一种独特的祝寿雅集，其独特之处并不是给当时的耆老耄耋庆生，而是为已故文人祝寿。清代以前，只有孔子、释迦牟尼、关羽这样级别的圣贤、神佛才享此殊荣，为已

---

①　转引自刘军《昆山徐氏家族与遂园雅集》，《寻根》2016 年第 5 期，第 138～139 页。

②　诸雨辰：《告别晚明：清初京城文人的文化转型与思想变革》，《北京师范大学学报》（社会科学版）2023 年第 5 期，第 78 页。

故文人举办纪念的只有个人行为，而无雅集活动①。清初开雅集祭祀之风的正是时任江宁巡抚的宋荦。康熙三十九年，宋荦购得《施顾注苏东坡诗》残本，并请人校补完毕，当时正值农历十二月十九日苏轼生日，宋荦为其举办了盛大的"苏寿雅集"，此次雅集在宋荦园林"小沧浪亭"举行，并悬挂家藏绢本《东坡先生笠屐图》，令在场文士对图题诗。翌年，宋荦又凭借其政坛和文坛的双重影响力，引得数千人题诗以歌，可谓极尽一时之盛。此后，王翚、王原祁、罗牧等著名画家相继为宋荦绘制《小沧浪亭图》，图像对此次雅集亦有所描绘。更重要的是，此次"苏寿雅集"对当时和后世产生了巨大影响，据黄义枢考证，康熙和雍正年间就有不少文人举行过雅集祭祀活动，发展到乾嘉时期，祝寿雅集犹如雨后春笋般层出不穷。如翁方纲、毕沅都曾举办过"苏寿雅集"，其众多门人或幕僚纷纷绘图题诗以记之。不止如此，除每年为苏轼祝寿外，还扩展到了其他名贤，如曾燠之祀欧阳修、秦瀛之祀秦少游、法式善之祀李东阳、阮元之祀白居易、张祥河之祀顾亭林、何绍基之祀陈鹏年等。此后便一发不可收拾，名贤生日祭的范围不断扩大，成为清代甚至东亚文人一项重要的雅集活动。②

此外，清初还有博古雅集图、女性雅集图、幕府雅集图以及送别雅集图等各类图像，图中雅士或饮酒高谈，或赏物沉思，或品茶对弈，或命题吟诗，不一而足，文人的审美情趣得到不断发展并以不同形式呈现，雅集图从最初聚焦于集会的人物逐步转化到活动的场景中，把人物置于自然山水、茅屋草舍、亭台楼阁之间，融入自然造化之中。这种转变，从一个侧面体现了雅集图在入清以后的新变化。

三 清初文人雅集的图文叙事与审美价值

清初文人雅集的图文叙事多以绘画、诗文等形式呈现，这些作品常常描绘雅集的场景、人物形象以及他们的交游活动。通过图文叙事，展现了文人雅集的生活场景、艺术境界和人情世态，反映了当时士人的审美趣味和文化品位。

---

① 如明人张大复、郑鄤等人曾在东坡诞辰之日，悬《东坡先生画像》题诗以祀之。
② 具体可参见黄义枢《清代的"名贤生日祭"雅集》，《古典文学知识》2020 年第 5 期，第 59~69 页。

（一）清初文人雅集的图文叙事

清初文人雅集图通过对场景描绘、人物刻画、文化活动展示、情感交流呈现以及文化意蕴象征等方面的表现，显示出雅集的丰富内涵和深厚的文化底蕴。如禹之鼎《城南雅集图》（见图 4），描绘了清初文人雅聚城南山庄赋诗饮酒的盛况。从整幅画面来看，禹之鼎把画中人物与外部衬景有机结合，既栩栩如生地刻画出五位文人雅聚时的人物形貌，又展现出自己对山水和花鸟画技法的熟练运用。首先，就画面布局而言，乍看此图，觉得整体构图丰富但技法不够稳定，似乎觉得画面中左边的树石所占分量更重，但细究之下会发现原本在古旧的绢本底色中，画面右边的人物更加集中，因此虽然右边的树石略轻，但整体再看却不失平衡而且更具空间节奏。其次，除了人物在庭院树、石的近景中，再在远景中绘以亭榭桥梁，一来加以衬托，二来也起到将两边人物与树的画面衔接起来的作用。如此，足见画家在处理画面、经营位置上的别具匠心。最后，这幅画卷虽然描绘的是七月的庭院景色，但画中林木茂密、青石相伴，使人顿生阴凉之感。画中浓郁的树色中，穿插以浅色调的人物形象，远处有房屋一角，桥梁栏杆辗转迂回其中，人景浑然一体。[1]

图 4　禹之鼎《城南雅集图》

注：东京国立博物馆藏。

然而，值得思考的是，图中的雅集人物是谁？雅集缘由和雅集目的又是什么？图像本身显然呈现不出如此多的文化信息。此时，与雅集图相关的题咏文字恰好能为我们理解元图像搭建一个会意平台。汪懋麟《城南山庄画像记》云：

---

[1]　王珍：《禹之鼎作品〈城南雅集图〉解读》，《连云港师范高等专科学校学报》2006 年第 1 期，第 84 页。

……图既成，亭榭、桥梁、水石、竹树、笔床、茶具之属，罔不毕肖。陈公据石案，搦管欲书，济南公倚案左侧视，王公面案企脚坐，握手语林木间者，则徐公与懋麟也。……他日诸公勋业既盛，宦游或倦，欲借川泽须臾之眼而休沐焉，予得幅巾方袍杖笠以从，纵谭山川云物之美，或有可以把臂无愧者，姑藏斯画以待之。①

此记不仅交代了绘图缘由，还清楚地勾勒出陈廷敬、王士禛、王又旦、徐乾学与汪懋麟自己的具体位置和形容面貌，文学与图像相辅相成，共同还原了五人雅集时的文学现场。再如禹之鼎的另一幅雅集图《遂园雅集图》，图中雅集人物近二十位，我们根据钱陆灿的《遂园禊饮图记》，不仅能够逐一辨认出当时的雅集人物，还能根据雅集人物的排布，将雅集图按照不同镜头的特定节奏和顺序组合，剪辑成四个不同画面却又彼此关联的文艺场景。

第一景在堂外池边，揣手端坐于案前者为周金然，写生绘制者为禹之鼎，捻须待画者为黄与坚，执笔转身者为王日藻，展卷伫思者为许缵曾（见图5）。

图5　《遂园雅集图》第一景

注：北京华艺国际 2022 春拍。

第二景在桃花曲径处，蓝衣取棋者为尤侗，对弈落棋者为何栌，从旁监局者乃诗僧宗渭（见图6）。

---

① （清）汪懋麟：《百尺梧桐阁集》，《清代诗文集汇编》（第151册），上海古籍出版社，2010，第282页。

图 6 《遂园雅集图》第二景

注：北京华艺国际 2022 春拍。

第三景在遂园桥上，正中伟岸者为东道主徐乾学，其目观池水，势欲过桥，右边搀扶者为其长子徐艺初，膝前小童为徐乾学曾孙。而稍远处三人，分别为徐乾学之侄徐树声及徐乾学之孙徐德俶和徐德份（见图 7）。

图 7 《遂园雅集图》第三景

注：北京华艺国际 2022 春拍。

　　第四景在迤逦长廊树石之间，廊内赭衣如禅定者乃盛符升，廊外兽皮之上，双手持卷者为秦松龄，其旁扪膝捻指，观卷沉思者为徐秉义，其后倚廊徇立者为钱陆灿，抱膝远观者为孙旸（见图8）。

图8　《遂园雅集图》第四景

注：北京华艺国际 2022 春拍。

　　由上可见，四处不同的于图像冉现了遂园雅集的风流韵事。反过来，文学也在解说图像，两者相互表达和言说。图像具有文学功能，文学也具有图像功能。文学与图像的互仿，建构了二者互文表达的共同情境，也由此形成了文学与图像浑融和谐的关系。当然，文图合并也不是完全抹杀两种艺术的特性，而是充分利用各自的特性来完成艺术融合。诗文不仅是解析图像的门径，也是图像观念的重要表达者。罗兰·巴特在《显义与晦义》中提出文字的作用是锚固意义，告诉观者"这是什么"①，这正是雅集图像中诗文的第一层作用。其第二层作用是揭示雅集图背后的故事。如康熙四年（1665），宋琬、王士禄、曹尔堪三人泛游西湖，诗文唱酬，画家萧晨为其绘制了《西湖三舟图》，记录了三人乘舟雅集的快意时光。此后，阮玉铉、冒辟疆、邓汉仪、吴嘉纪、汪楫、孙枝蔚、宗元鼎、汪懋麟、曹禾、

---

　　① 〔法〕罗兰·巴特著《显义与晦义》，怀宇译，百花文艺出版社，2005，第28页。

乔莱等一时名流相继题诗以和之。有趣的是，清初文人的雅集地点一般在私家园林，但此次为何选择在西湖和小舟中举行呢？阮玉铉的题跋给出了答案：

> 西湖依山负城，浩衍而清浅，无风波之虞，又有南屏秦望，烟霞石甑，群峰霞举，环回映带，足以资翰墨之探求……取象于舟，谓履凶无咎。然舟之为用，所以乘危踏险，而非徒济胜之具也。三先生……遭逢大略相同，遂衔尾游泳，悲笑同声，水净云间，填辞唱和，几忘身之在风波中也。①

其中所言"风波"即指三人近乎相同的坎壈仕途②，这一点在众人的题诗中亦有体现。如邓汉仪云："岂知风波未可测，一夜销魂竟黄纸。考功岂即冯宿流，廉访居然宋均比。诏书特下银铛愁，狱吏之尊尊莫疑"；孙枝蔚云："酒酤涕下何所陈，似说吾身今不死。飞鸿已脱罻罗灾，彩凤无心阿阁止"；曹尔堪云："回首世网多幽煎，凤笯雉苟呼苍天。君王顿解邹阳狱，逆旅皆知岑晊贤。"③ 由此可见，文字为观看和阅读图像提供了丰富的想象空间。当然，《西湖三舟图》也通过色彩、构图和线条等视觉元素呈现了雅集时的情节、场景和人物形象，使我们更直观地感受到了雅集现场的氛围。总而言之，文字与图像是人类认知与表达世界的两种主要手段，图像与文字既有异质的一面，又有互渗的一面。异质性使两者无法互相取代，互渗性决定两者相辅相成。雅集图之题咏，不仅是对文人们雅集情绪的回忆与延续，也是对雅集事件选择性的历史记录，同时也是对雅集背后的故事进行内隐式理解与外显式阐释的重要手段。④ 文字与图像紧密结合，由此形成了"统觉共享"，即赵宪章先生所言"语言文本和图像艺术之间'语象'和

---

① （清）萧晨：《西湖三舟图》，佳士得 2023 年春季拍卖会。
② 曹尔堪罹"奏销案"被削职，又遭事牵下狱，还被判流徙，时出狱不久；宋琬因遭诬"与闻逆谋"入狱三年，此时亦刚出狱；王士禄亦因河南乡试"磨勘"事入狱，此时刚得以昭雪，三人因相同的遭际而相聚于西子湖畔，释放备受压抑的心情。严迪昌先生认为，曹、宋、王三人因相同的际遇而相会在西子湖畔，并非一种偶然巧遇，而是顺康之交汉族士大夫在新朝廷处境艰险的动辄得咎的必然表现。
③ （清）萧晨：《西湖三舟图》，佳士得 2023 年春季拍卖会。
④ 何湘：《清代湖湘文人社群研究》，博士学位论文，苏州大学，2015，第 201 页。

'物像'的相互唤起、相互联想和相互模仿"①，从而生发出了更立体的研究空间与更深刻的文学史意义。

（二）清初文人雅集的审美价值

清初文人通过绘图题诗、泼墨挥毫、音乐演奏等雅集活动，展现出自己对文学艺术的热爱和追求，反映了当时文人雅士的文化品味和生活情趣，具有丰富的审美价值和深远的文化意义。

首先是诗学审美风尚的体现。雅集作为清初文化名流的交流平台，不仅是诗歌创作和欣赏的场所，也是诗学审美观念的形成和传承地。在雅集中，文人雅士们通过对诗歌的创作和传播，共同塑造和传承了一种特定的诗学审美风尚，影响了时人对诗歌的评判和接受。顺治一朝及至康熙前期是一个"崩天之敌，稽天之波，弥天之网，靡所不加，靡所不遭"②的时代，清廷各种威劫汉族文士的镇压措施，似风似雨地冲击和裹挟着广大士子的心灵，悲愤、郁怒、哀怨、凄伤等各种不和谐的"噍杀"之音充斥着整个文坛。随着康熙朝"将文艺之事运用于文治之中"政策的成功实施，文坛基调慢慢发生了变化，"噍杀"之音日息，"和雅"之声渐起。在这一过程当中，雅集起到了极为关键的作用，尤其是"以高位主持诗教者"，他们举办了名目繁多的雅集，通过"小圈子"的传播，影响和引导着康熙诗坛的"大风气"。京师诗坛领袖冯溥以万柳堂为载体，以雅集为形式，倡导和推动"宗唐"的"盛世清音"，借由诗坛唱和影响鸿博征士的诗歌审美和诗学崇尚，整饬和引导康熙诗坛的走向。③同时，江南风雅总持王士禛任扬州推官时，更是举行了各类文化雅集，为不同政治立场的新旧文人提供了一个既风雅又轻松的交流方式，极大地避开和消解了政治上的敌对，不仅缓解了遗民与新朝统治者之间的朝野离立之势，也使其以"神韵"为掩饰的新台阁体诗学成为清前期诗坛的审美风尚标。由此可以看出，清初文人雅集与诗歌审美风尚有着千丝万缕的内在联系，甚至对诗风的走向与士风的孕育起到决定性作用。

---

① 赵宪章：《文学和图像关系研究中的若干问题》，《江海学刊》2010年第1期，第187页。
② 邓之诚：《清诗纪事初编》（上编），上海古籍出版社，2012，第25页。
③ 高莲莲：《冯溥与康熙诗坛风尚的变迁——以己未博学鸿儒科后的万柳堂雅集为观照》，《东方论坛》2016年第1期，第52页。

其次是园林审美空间的彰显。众所周知，晚明以降，造园之风盛行一时，吴梅村诗中即有咏陈青雷之半圃、王时敏之西田、李明睿之阆园、孙承泽之退谷、秦松龄之寄畅园等私家园林的作品。不难看出，这些私家园林通常是富裕阶层或权势之人建造的，他们借助园林展示自己的社会地位和经济实力。为了弱化这种"炫富"行为，园林主人会邀请文化名人前来参加雅集，这种雅集虽然类似于布迪厄所言的另一种"显摆"（La montre），即通过一种公共的方式显示自己，让人承认其所拥有的权力。① 但这与一般的物质财富的"显摆"示范性不同，这种"显摆"是高雅的文化资源之展示，他们的题咏唱和、焚香挂画、抚琴礼茶、文艺品鉴等高雅文化活动，不仅使园林中的物理空间如亭台楼阁、山川水池、花木盆景、石雕壁画、古董家具等具备了诗性的审美特性，而且从整体上促进了园林的声名传播，塑造了园林的文化氛围并提升了园林的审美内涵。

但需要指出的是，由于明清易代，园林雅集往往又与遗民气节相联系，这就使一部分园林不再是单纯地彰显审美空间，而是成为联结遗民活动或抒发故国情怀的政治场域，由此形成了李惠仪先生所指出的"审美空间的转化"。冒辟疆的水绘园、宫伟镠的春雨草堂等即为典型例子。冒辟疆曾招引遗民志士如宋曹、杜濬、陈瑚、姜实节、方以智、陈维崧、戴本孝等毕集水绘园，曲水流觞，分韵作诗，极尽诗文之乐。然故国怆怀、易代之悲亦是他们雅集唱和的主基调之一，淹留水绘园八年之久的陈维崧在雅集时即有故宫禾黍、物是人非之感，其诗云：

> 当年灯火隔江繁，回首南朝合断魂。十队宝刀春结客，三更银甲夜开尊。
>
> 乱余城郭雕龙散，愁里江山战马屯。今日凄凉依父执，乌衣子弟几家存。②

遗民瞿有仲亦发出了无可奈何的悲叹："醉天灰劫日翻奇，元结唐亭晏卧宜，壮志可容龙剑老，新愁只许杜鹃知。八公草木今何似，三户菰芦某

---

① 〔法〕皮埃尔·布迪厄：《实践感》，蒋梓骅译，译林出版社，2003，第 210 页。
② （清）陈维崧：《戊戌冬日过雉皋，访冒巢民老伯集得全堂，同人杳至出，歌僮演剧，即席限韵四首》（其一、其二），见《同人集》，万久富、丁富生主编《冒辟疆全集》（下册），凤凰出版社，2014，第 1139 页。

在斯。忽望高楼空百尺，茫茫湖海动余思。"① 当然，也有遗民将其图谋恢复的慷慨诗篇歌咏于雅集华辞中，如石宝臣诗云："翊汉怀诸葛，椎秦忆子房"，"此日亲风雅，多年厌鼓鼙。闻鸡谁起舞，如意与提携。"② 由此可见，水绘园这一文化空间的审美基调，显然与国朝文人单纯地彰显园林景象、呈现空间场景的雅集活动大不相同，而这种"审美空间的转化"，也正是清初园林雅集不同于前代的审美特质。

最后是尚奇的题画美学与留名后世的审美诉求。传统的雅集图上很少有人题诗，即使题写诗歌，题咏者几乎是用单一的字体书写，其毛笔的移动是从一笔到另一笔、一个字到另一个字、一行到另一行，类似于音乐和舞蹈这类在时间中展开的表演艺术，书法中的时间流动感从头至尾贯穿整件作品。但当我们在展玩清初雅集图时，观赏经验会受到一种形式上的牵制，即雅集图经常分成若干字体和不同段落，其中字体或楷，或行，或隶，楷则端正静雅，行则洒脱秀逸，隶则古朴庄重，诗、书、画三种不同的艺术形式，在同一视觉平面内产生了美学张力，静观的画面从而也被赋予了"动势"。同时，雅集图前后题诗之间有时也彼此各不相干，因此我们也就无须按照段落的次序来阅读文本。而这些段落十分短小，可以同时观赏，观者能随时驻目欣赏某一吸引他的段落，然后在比较不同段落的过程中，按其所选段落，自由地往前或往后跳跃式地观赏，从而构成了一种近于非线性的段落特征③，如《听鹂轩雅集图》（见图9）。这种题画方式显然与晚明"尚奇"的美学风潮息息相关。④ 实际上，明清文人不断地绘制和题咏雅集图，实则暗含着被后人所铭记的审美诉求。他们渴望通过自己的各类创作，在历史长河中留下永恒的印记，而绘制和题咏雅集图不失为一种较为风雅的留名方式，朱彝尊《静志居诗话》卷八载：

---

① （清）瞿有仲：《得全堂宴集次巢翁先生原韵》，见万久富、丁富生主编《冒辟疆全集》（下册），凤凰出版社，2014，第1153页。

② （清）石宝臣：《迁于诸君集辟疆斋头，邀陪其年，即席限韵》，见万久富、丁富生主编《冒辟疆全集》（下册），凤凰出版社，2014，第1141页。

③ 具体可参见白谦慎《傅山的世界：十七世纪中国书法的嬗变》，生活·读书·新知三联书店，2021，第186页。

④ 与唐人"尚法"、宋人"尚意"相比较，晚明艺术理论中的一个重要概念则是"尚奇"，从王阳明的心学到李贽的"童心"之说，从汤显祖到李渔的"非奇不传"等各种文艺作品，皆以"奇"为标杆。在这种"尚奇"的美学语境下，清初王铎、傅山的书法，石涛、朱耷的花鸟画，"四僧"、程邃的山水画，陈洪绶、丁云鹏的人物画都是具有"奇"的审美倾向。

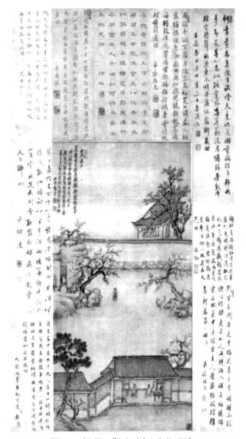

图 9　杨晋《听鹂轩雅集图》

注：常熟博物馆藏。

少保弘治中官太仆卿，与礼部尚书长洲吴原博，礼部侍郎常熟李世贤，都御史长洲陈玉汝，吏部侍郎吴县王济之，诗酒唱和，立"五同会"。五同者，同时也，同乡也，同朝也，而又同志也，同道也，因以为名亦曰：同会者五人尔，少保因属越人丁彩绘作图，五家各藏其一。[①]

五同会将雅集图绘成五个复本，每家各藏其一，这与上文所提及的《城南雅集图》的性质几乎相同，正是留名后世的做法。与此同时，不少文人雅士还会争相题咏雅集图，如清初遗民顾茂伦家藏一幅雅集图，过江人

---

① （清）朱彝尊著，姚祖恩编，黄君坦校点《静志居诗话》，人民文学出版社，1990，第 221 页。

士以不得与题为恨。从题咏者角度来看，过江人士显然有借画留名的价值诉求。因此，我们经常会看到清初文人在雅集图的画芯、诗塘、裱边或引首、拖尾处题满密密匝匝的诗歌。这种题咏追和的文艺现象，与清初文人自我意识的觉醒、集体观念的张扬以及留名后世的审美诉求有莫大的关联。

综上所述，清初文人的雅集宴饮、诗文唱和，不仅为画家们提供了鲜活的创作素材，也促成了文学与绘画两种不同艺术门类在同一时空场域内进行全方位、多层次的和谐互动，从而形成了文因图生、图凭文传，文图珠联璧合的文艺场景。总之，不管是对先贤风流的隔空唱和，还是对当时风雅的如实刻画，文人的诗酒赓续，画师的妙笔神绘，二者同频共振演奏出了优美的艺术乐章，为时代留下了丰厚的雅集文化，也影响和启发着后人对美的感悟和理解。

The Graphic Creation and Aesthetic Interpretation of Literati Gatherings in the Early Qing Dynasty

Zhang Bing, *Wang Wei*

Abstract: In the early years of the Qing Dynasty, the literati followed the tradition of literary gatherings and associations since the late Ming Dynasty. They would invite professional artists, wealthy salt merchants and even important ministers to gather in gardens to compose poems, write essays, and draw pictures. Thus they produced a considerable number of images, inscriptions and poems of literary gatherings, which constituted a text form combining the "concrete" and the "abstract". This special textual form was used to "narrate", restore and reconstruct the literary events and scenes of the time, helping viewers understand implied significances in literary history. It also carried "aesthetic" elements in the form of rhymes and rhythms, which enhanced the aesthetic tension and deepened the aesthetic value of the works of the literati. Moreover, it conveyed the aesthetic aspirations of the members of the gatherings who were eager to remain famous for posterity. Exploring further the image presentation, literary narrative, and aesthetic value of the early Qing literati gatherings will be useful for observing the literati's literary practice in the Qing dynasty, understanding the aesthetic connotation of garden landscaping, and sorting out the development of the ancient Chinese literati gatherings.

Keywords: Early Qing Literati's Literary Gatherings; Graphic Production; Aesthetic Interpretation

如画·如真·如生：《听琴图》
与宋代插花美学精神*

丁利荣**

摘要：近年来随着国潮审美的兴起，中式插花也迎来了新发展。我国古代插花始自汉魏，至唐代日趋成熟，在宋代获得极致发展，形成了一种具有典范形态和理论自觉的中式插花美学。《听琴图》中的插花是这一美学精神的理想呈现，通过对其中插花语素、语境和语用的分析，可以见出宋代插花于深简典雅之中所寄寓的儒道交融、天人相和的审美理想。就插花本身来看，"如画"强调插花的形式层面，"如真"追求插花的哲理层面，"如生"重在插花的功能层面，三者分别指向宋代插花美学中的美、真、善三个维度。古代插花美学曾一度衰落，在当代生态文明的语境之下，通过与古今东西的对话和比较，中式插花美学将会得到更好的传承与创新性发展。

关键词：宋代　《听琴图》　插花美学　如画　如真　如生

最早见诸文字记载的插花始于南北朝时期的佛前供花。佛前供花是一种宗教仪式，还不是一种审美的自觉。唐代形成了以佛教为核心的较为完善的插花体系，其主要代表形式有直立型三世花形式、三面观供花形式、宝塔型供花等。其中三世花多指佛前供花中分别以花苞、盛开的莲花及莲蓬代表过去、现在、未来；三面观供花形似佛陀坐像，插花造型正面呈椭圆形至扇形，前花后叶，主要用于佛前供奉；宝塔型供花与佛塔造型相似，

---

* 本文系国家社会科学基金项目"宋代植物美学思想研究"（19BZX131）的阶段性成果。

** 丁利荣，湖北大学文学院教授，博士生导师，主要研究方向为中国美学与古代文论。

多以盘插制。① 宋人爱花成痴，宋代插花类型更趋多样，在前朝基础上形成宗教插花、宫廷插花、市井插花等多种类型，插花风格也不拘一格，如团式插花、分层式插花、三才式插花（三主枝结构）、一元式插花（一种花材）等②，插花尤其是极简式插花在宋代成为一种审美自觉，它代表了深简典雅的宋式审美，标志着一种新的风格和典范的形成。其后，因为朝代更替及时运影响，元、明帝王对花事有所限制，插花在传统审美的基础上又有了新的发展，从深简雅正变为盛极一时的文人插花，其特点多表现于"文人趣味"及谐音插花所象征的"吉祥寓意"等，插花在精神观念上日趋僵化、狭隘，形而上的插花精神失落了。

宋代插花包括的范围比较宽泛，除了瓶花外，还包括头上簪花戴花，本文所讲的插花主要是指在容器中的插花。插花并不是自宋代始，却在宋代获得极致的发展，形成了极简式插花风格。就插花理论而言，插花论著的高峰在明代而不在宋代，宋代插花的美学理论实则可以从宋代画论中见出。明代的插花著述如《瓶花谱》（金润）、《瓶花三说》（高濂，1591）、《瓶花谱》（张德谦，1595）、《瓶史》（袁宏道，1066）等，多是对在宋代插花与绘画理论基础上的总结与发展。本文主要结合相关画论和插花理论，对宋代插花美学精神进行分析，并在中西方插花美学精神的观照下，进一步思考当代中国插花艺术应该以怎样的审美观念和美学精神对传统进行继承和发展。

一　对花图式：从《听琴图》中的插花谈起

以徽宗朝为代表的宫廷插花体现了中国古典插花美学精神的极致。徽宗既是帝王，又好道教，同时还是一个艺术家，徽宗高雅的审美品味中必然会融入儒道两种精神，将治国、养生与艺术融为一体，从而形成其审美理想。对此，我们可以从《听琴图》（见图1）中的插花谈起。《听琴图》在构图上呈现一种典型的镜像式构图。镜像式构图是中国古代绘画中的一种立体空间的构图方式，通过四方两两相对，在空间的形态和构成上遥相呼应又微妙协调，从而"在二维的画面上构造出一个四边形的三维立体空间"③。汉代顾恺之《女史箴图》"饰容"和唐代张萱《捣练图》都呈现了

① 万宏：《中国插花历史研究》，化学工业出版社，2020，第108~109页。
② 万宏：《中国插花历史研究》，化学工业出版社，2020，第206~207页。
③ 〔美〕巫鸿：《"空间"的美术史》，钱文逸译，上海人民出版社，2017，第37页。

这种构图方式，这类构图在宋画中也很常见。从图像意蕴上来看，镜像式构图与诗歌中的对偶相类，对偶有正对和反对，"反对者，理殊趣合者也；正对者，事异义同者也"①，对偶的思维方式根本上来源于易经中的阴阳之道。对称可以说是中国古典美学中最重要的精神法则，是自然宇宙秩序与社会人文秩序的图式化体现。

图1 宋 赵佶 《听琴图》

注：绢本，设色，147.2 厘米＊51.3 厘米，北京故宫博物院藏。

《听琴图》正是这种镜像式构图的典型体现，从对称式构图中可以见出插花所占据的重要位置和象征意义。图中左右两边着青、朱二色圆领袍衫的士人相对而坐，两人身体姿态分别呈俯仰向背之状，一人执扇而一人身后立一童子，使画面生动又协调，相对的两方元素相类，此谓"正对"。琴

---

① （梁）刘勰撰，陆侃如、牟世金译注《文心雕龙》，齐鲁书社，1995，第438页。

师（学界认为此即徽宗本人）坐北朝南，正对着画面下方中心的湖石插花，琴师与插花相对，元素相异，可谓之"反对"，寓意天人相对，有相反相成之意。从镜像式构图中可以看出叠石插花的重要位置，由此构成了画面的一个画眼。我们可从插花的语素、语境和语用三个方面进行分析。

首先，对叠石插花的语素分析。插花的台座为叠石，叠石状貌奇特，下狭上广，上部呈宽阔平台状，似云气升腾，形状似道教中所说的"偃盆"景观。这种名为"偃盆"的图式在更早时期被用作西王母所居仙境之地的象征符号。西王母所居之山是一处悬空的花园，又称"悬圃"或"玄圃"，这一符号在道教图式中既是客观宇宙仙境的显现，也是道士修行时的内景存思图（见图 2）。存思图是在修道中用来辅助冥想的图像，想象道士在修道过程中存思体内阳气上升，游于太虚之境，于道体同归于虚寂真境的理想。① 叠石的视觉图式与流行于宋代的存思图具有很大的相似性，以此推断，这块叠石或可作为昆仑山的象征，使画面喻示着另一种理想时空的存在。

图 2　内景存思图

注：转引自《画纸上的道境：黄公望和他的〈富春山居图〉》，四川人民出版社，2018，第 99 页。

---

① 谢波：《画纸上的道境：黄公望和他的〈富春山居图〉》，四川人民出版社，2018，第 100 页。另参见黄士珊《图写真形：传统中国的道教视觉文化》，祝逸雯译，浙江大学出版社，2022，第 93 页。

插花的花器为青铜鼎,青铜鼎是国家重器的象征。徽宗对古代青铜器有浓厚的兴趣,编有《宣和博古图》,同时铸造九鼎,重建礼制,并开始用青铜器插花(见图3)。《听琴图》中的插花不只是一种装饰,相反它具有重要的象征性和仪式感。叠石如玄圃,玄圃上置青铜鼎,鼎内插花,既代表天地宇宙的生生不息,也寓意国君的生生不息。鼎的腹部和内壁上的铜绿依稀可见,宋人赵希鹄认为:"古铜器入土年久受土气深,以之养花,花色鲜明如枝头,开速而谢迟,或谢,则就瓶结实。"①

图3 叠石青铜鼎插花

从图式上来看,青铜鼎插花与战国鸟柱盆(见图4)、汉代绿釉博山炉(见图5)、汉代绿釉陶树都(见图6)有相似之处。战国鸟柱盆中立一飞鸟,学界对此有多种解释,如玄鸟生商的文化意象、动物崇拜的游牧文化、宇宙天地间的生命象征等。汉代的博山炉与陶树都立于陶盆之中,陶盆象

---

① (宋)赵希鹄著,尹意点校《洞天清录》(外二种),浙江人民美术出版社,2016,第26~27页。

征仙海。陶树都基座中部立着一棵大树，先民们认为树能通达天地之间，可达于仙界，是先民"树崇拜"思想的体现。无论是从青铜器到陶器，还是从动物到植物，这类器物与造型都是一种礼器，具有重要的象征意义。

图 4　战国鸟柱盆

注：https://baike.so.com/doe/942277-995932.html。

图 5　汉代绿釉博山炉

注：漯河市德泽陶瓷博物馆藏。

图 6　汉代绿釉陶树都

注：漯河市德泽陶瓷博物馆藏。

《听琴图》中所插花为茉莉。茉莉又称末利，是异域传来的植物。宋代海外贸易发达，《宣和睿览册》中记录有素馨、末利、天竺、娑罗等多种异域物产。[①] 徽宗擅画花鸟，也嗜好各种奇花异石珍禽。对异域植物的喜爱有多重意味，它既可以说是政治清明、经济繁荣、文化昌盛的象征，也可以说是在此基础上发展起来的一种纯粹博物学式的形而上的爱好。如汉代上

① 王中旭：《寓兴：花木的图像史》，上海书画出版社，2021，第 34 页。

林苑中将外来的异域植物与帝国的边界联系起来，既是一种权力的象征，也体现了不同文化的对话与融合。再加上茉莉冰清玉洁，清香四溢，极符合宋人的审美品味，正所谓"弹琴对花，惟岩桂、江梅、茉莉、荼蘼、薝卜等香清而色不艳者方妙，若妖红艳紫，非所宜也"①，香清色雅，符合宋人深简的审美趣味，宋代王宫贵族也常用它来消暑。茉莉花是白色的，白色又为玉色，也是道家所崇尚的颜色，与画面中青、朱、玄、黄相应成五色，对五色的表现也是徽宗画中尤其注重的，如《五色鹦鹉图》中五色意味着全德之象。青铜鼎中的茉莉插花浮出水面，枝叶舒展，清新雅致。

其次，对插花语境的分析。从插花与周围环境的分析来看，松风、琴韵、焚香，充分调动视觉、听觉、嗅觉，传达出凝神超逸、天清地宁的气氛，是儒家治世理想和道教养生仙境的美学呈现。与叠石插花相对的琴师背后由长松、凌霄与丛竹构成另一组植物小景，其功能相当于古代人物背后常置的屏风，但这里不是屏风，而是一幅天地人和的礼乐象征。松在中国古代道教、儒家文化中都是一种重要的象征，图中的松也兼有儒道之象。松树四季常青、凌寒不凋，是道教中的仙树，松子、松针、松花、松脂都是道家服食养生、益气延年的良方。同时，松也有深厚的儒家色彩，孔子有"后凋之松"的称颂，韩拙《山水纯全集》中写道："且松者若公侯也，为众木之长。亭亭气概，高上盘于空，势逼霄汉，枝进而复挂，下覆凡木，以贵待贱，如君子之德和而不同。"②依松而上的凌霄构成松与藤的意象，与《诗经·樛木》中樛木与葛藟的意象相类："南有樛木，葛藟累之。乐只君子，福履绥之。"樛木与葛藟是乔木与附藤的关系，王夫之认为此诗的深广大义是"圣人不绝报施之情"，"受者安，报者不倦，咸恒之理得，上下之情交"，"报施者人道之常也，奚为其不可哉！"③"乐也者，施也；礼也者，报也。"（《礼记·乐记》）施与与回报即是一种礼乐关系的体现，这一礼乐关系既体现在樛木与葛藟的关系中，也体现在天人、君臣、父子、夫妇等普遍的关系中，是自然秩序和社会秩序相互和谐的显现。

古人对松的姿态观察细致，不同的松姿体现出不同的生长环境和个性，从而也有不同的比德之象。如"怒龙惊虬之势，腾龙伏虎之形，似狂怪而

---

① （宋）赵希鹄著，尹意点校《洞天清录》（外二种），浙江人民美术出版社，2016，第14页。
② 上海师范大学古籍整理研究所编《全宋笔记》（第9编第1册），大象出版社，2018，第57页。
③ （清）王夫之著，王孝鱼点校《诗广传》，中华书局，1964，第4页。

飘逸，似偃蹇而躬身；或离披倒趄，如饮于水中；或巅崖险峻，倒崖而身覆下者为松之义。其势万状，变态莫测"①，此类奇异之松，多长于恶劣的生态环境之中。而图中之松正如荆浩《笔法记》中所说的："势即独高，枝低复偃。倒挂未坠于地下，分层似叠于林间，如君子之德风也。"② 兼有众松之形，但并无夸张怪异之处，呈现一种端庄雅正的风姿，显然是在天地和气的环境中生成的。其造型显然是经过艺术的提炼，正如古鼎中的折枝也是经过艺术的加工剪裁，以表现出比自然更自然的真性。儒道两家都注意到了松树高耸拔逸之势、长寿不凋之性、偃盖俯仰之形的特征，并基于松树本身的物性特征，感悟出松树不同的德性，儒道两家从中生发出的德性因此也可以并行不悖。

画面中弹琴听音隐含着徽宗朝的政治革新，被认为是徽宗朝礼乐改制的体现。乐教是中国诗教的源头，更是三代治世理想的体现，"大乐与天地同和，大礼与天地同节"（《礼记·乐记》），礼乐通达天人之际，其中乐教主和，使律吕调阳，时序不乱，天人相和、君臣相和，"八音克谐，无相夺伦，神人以和"（《尚书·尧典》）。在崇宁新政"大乐之制"中，徽宗以制作大晟乐来彰显自己的政治主张。邱才桢通过对图像叙事的考证分析，认为"弹琴者的容貌为宋徽宗和长生大帝君的叠加，具备了人间帝王和道教帝君的双重权力。画中的超长手指使这张画与宋徽宗时期的大晟乐改革中的核心指律联系起来。宋徽宗的系列改革进程借助了道教的力量和影响力。"③《听琴图》并不想表现一双写实的手，而是更接近佛道教神祇人物的修长手指，图中的手指具有"帝指"和道教神祇合一的神圣性。徽宗在其礼乐改革进程中，借用了道教的力量强化其人间帝王与道教帝君相统一的形象，帝王形象的宗教化展现其帝权天赐神授的一面，为其统治获得合法性依据。

除了视觉的叙事，《听琴图》中还营造了一种声景和嗅景，为画面注入了一种意在言外、氤氲袅袅的精神气韵。松风的特点是"清"，清音入琴，古琴曲《松入风》，从自然的清风到松风到琴音，自然清音在治道、修身以

---

① 上海师范大学古籍整理研究所编《全宋笔记》（第 9 编第 1 册），大象出版社，2018，第56~57 页。
② 周积寅编著《中国画论辑要》，江苏美术出版社，2005，第 230 页。
③ 邱才桢：《〈听琴图〉新解——徽宗朝大晟乐、道教与图像叙事》，《新美术》2023 年第 3 期，第 143 页。

及通达天人之际具有重要作用。松声与琴声和鸣，花香与熏香相融，自然的天香、天乐与人制作的香气和音乐融为一体，天地人神四方合和，清明之气弥漫于天地之间，荡漾在画面之外形成一种微妙的出神状态，带出一种凝思而又超逸的气氛，似将人们从尘世带入仙界乐土。而插花作为画眼，所汇聚的正是儒道汇流，感召和气的美学精神，是儒道治世理想和养生仙境的美学呈现。

最后，对插花的语用分析。语用分析是就《听琴图》的插花模式在不同场所中的运用及影响的分析。"风动于上，而波震于下"，宫廷审美会成为一种审美典范并对社会审美风尚产生影响，同时在其影响过程中发生变异。《听琴图》中与花相对的构图，我们可称为"对花图式"，同样也会影响到士人插花与禅意插花。

《人物图页》（见图7）与《听琴图》的构图方式大致一样，都是采用镜像式构图，通过四方两两相对呈现出人花相对的模式。如果说《听琴图》中徽宗隐喻的是王者之象，体现出儒道互补、政教合一的精神，那么此幅

图7　宋　佚名　《人物图页》

注：绢本，设色，29厘米＊27.8厘米，台北故宫博物院藏。

对花图中的主人公则是一位士人，表现出在儒道熏陶下的文人趣味，是士人精神空间的显现。此幅图中左右相对的是几案上的书籍和器物，可谓"正对"，上下相对的是士人与插花，可谓"反对"。士人的主体部分也由一个意象群组成。其中，童子正在给士人递茶，士人背后的花鸟屏风上挂着士人的自画像，自画像也与图中花鸟处体现为一种对话交流的状态。《听琴图》和《人物图页》中插花都位于前景中间。显然，这里的插花具有一种仪式感，从其所摆放的位置来看，可将其称为"悟对通神"的模式，是人与物的一种镜像式呈现。两幅图相比较，所反映的格局气度有所不同。从反映的物理空间来看，《听琴图》发生在室外广阔的天地之间；《人物图页》中士人图则是在室内清雅的书斋中。从精神空间来看，《听琴图》是一种天人之际，儒道互补，治世修身，养生求道的理想超越之境的体现；《人物图页》中的室内陈设体现了士人的精神空间和文人雅趣，有修身养性之功，同时略有一点文人精神上的自恋自足、自得自乐之境。可以说一则是天地之境、理想境界，一则是艺术之境，文人雅趣。从插花的风格而言，一个是极简的折枝花，一个类似于当时流行的满插。当然两者是有内在联系的，只是所表现的境界、趣味与层次不同，一则是道的层面，一则是用的层面。

另一幅《药山李翱问答图》（见图 8）则是禅意插花的体现。画题取材于李翱问禅于药山禅师，禅师正以手指天，开示李翱，禅师说："云在青天水在瓶。"李翱欣然有悟，随即吟诗一首："练得身形似鹤形，千株松下两函经。我来问道无余说，云在青天水在瓶。"此画中插花处在下段中心位置，画中李翱与禅师相对，插花与青松相对，瓶中花枝与松枝造型一角倾斜，有应有答。云在青天，水在瓶中，处处皆是法身道场。

从三幅画的构图来看，宫廷插花、文人插花和禅意插花摆放位置讲究，插花自居一位，体现出一种庄重感和仪式性，并非只作为环境装饰和点缀而存在。由此可见，不管是在礼仪场所，还是生活场所，抑或是禅林悟道场所，插花兼有明道治世、涵养心性、体悟禅理的多重功能。插花虽然源自佛前供花，但在中国文化的熏陶下，最终融入儒道禅的精神之中，成为通达天人之际的中介与桥梁。从现实空间到审美空间再到意义空间，插花具有重要的引导与开示作用。

图8　南宋　马公显　《药山李翱问答图》
注：绢本，水墨浅设色，25.9厘米＊48.5厘米，日本京都南禅寺藏。

二　如画：宋代插花美学中的形态美

从插花本身来看，"如画"强调插花的形态美，能"得画家写生折枝之妙，方有天趣"①。折枝画与插花虽属不同的艺术形式，但在艺术意象上二者有明显的共性。正如山水画可转化为现实中的山水园林，折枝画也可以由二维的绘画变成现实中的插花艺术，二者形式不同而精神相通。折枝画与插花都是截取一枝或几枝加以表现，单纯的构图可以更好地聚焦，突出观物的主题。折枝花卉一般没有背景，且大多是画家近距离观察作画，与插花一样，这也是一种对花模式。折枝画需要通过细致观察描绘出花木的细节特征，这种极微的观察力与极简的表现力都是后世画家难以超越的，

---

① （明）高濂著，王大淳等整理《遵生八笺》，人民卫生出版社，2017，第510页。

从而留下了折枝画的典范。

首先，格物之理是花鸟折枝画和插花形成的理论基础。宋人格物之细，史料中有大量记载。传为徽宗所作的《五色鹦鹉图》中，春天杏树枝头嫩绿的叶芽隐隐露出，疏密有致，符合杏花开时叶芽的物理性征。四季之花中，"夏秋之花皆有叶，春则梅杏桃李各不同。梅开最早，天气尚寒，故无叶而必有微芽；杏次之，则芽长而带绿矣；桃李又次之，则叶已舒而尚卷曲；至海棠、梨花、牡丹、芍药之类，已春深而叶肥"①。杏花开花时树枝上隐隐露出的绿芽，是杏花与其他花不同的生长物候，足以见出画家观物的细致。

折枝画与插花在宋代均得到了极致的发展。创作折枝画的过程也是对花写生的过程。宋李澄叟《画山水诀》云："画花竹者，须访问于老圃，朝暮观之，然后其见含苞养秀，荣枯凋落之态。"② 抑或将大自然中的花草树木折断摘取回来，放在书案斋供对着描绘。"又尝画折枝，小幅多瓶插对临"③，即是指此，均以折枝形式入画。对花临画，插花者亦要对画插花。种花、画花、插花皆需要人的剪裁之工，所贵在人能参天地、赞化育。

其次，折枝画与插花中的结构与剪裁之法有异曲同工之妙。在格物的基础上，才能更好地表达自然之真性，艺术表现与纯粹的自然不同，要更注重结构之妙。花枝的俯仰高下、疏密斜正、前后向背都要布置得法，邹一桂总结宋人花卉画："一花一叶，亦有章法。圆朵非无缺处，密叶必间疏枝。无风翻叶不须多，向日背花宜在后。相向不宜面凑，转枝切忌蛇行。石畔栽花，宜空一面；花间集鸟，必在空枝。纵有化裁，不离规矩。"④ "嘉木奇树，皆由剪裁，否则权枒不成景矣。或依阑傍砌，或绕架穿篱。对节者破之，狂直者曲之。"⑤ 所谈是画，但同样也可用来做插花的道理。

折枝画中的枝干形态可以是很好的插花构图。折枝画中常有一枝，二枝或三枝。"若只插一枝，须枝柯奇古，屈曲斜袅者；欲插二种，须分高下合插，俨若一枝天生者，若两枝彼此各向，先凑簇像生，用麻丝缚定插之。"⑥ 一枝要一波三折，要有姿态，大自然中没有直线，所体现的是气的

---

① 潘文协：《邹一桂生平考与〈小山画谱〉校笺》，中国美术学院出版社，2012，第 94 页。
② 转引自潘文协《邹一桂生平考与〈小山画谱〉校笺》，中国美术学院出版社，2012，第 139 页。
③ 潘文协：《邹一桂生平考与〈小山画谱〉校笺》，中国美术学院出版社，2012，第 137 页。
④ 潘文协：《邹一桂生平考与〈小山画谱〉校笺》，中国美术学院出版社，2012，第 92 页。
⑤ 潘文协：《邹一桂生平考与〈小山画谱〉校笺》，中国美术学院出版社，2012，第 94 页。
⑥ 黄永川：《中国插花史》，西泠印社出版社，2017，第 189 页。

运行之姿,如山脉蜿蜒,体现了气韵生动。一剪梅,疏瘦古怪,屈曲斜袅。二枝或三枝,则要凑簇像生,感觉像长在一起,要高低错落,顾盼有情,有呼应,有留白,反映生意流行的样态和轨迹。折枝画构图方式对插花产生了重要影响,插花不是照搬大自然,而是要进行艺术加工,《听琴图》和《药山李翱问答图》中的插花显然有着鲜明的折枝画意,而《人物图页》中的插花则是一种满插式。

最后,折枝画与插花极简风格的形成。插花在宋代获得其形而上的精神品格,出现了新的审美趣味,这与山水花鸟折枝画的高度发展是一体共生的。折枝画作为一种自觉的审美对象,出现于晚唐,《唐朝名画录》誉边鸾"最长于花鸟、折枝草木之妙,未之有也……近代折枝花居其第一",另外《宣和画谱》记载:"边鸾,长安人,以丹青驰誉于时,尤长于花鸟,得动植生意……又作折枝花,亦曲尽其妙。"① 边鸾是中晚唐时期的花鸟画大家,美术史家尊称其为"花鸟画之祖"。宋代院画花鸟画中多折枝花果。

折枝画出现之前的唐代花鸟画多以繁为美,唐代插花也多以密插为主,《清异录》记载:"李后主每逢春盛时,梁栋窗壁柱拱阶砌并作隔筒,密插杂花,榜曰锦洞天。"② 当时也出现了适合密插的"占景盘":"郭江洲有巧思,多创物,见遗占景盘,铜为之,花唇平底,深四寸许,底上出细筒殆数十,每用时,满添清水,择繁花插筒中,可留十余日不衰。"③ 五代徐熙铺殿花、装堂花也都是以繁盛为美。郭若虚《图画见闻志》中记"铺殿花":"江南徐熙辈有于双幅缣素上画丛艳叠石,傍出药苗,杂以禽鸟蜂蝉之妙,乃是供李主宫中挂设之具,谓之铺殿花;次曰装堂花。意在位置端庄,骈罗整肃,多不取生意自然之态,故观者往往不甚采鉴。"④ 铺殿花、装堂花意在铺陈、装饰,并不以取生意自然之态为上。

宋时这种密插花和满插花在宫廷、官府、寺庙中也一直存在,"满插瓶花罢出游,莫将攀折为花愁"(范成大《春来风雨,无一日好晴,因赋瓶花二绝》其一)。但在这种华丽饱满的装饰性插花和佛教供花之外,宋代插花出现了极简的审美趣味,成为一种简淡的审美潮流,如《听琴图》中的一种花材插花在宋代开始流行。随着儒道禅思想的进一步融合,加之宋代文

---

① 岳仁译注《宣和画谱》,湖南美术出版社,1999,第317页。
② (宋)陶谷撰,孔一校点《清异录》,上海古籍出版社,2012,第34页。
③ (宋)陶谷撰,孔一校点《清异录》,上海古籍出版社,2012,第82页。
④ 米田水译注《图画见闻志·画继》,湖南美术出版社,2010,第252页。

人与前朝不同，大多是平民阶层通过科举考试进入权力中心，他们理性、智慧、文雅，有很高的文化素养和艺术品味，将清明的理性融入日常的生活，实现日常生活的审美化，雅俗共生，提升了日常生活的格调。"自占一窗明，小炉春意生。茶分香味薄，梅插小枝横。有意探禅学，无心了世情。"（宋·葛绍体《洵上人房》）文人的案头插花把自然请进了书房，一改奢华之风。

当然密插与折枝两种插花风格同时存在，《听琴图》中的极简插花代表一种新的风格，对后世文人插花产生了重要影响。从晚唐到宋代，去繁求简，趋向单纯、极简的审美。徐熙的铺殿花（装堂花）为南唐后主宫中装饰所用，是一种装饰性图画。折枝画尚简，做减法，损之又损以至于无为。"谁言一点红，解寄无边春"（苏轼《书鄢陵王主簿所画折枝》），"今日清江路，寒梅第一枝"（朱熹《早梅》），"折梅逢驿使，寄与陇头人。江南无所有，聊赠一枝春"（陆凯《赠范晔》），"一"是逗漏消息，以少胜多，于极简中凝聚无限风光，无尽之意，想象丰富。

花鸟折枝画独具的取景角度意味着一种新的折枝构图形态已基本形成，新的取景角度意味着新的视角和观看方式，这与中晚唐思想的转向有重要关系，是禅学与理学观物方式的具体体现。这种微观视角与佛学中的极微法和理学中的格物思想有密切联系，正是插花美学中如真精神的体现。

三　如真：宋代插花美学中的物神美

当我们探讨插花的美学精神时，不能单就插花本身，而要结合插花的放置和使用环境来进行分析；也不能单就插花这一行为而言，而要将其置于文化语脉之中来体认，放在一个文化体系中认识其发展的历程，其产生之初的动因、形成之时的精神、形成之后的变化，其形而上的"道"的层面，以及其作为一种普遍流行现象之后的各种"用"的层面。

宋代插花与前朝的宗教插花相比，独特之处在于体现了一种形而上学精神的确立和审美的自觉。插花虽然是以自然花木为表现对象，但依然是一种观念性的艺术，重在对自然真性的表达，即"如真"的追求。

首先，"如真"与"道"相关。从文学艺术来看，宋代是一个被称为文治之隆的朝代，同时也是一个追求文之极的时代。邓椿《画继》中说："画者，文之极也"①，所谓"极"，有最高、最终之意，画为文之极即是指画非小技，画中有道。套用邓椿的话，我们也可说：宋，文之极也。所谓文之极即文之道。理学开创者周敦颐正是从其《太极图说》构建太极与人极两端和谐统一的哲学图式。宋代尤其重文之道，强调以文治国，同时以文入画、以文入插花，乃至以文入饮食及日常生活，就是要在其中注入"道"的精神品格，体悟"道"的存在。在日常生活及艺术中感悟道的存在，那么平常的日常生活中也有了一种超拔的理想和精神，从而化俗为雅，雅俗共存，实现了日常生活的审美化。宋代文人有四般雅事，点茶、焚香、插花、挂画，这四般雅事中都注入了一种形而上的精神，形成了花道、香道、茶道、画道，但花道、香道、茶道、画道在后世传承中受到了影响，致使传统中落。

　　"文之极"有两层含义，一是文与道的关系，文是道的显现，文以明道，道以文显；二是文与德的关系。文要承担体道、修道、行道的功能，二者综合而言，即是文的道体与德用。插花中的"如真"是插花所追求的道体，"如生"则体现为德用。

　　其次，宋代插花的花"道"重在得阴阳之妙理，传物理之神韵。插花与花鸟画的兴盛基本同步，其背后是对人与自然和人与自我的认知发生了新的变化。山水花鸟画的发展在宋代能成为百代标程与宋人探求物理的哲学精神相关。山水画多是宏观宇宙和社会图式的反映，而花鸟画更多体现了对微观层面的体察与认知，宏观与微观实则是形上精神一体两面的体现。从自然之理的层面来看，"画之为用大矣！盈天地之间者万物，悉皆含毫运思，曲尽其态。而所以能曲尽者，止一法耳。一者何也？曰：传神而已。世徒知人之有神，而不知物之有神"②。"画之为用大矣"显然与刘勰的"文之为德也大矣"的表达如出一辙，体现了文与道的关系。画之为用大矣，在于画能传物之神，而插花成为一门艺术，也重在传物之神，其思想基础中都有一个道与德、体与用的关系。

　　物神是一个在后世为我们所轻视的概念，即物物皆有神，凡物皆体现出其神性的一面。神性从哲学上来说即是指宋代的物理（物中之理），物物皆有一太极，物神即传物之神，将微物之美放大彰显。插花正是要传物之

①　杨成寅编著《中国历代绘画理论评注·宋代卷》，湖北美术出版社，2009，第274页。
②　杨成寅编著《中国历代绘画理论评注·宋代卷》，湖北美术出版社，2009，第274页。

神。中国插花理论传入日本后，日本结合其本民族的神道思想，发展了插花理论中的"物神"思想，形成侍花如侍神的观点。而在宋代形成的物神思想在其后的插花理论中并没有得到足够的重视。

最后，作为物神之体现，插花成为一种审美活动。物神体现了世俗性与神圣性的双重属性，作为器物层面的物的存在是工具性和生活性的，作为物神（道理）层面的存在是神圣而充盈的。物神的思想打开了一个审美的世界，它使物保持洁净、纯粹、完美，使物发出光。插花将日常生活与神圣生活区隔开来，同时又融为一体，它既是日常性的，又具有神圣性。同时，插花会带出一个审美的空间，形成一种既超越于当前又安住于当下的审美心态，即庄禅的审美精神。超越于当前是指超越各种世俗的功利与欲望，超越于小我和我执，安住于当下是如心流的状态沉浸于对当下的一花一叶一事一物的满足与珍惜之中，永恒和无我安住于当下的有限的存在之中。因此，插花敞开一个更大的精神空间，从而成为一种精神的凝聚。插花这一艺术活动像任何其他的艺术活动一样需要有个人的乃至一种文化的内驱力，而一旦完成，它便具有一种指引性，在其指引下，人抽离出自身、抽离小我而趋向一种超越与自由之境。插花作为一种本真存在的指引与开显，与宋人的悟道方式和悟道内容相关。

物神之美在宋画中则是强调写生传神之美。写生并不是客观的摹写，传神也不仅仅是表现物的生动，而是强调主观的观察体验与客观的自然秩序在审美感受中的合一。画家在长期的观察中感悟和体验自然的规律与秩序，通过对动植花鸟山水的写生，将外在的客观世界与内在的精神世界连接起来，使物性、我性与道性的体验达到高度合一，从而体现出一种高级美感。自然物理、天道性理和个体心性的互生共成，是宋代格物学缺一不可的三大要素，既注重对具体事物自然物理的认识（具体的、微观的、形下的），同时体察万事万物的客观规律（一般的、宏观的、形上的），观照自然的同时也澄明自己的心性，最终达于三者的合一之境。这种认知方式不同于主客两分的科学主义思维方式，毋宁说是一种现象学意义上的人文主义科学观。

插花从根本上说是一种观念的艺术，插花中对植物的理解是灵魂，需要把握植物本身的韵律感，以及植物之间、植物与器皿之间、植物与环境之间的平衡感。插花是古人修身养性的功夫，其目的是如其生，达其生。由花向美，由美向真，由真向善，是花之美真善向存在的开显。

四　如生:宋代插花美学中的生趣美

如画、如真、如生分别指向宋代插花美学中的美、真、善三个维度。"如生"是插花的德用,能移精神、协和气、得天地生意,从而体悟人之生意与天趣,植物与人之间的亲生命性使人能通过植物体悟存在之根本。

从涵养德性上来讲,插花的审美功能与绘画一样可以移精神、协和气,这两点在上文中的《听琴图》和《人物图页》中均有所体现,二者并不截然分开,而在根本上是相通的,都力求超越有限的小我,达于自然的生意与德性,从而获得一种天趣与天乐。

古人观草木尤重在观其生理与生意。"观物者,所以玩心于其物之意也,是故于草木观生,于鱼观自得,于云观闲,于山观静,于水观无息。"① 插花之乐来自人们对自然生意的感受。庄子《让王》篇记载,孔子厄于陈、蔡之间,七日不火食,犹"弦歌鼓琴,未尝绝音",子路子贡不理解:"君子之无耻也若此乎?"孔子以"大寒既至,霜雪既降,吾是以知松柏之茂也"为弟子们开示得道者在岁寒之际的不改之乐。所谓岁寒有三层意义:大自然中的岁寒时节;人生遭际中的岁寒时节;社会治乱中的岁寒时节。由此体悟岁寒穷通之际的得道之乐:"古之得道者,穷亦乐,通亦乐。所乐非穷通也,道德于此,则穷通为寒暑风雨之序矣。"② 颜回能领会,所以能做到"人不堪其忧,回也不改其乐"。孔子和颜回的不改之乐可以说是中国文化中最有魅力的一缕精魂和生生不息之处。宋儒之学始于追问"寻孔颜乐处",如何寻?要善体贴,体察物理人情。明道尝曰:"吾学虽有所受,天理二字却是自家体贴出来。"③ 如何体察,"观天地生物气象",④ 周敦颐窗前草不除,弟子问之,则云"与自家意思一般"⑤。在观物之中寻道、学道、体道、得道,寻回人性中"不改之乐"的自然本性。孔颜乐处与论语开篇的学而之乐有异曲同工之妙,"学而时习之,不亦乐乎"是学道之乐;"有朋自远方来不亦乐乎"是进德之乐;"人不知而不愠不亦君子乎"是不改之

---

①　(明)叶子奇撰《草木子》,中华书局,1959,第19页。

②　陈鼓应注译《庄子今注今译》,中华书局,2001,第764~765页。

③　(宋)程颢、程颐著,王孝鱼点校《二程集》,中华书局,1981,第424页。

④　(宋)朱熹、吕祖谦编,(宋)叶采集解《近思录》,上海世纪出版集团,2010,第21页。

⑤　(宋)朱熹、吕祖谦编,(宋)叶采集解《近思录》,上海世纪出版集团,2010,第360页。

乐。古人这些对自然花草树木的爱好以及从中体悟的道体与德用都会成为中国式插花的坚实基础和思想资源。

观天地生意是宋人强调的体仁，体仁则可以养生长寿，感悟天趣，长寿乐活是中国人重要的人生理想。邹一桂在《小山画谱》中讲道："画之道，所谓宇宙在乎手者，眼前无非生机，故其人往往多寿。至如刻画细谨，为造物役者，乃能损寿，盖无生机也。"① 长寿是中国人的人生理想之一，长寿之人在于能参悟自然之大道，融入自然之生机，故能体悟天地之大美与至乐。董其昌在谈到天趣时曾指出名花折枝的美学意义："人能以画寓意。明窗净几，描写景物。名花折枝，想其态度绰约，枝叶宛转，向日舒笑，迎风欹斜，含烟弄雨，初开残落。布置笔端，不觉妙合天趣，自是一乐。然必兴会自至，方见天机活泼。若一涉应酬，则烦苦郁塞，无味极矣，安得有画？"② 人能以画寓意，寓意包括寓天意和寓己意。寓天意所寄寓的是天趣之乐。天趣是指观物的乐趣，观造物之妙，知造物之妙亦在于我，是观察者和表达者的至乐之事。寓天意能移精神、协和气、得生意。

插花之道与德，可从花鸟画之道与德见出。《易·系辞》有"圣人有以见天下之赜，而拟诸其形容，象其物宜，是故谓之象"，象之事，重在阴阳之妙理，这也是花鸟画与插花之妙理，"所以绘事之妙，多寓兴于此，与诗人相表里焉。故花之于牡丹芍药，禽之于鸾凤孔翠，必使之富贵。而松竹梅菊，鸥鹭雁鹜，必见之幽闲。至于鹤之轩昂，鹰隼之击搏，杨柳梧桐之扶疏风流，乔松古柏之岁寒磊落，展张于图绘，有以兴起人之意者，率能夺造化而移精神，遐想若登临览物之有得也"③。观众目，协和气，移精神，同于天地生生之德，此可谓花鸟画与插花之德。

协和气、移精神，是自然移人之情，而不是人寄一己之情于自然之中。我们通常将移情理解反了。花木画与插花虽然都强调自然写实，但这是一种理想的写实主义，因此是出于自然而对自然的高度概括和提炼，并不是对自然的照相式实录，要对自然进行艺术加工。艺术加工体现在两点上，其一是对题材本身的加工和深刻理解，去表现对象的内在本质；其二是对其进行艺术表现，绘画需要注意笔墨色彩，而插花同样需要艺术的发现与加工，修剪冗杂，人补造化，呈现自然之真。如徽宗《富贵花狸图》中的

---

① 潘文协：《邹一桂生平考与〈小山画谱〉校笺》，中国美术学院出版社，2012，第 127 页。
② 潘文协：《邹一桂生平考与〈小山画谱〉校笺》，中国美术学院出版社，2012，第 128 页。
③ 岳仁译注《宣和画谱》，湖南美术出版社，1999，第 310 页。

牡丹,牡丹撷取了三株,三株的姿态错落有致,花朵形态各异,次第开放,阴阳向背,反映了自然的生长过程和生长形态,牡丹饱满典雅的气质可见出其是在良好的生长环境中生成,这是由植物形态本身所呈现出来的富贵气象。如果将此牡丹移入瓶中则是一个很好的插花作品。北宋院画中的花卉图尤其注重从细节中捕捉到自然的形式与生命,工细写实,达于极致,与文人画相比,正体现出不容于私,纯任自然的天趣,人的主观性损之又损,以至于无为,而这样一种无为恰恰是用最高超的绘画技艺表现出来的,以至于得意忘形,脱略其笔法的存在,化工天趣,因此会体现出一种节制之美,形成一种极简的折枝美学风格。

唐代张彦远谈绘画功能:"夫画者,成教化,助人伦,穷神变,测幽微,与六籍同功,四时并运,发于天然,非由述作。"① 于插花而言,一是要深入体察自然的神理,一是重在对人生与社会伦理的启示意义,法天知命,得天趣之乐,从而寓真善于插花之美中。

现代西方理性主义的神话破灭后,存在便显现出本真的面目,从理性主义转向更本源的存在,是对身体、体验及自然的肯定。从一朵花中找回失去的自然,借自然审美重回存在之本源,这是西方与东方思想在存在之路上的相遇。里尔克曾以玫瑰象征整体的存在,"幸福的玫瑰,是因你自身,在你内里"②"圆形玫瑰般的圆满休憩"③,存在像玫瑰一样充满自身,程抱一将里尔克的整体的存在(Das Offene)译为"大开"的世界。"玫瑰象征层出不穷的欲望,穿过'启放'与'包收'的互参,在精神的空间里,达到完整的存在。"④"大开"类似于中国哲学中所讲的澄明之境。程抱一通过对植物、动物与人的比较说明"大开"之境。在有形世界中,植物本能地朝向"大开",动物因为不自觉死亡,也能处于"大开"。然而动物,尤其是哺乳动物,也有不安,因为它们脱离了母胎之后,不得不充满怀念。至于人,童年时期具有"大开"的可能,虽然孩子常因大人的"教导"而转向。爱人也有时领会"大开",如果他学会超越被爱的对象。⑤ 人为万物

---

① (唐)张彦远撰《历代名画记》,浙江人民美术出版社,2011,第1页。
② 〔奥〕赖纳·马利亚·里尔克:《里尔克诗全集·玫瑰集》(第10卷),何家炜译,商务印书馆,2016,第85页。
③ 〔奥〕赖纳·马利亚·里尔克:《里尔克诗全集·玫瑰集》(第10卷),何家炜译,商务印书馆,2016,第96页。
④ 〔法〕程抱一:《与友人谈里尔克》,人民文学出版社,2012,第7页。
⑤ 〔法〕程抱一:《与友人谈里尔克》,人民文学出版社,2012,第32页。

之灵，与动植物相比人也会有更多的欲望和彷徨，但也正因为人是万物之灵，他需要以其灵来救赎自己，走向超越之路，达于澄明之境，此即庄子所谓"其嗜欲深者，其天机浅"。也可以说，借由爱一朵花或一个人去爱这个世界。这个时代是一个需要重新发现植物（或自然）的人文价值的时代，插花艺术可以为此提供一个反思的路径。

结　语

综上所述，插花不只是生活的点缀，还是一种生活必需，它代表着一种精神力量和生命存在的状态。如利奥波德曾说："能有机会看到一朵白头翁花如同言论自由一样，是一种不可剥夺的权利。"① 罗尔斯顿因此写过一篇题为《白头翁花》的文章，剖析其中的精神意蕴，指出"花是一种非常有力的象征，在每个文化都有一种提升人的心灵的作用。有人也许要说这是浪漫而不是科学，但它仍然是真实的"②。自然之真善美寓于一朵花之中。从自然中的一朵白头翁花到被人看见，再到对其进行插花欣赏，实则是人内心力量和灵性觉醒的一种反映，是物我在更深的存在层面上的相遇。

自然是人的精神存在的栖居之所，是一切社会，特别是现代社会中人性、物性、道性相分离的状况得以重新弥合的关键所在。宋代插花中的对花图式是一种人与自然、人与花的交流，同时也是人与自我的交流。交流不是单向度的，而是人与花、物与我、自然与人文的双向度或双主体交流，是一种相互的、不断深入推进的显现与开启，所以这里应该从现象学存在论的角度思考对花的模式。对花是一种美的开示，自然的美是无限的，人感受美的能力与范围是有限的，在人与花相对的构图中，不断超越小我，在对物的观察与体悟中，实现物性、人性与道性的融通。插花的形上性和生活化使其成为一种雅俗共赏的审美活动，插花中的真、善、美是道性、我性、物性的内在交流与融合，欣赏插花离不开花与境的关系，插花是自然环境、生活环境和精神环境共存互融的显现。

---

① 〔美〕奥尔多·利奥波德：《沙乡年鉴》序，侯文蕙译，商务印书馆，2016，第 5 页。
② 〔美〕霍尔姆斯·罗尔斯顿：《哲学走向荒野》，刘耳、叶平译，吉林人民出版社，2000，第 484 页。

The Painting of Listening to Qin and Aesthetic Spirits of Flower Arrangement in Song Dynasty

Ding Lirong

Abstract: Chinese flower arrangement has seen new development with the rise of traditional Chinese aesthetics in recent years. Chinese flower arrangement began in Han and Wei dynasties, matured in Tang dynasty, and developed to the extreme in Song Dynasty. Aesthetics of Chinese flower arrangement with exemplary forms and theoretical consciousness were thus formed during this process. The flower arrangement in *The Painting of Listening to Qin* is an ideal presentation of this aesthetic spirit. By analyzing the morpheme, surroundings and pragmatics of the flower arrangement, we can see the aesthetic ideal combining Confucianism and Taoism and the harmony between heaven and human beings. It is full of the aesthetic spirits of picturesque, truthfulness and vigorousness. Specifically, picturesque emphasizes the form of flower arrangement, truth focuses on the divine principle of flower arrangement, while vigorousness reflects the joy of flower arrangement. The three aspects stand respectively for the three dimensions of beauty, truth and goodness in the aesthetics of flower arrangement. Through the communication and comparison between ancient, modern, western and eastern aesthetic spirits of flower arrangement, traditional Chinese flower arrangement will further develop in contemporary ecological civilization.

Keywords: Song Dynasty; *The Painting of Listening to Qin*; Flower Arrangement; Picturesque; Truthfulness; Vigorousness

李渔"态"范畴与女性生活美学[*]

曾婷婷[**]

摘要："态"范畴是指女性由内而外散发的一种整体而抽象的美感，是内在情态与外在形态的统一，它被李渔乃至晚明文人视作女性审美的最高范畴，是探究古代女性审美的重要视角。"态"反映了心学个性解放思潮下女性审美观的新变，是尊重与赞誉女性的产物。"态"美学内涵丰厚，既是女性内蕴的沉静丰盈，又是活泼生命力的呈现，反映了文人"秀外慧中"的理想女性意象，也在一定程度上反映了女性自我形象的建构，"态"的美学内涵在两性交互影响下生成，折射出古典女性审美的鲜明特点。李渔及晚明文人围绕女性"态"的生成提出了许多颇具现代价值的女性生活美学观点，如在时尚中坚持自我，通过人与时、物、境等的相宜塑造"氛围感美人"等，对当今女性生活审美仍颇具启迪意义。

关键词：李渔　"态"　女性审美　女性生活美学

"态"范畴在古典文艺理论中经常使用，但是，"'态'这个范畴并未引起后人较多的注意与生发"[①]。实质上，宇宙万物都是以某种"态"存在并为人感知，同时引发审美想象的，它既可以指客观存在的各种事物的存在状态，如气态、动态等，也可以概括人心灵世界的各种状态，如情态、意态、态度。

---

* 本文系广东省哲学社会科学一般项目"'晚明小品文'中的江南城市意象研究"（GD17CZW02）的阶段性成果。

** 曾婷婷，广东技术师范大学文学与传媒学院副教授，硕士生导师，主要研究方向为晚明生活美学、文艺美学。

① 黄霖：《论容与堂本〈李卓吾先生批评北西厢记〉》，《复旦学报》（社会科学版）2002年第2期，第124页。

而"态"之所以成为一个重要的美学范畴，是由于它能够概括有形与无形的各种存在样式。从无形的角度看，"态"是对存在的一种整体感知，具有某种抽象性与不确定性，难以用言语准确描述，如用"千趣百态""态浓意远"来形容作品难以言尽的意味；从有形的角度看，万物的形象都呈现为某种"态"，古代特别强调文艺作品"有态""意态纵横"，即要求作品能够尽物态、情态，而作品之"态"往往又与作者的精神世界密切相关。可见，"态"的美学内涵丰厚，但古代罕有对"态"的专论。李渔的《闲情偶寄·声容部》是对"态"进行专门论述的重要篇章，"态"被李渔视作女性审美的最高范畴。而女性审美研究，目前在传统美学研究中是一个比较薄弱的环节。因而，李渔对"态"的专论颇具理论意义。《闲情偶寄》作为其时的畅销书，是对成熟形态的古典生活美学的总结，其关于女性审美的观点甚具代表性。而从性别角度对两性交互影响下的女性审美观阐发，是窥探其时斑驳陆离审美风尚的新入口。并且，"态"作为相对独立于"形""神"之外的古代写人理论重要范畴，对古典美学研究是有益的补充。目前，学界对李渔"态"范畴的研究主要集中于戏曲美学领域，关注的是戏场表演之"态"，较少延展至女性生活审美。而学界对李渔女性审美的研究相对较多，但多按照《闲情偶寄》"选姿第一""修容第二""治服第三""习技第四"等分而述之，少有对"态"的系统论述。"态"又是一个兼具古典与现代价值的范畴，《闲情偶寄·声容部》可谓从男性视角对女性"态"的生成作了较系统的阐述，其中不少观点具有跨时空的启迪意义。本文拟以此为突破口，从"态"范畴进入晚明的女性审美与生活美学，以期对现代生活有所助益。

一　"态"：作为女性审美重要范畴的美学内涵

明中后期出现了不少论述女性审美的文本，如卫泳《悦容编》、李渔《闲情偶寄》、余怀《板桥杂记》等，晚清更有虫天子编撰的《中国香艳全书》，汇集了历代文人女性审美的观点。这充分说明晚明以来对女性审美的重视。"态"在文本中频繁出现，例如，卫泳《悦容编》论及美人之"态"；袁宏道认为"趣"如同"女中之态，虽善说者不能下一语，唯会心者知之"[①]；《梅花草堂集》："字无意，文无笔，女无态，男子无杀，天下

[①]　（明）袁宏道：《袁中郎全集》卷1，明崇祯二年武林佩兰居刻本。

之大戒也。"① 在文人看来，"态"于女性美不可或缺，但又难以言说，这一观点具有普遍性，但均未就"态"展开论述。只有李渔对女性之"态"的论述最为详尽：

> 吾于"态"之一字，服天地生人之巧，鬼神体物之工。使以我作天地鬼神，形体吾能赋之，知识我能予之，至于是物而非物，无形似有形之态度，我实不能变之化之，使其自无而有，复自有而无也。②

李渔所说的"态"，强调一种整体的美感；而其"是物而非物，无形似有形"的特征，进一步说明了"态"的存在方式，它附丽于物，却又非具象：有形的姿态蕴含着无形的难以言说的意味。可以说，"态"兼容形神又超越形神；更进一步说，"态"实则具有动静相融的特点，表现在女性审美上，女性内在的丰盈必然形之于外在的生命跃动，这也是其时至高的女性赏鉴理想："选貌选姿，总不如选态一着之为要。"③ 杜书瀛将李渔之"态"理解为一个人的内在精神涵养、文化素质、才能智慧而形之于外的风韵风度，于举手投足、言谈笑语、行走起坐、待人接物中均可见。④ 这大致与现代的"气质"相仿。下面将从内在与外在两个维度阐析女性"态"的美学内涵。

（一）"态"是自然的内蕴美

李渔没有直接对"态"下定义，他举例阐释女性"态"之美：

> 记囊时春游遇雨，避一亭中，见无数女子，妍媸不一，皆踉跄而至。中一缟衣贫妇，年三十许，人皆趋入亭中，彼独徘徊檐下，以中无隙地故也；人皆抖擞衣衫，虑其太湿，彼独听其自然，以檐下雨侵，抖之无益，徒现丑态故也。及雨将止而告行，彼独迟疑稍后，去不数武而雨复作，乃趋入亭。彼则先立亭中，以逆料必转，先踞胜地故也。

---

① （明）张大复：《梅花草堂集》卷 13，明崇祯刊本。
② （清）李渔著，江巨荣、卢寿荣校注《闲情偶寄》，上海古籍出版社，2000，第 137 页。
③ （清）李渔著，江巨荣、卢寿荣校注《闲情偶寄》，上海古籍出版社，2000，第 138 页。
④ 杜书瀛：《〈闲情偶寄〉的女性审美观》，《思想战线》（云南大学人文社会科学学报）1999年第 1 期，第 48 页。

然臆虽偶中，绝无骄人之色。见后入者反立檐下，衣衫之湿，数倍于前，而此妇代为振衣，姿态百出，竟若天集众丑，以形一人之媚者。自观者视之，其初之不动，似以郑重而养态；其后之故动，似以徜徉而生态。然彼岂能必天复雨，先储其才以俟用乎？其养也，出之无心；其生也，亦非有意，皆天机之自起自伏耳。①

李渔赞美缟衣贫妇"姿态百出"。首先，"态自天生，非可强造。强造之态，不能饰美，止能愈增其陋。同一颦也，出于西施则可爱，出于东施则可憎者，天生、强造之别也"②。"态"的自然流露才能引发共鸣，产生审美愉悦。"态"摒弃了矫揉造作而趋于清真。李渔笔下这位姿态百出的女性，年已三十，衣着素朴，其自然清真之"态"却胜过妙龄女子。李渔十分欣赏女性自然无矫饰的举止言行，在《闲情偶寄·声容部》中，李渔对女性的妆饰均强调自然清真，与主体相宜。自然清真构成了"态"的底色。

其次，缟衣贫妇之"态"展现了内蕴美，柔中有刚。李渔认为，贫妇在众女子狼狈抖衣时保持安静，"似以郑重而养态"；后又帮遇雨返回之人振衣，则"似以徜徉而生态"。这一静一动呈现了"态"的生发过程，"养态"表现了她的淡定聪慧，"生态"又展现了她的善良温婉。而"态"之所以让审美主体赏心悦目，是因其灌注着一股内蕴的力量，即才德兼备。缟衣贫妇有主见，不随波逐流，遇事从容淡定，体现了她的才识；同时又具有女性的温婉体贴，体现了她的德行。正是这柔中带刚的"态"惹人怜爱。这体现了晚明女性审美的一个新特点，即对女性美的理解不再局限于传统的阴柔，也不再是对德的单独强调，而更推崇刚柔兼具、才德并蓄。同时，李渔所提到的"习态""养态"实则是一项极高的要求，需要日积月累，方能使"态"自然生发。因此，李渔所称颂之"态"，实质上源于女性内在的丰盈，是女性才德的完美融合。

（二）"态"是流动的仪态美

李渔在《闲情偶寄·态度》中，将"态"与"媚态"混用，说明"媚"是"态"的应有之意。李渔说："尤物维何？媚态是已。世人不知，以

---

① （清）李渔著，江巨荣、卢寿荣校注《闲情偶寄》，上海古籍出版社，2000，第138~139页。
② （清）李渔著，江巨荣、卢寿荣校注《闲情偶寄》，上海古籍出版社，2000，第138页。

为美色。乌知颜色虽美，是一物也，乌足移人？加之以态，则物而尤矣。如云美色即是尤物，即可移人，则今时绢做之美女，画上之娇娥，其颜色较之生人，岂止十倍，何以不见移人，而使之害相思成郁病耶？是知'媚态'二字，必不可少。"①用绢做成的美女与画上的娇娥比现实中的女子容貌要漂亮不止十倍，但却不能打动人，是因为死物缺乏生机，没有媚态。因此，"态"也可视作女性自由活泼的生命力，"动"是"媚态"的题中之义。

首先，媚态是女性的灵动之趣。李渔描述有媚态的女子："尤物者，怪物也，不可解说之事也。凡女子，一见即令人思，思而不能自己，遂至舍命以图，以生为难者，皆怪物也，皆不可解说之事也。"②又写道："媚态之在人身，犹火之有焰，灯之有光，珠贝金银之有宝色。"③媚态具有令人怦然心动的魔力，是一种充满灵趣的存在。它立足于个体的感性生命，与板腐相对立，而趋于一种无功利的活泼趣味。卫泳在《悦容编》中提及"态之中吾最爱睡与懒"④，他最喜爱的女性姿态竟是"鬟云乱沥，胸雪横舒"⑤的睡态和"金针倒拈，绣屏斜倚"⑥的懒态，这就一反传统所尚的端庄优雅，而展现出无拘无束的散漫美感。晚明仕女图可以共同说明这一审美倾向，如陈洪绶《斜倚薰笼图》《斗草图》等，均以描绘晚明女性享受生活、慵懒适意的媚态为主，这是晚明以前没有过的轻松情境，体现了女性自由活泼的生活情态。

其次，"态"又是流动的。李渔认为"态"并无年龄、样貌等的界限，不同的女子有不同的"态"：年轻者有年轻者之"态"，年老者有年老者之"态"，或为清艳，或为韵致，都给人生机勃发的美感，即"态"能因时空变化而呈现不同的韵致。郭熙在画论名作《林泉高致》中反复提到"态"："真山水之云气四时不同，春融怡、夏蓊郁、秋疏薄、冬黯淡。画见其大象而不为斩刻之形，则云气之态度活矣。"⑦又论："画水，齐者、汩者、卷而飞激者、引而舒长者，其状宛然自足，则水之态富赡也。"⑧山水云气因季

---

① （清）李渔著，江巨荣、卢寿荣校注《闲情偶寄》，上海古籍出版社，2000，第 137 页。
② （清）李渔著，江巨荣、卢寿荣校注《闲情偶寄》，上海古籍出版社，2000，第 137 页。
③ （清）李渔著，江巨荣、卢寿荣校注《闲情偶寄》，上海古籍出版社，2000，第 137 页。
④ （清）虫天子编，董乃斌等点校《中国香艳全书》（第 1 册），团结出版社，2005，第 30 页。
⑤ （清）虫天子编，董乃斌等点校《中国香艳全书》（第 1 册），团结出版社，2005，第 30 页。
⑥ （清）虫天子编，董乃斌等点校《中国香艳全书》（第 1 册），团结出版社，2005，第 30 页。
⑦ （宋）郭熙：《林泉高致》，民国二十五年上海神州国光社美术丛书排印本。
⑧ （宋）郭熙：《林泉高致》，民国二十五年上海神州国光社美术丛书排印本。

节、方位不同而呈现各种"变态",体现了宇宙生命之内核。推而论之,女子之"态"也是变幻无穷的。卫泳在《悦容编》中提到,一年四季女性可有不同的"态":"春日艳阳,薄罗适体,名花助妆,相携踏青,芳菲极目。入夏好风南来,香肌半裸,轻挥纨扇,浴罢,湘簟共眠,幽韵撩人……"① 即使一日不同时辰,美人也媚态百出:"晓起临妆,笑问夜来花事阑珊。午梦揭帏,偷觑娇姿……"② 甚至,美人一生不同阶段也有不同的媚态。媚态应景随时而变,予人的美感日新月异。将女性之"态"当作意蕴丰厚的艺术品,以活变的目光开掘其审美价值,这在古代女性审美史中具有独特的意义,说明女性审美在晚明已取得相对独立的地位。

以上从内外两个层面剖析了"态"的美学内涵。从女性内蕴美的角度来看,"态"更多呈现为一种淡雅的静美,即源于内在修养的自然之美,晚明文人在此基础上对女性美有了新的认识,才学和智慧是构成女性审美的重要因素。可以说,自然内蕴美是"态"的基础,即李渔所尚之"态"仍以传统女性审美观为底色,但加上了个性与才识的标签。而从女性外在美的角度来看,"态"更多呈现为感性生命的自由舒展,这是对女性美独立价值的肯定,它建基于心学影响下对生命本真美感的追求,是在松弛感下的自信、活泼与超脱。从这个角度来看,"态"具有晚明时代的独特美感。静与动作为"态"的两个层面,实质上是不可分的。外在动态美建立在内蕴静态美基础之上,这让李渔乃至晚明的女性审美观不偏不倚,取得了一种内在的均衡。而无论是内蕴的自然美还是流动的仪态美,实质上均源自感性生命之"真"。

二 女性"态"的生成与生活美学

关于女性"态"的生成,李渔的观点很有代表性:"学则可学,教则不能。"③ 又说:"使无态之人与有态者同居,朝夕薰陶,或能为其所化;如蓬生麻中,不扶自直,鹰变成鸠,形为气感,是则可矣。"④ 意思是,"态"是浑然天成的,不可勉强造作,但能通过"薰陶"而养成。这说明,"态"仍需后天自觉的修炼养成。并且,"态无形似有形",其生成也可分为"无形"

---

① (清)虫天子编,董乃斌等点校《中国香艳全书》(第1册),团结出版社,2005,第31页。
② (清)虫天子编,董乃斌等点校《中国香艳全书》(第1册),团结出版社,2005,第31页。
③ (清)李渔著,江巨荣、卢寿荣校注《闲情偶寄》,上海古籍出版社,2000,第139页。
④ (清)李渔著,江巨荣、卢寿荣校注《闲情偶寄》,上海古籍出版社,2000,第139页。

与"有形"两个层面，"无形"主要指女性内在的涵养，"有形"则主要指外在仪态。"无形"的生成与女性的读书习艺、交游阅历等密切相关，"有形"则更多与女性的日常生活美学实践相关。《闲情偶寄·声容部》中将"态度"放在"选姿第一"，接下来的"修容第二""治服第三""习技第四"等章节均与"态"的生成密切相关，对女性"态"的生成提出了许多精彩的见解。本文将以《闲情偶寄》为主体，并结合其时其他相关文献，对"态"的生成作一探讨。

（一）以洁净雅致之物营造妩媚多变之"态"

"态"由内而发，并崇尚自然天成，但并非不需后天的修饰，相反，李渔认为"所谓'修饰'二字，无论妍媸美恶，均不可少"①，只是，修饰需要恰当、和谐。

首先，无论是皮肤还是头发、服饰，都须保持干净素洁。譬如梳头，李渔特别强调"篦子"的作用，因为篦子可使"发内无尘"，让洁净的乌发呈现自然光泽。所以，"当以百钱买梳，千钱购篦。篦精则发精，稍俭其值，则发损头痛，篦不数下而止矣。篦之极净，使便用梳"②。女子梳头先用篦，后用梳。篦求精细，不惜重金，以去除污垢，可见女子对干净的要求是放在首位的。其次，修饰崇尚使用自然素雅之物。《悦容编·缘饰》："饰不可过，亦不可缺，淡妆与浓抹，惟取相宜耳。首饰不过一珠一翠一金一玉，疏疏散散，便有画意。"③《闲情偶寄》亦认为珠翠宝玉能为女性"增娇益媚"，但"一簪一珥，便可相伴一生。此二物者，则不可不求精善"④。推崇女性精简雅致的装扮效果，首饰少而精即可。李渔对首饰的选材和造型都极为讲究，认为金玉犀贝这些雅致之物可用，但若家里经济条件不允许，则"宁用骨角，勿用铜锡"⑤，因为"铜锡非止不雅，且能损发"⑥，雅致与实用是李渔选材的重要标准。而佩戴时花则"较之珠翠宝玉，非止雅俗判然，且亦生死迥别"⑦，"生"是"态"的灵魂，而时花之所以

---

① （清）李渔著，江巨荣、卢寿荣校注《闲情偶寄》，上海古籍出版社，2000，第 140 页。
② （清）李渔著，江巨荣、卢寿荣校注《闲情偶寄》，上海古籍出版社，2000，第 142 页。
③ （清）虫天子编，董乃斌等点校《中国香艳全书》（第 1 册），团结出版社，2005，第 29 页。
④ （清）李渔著，江巨荣、卢寿荣校注《闲情偶寄》，上海古籍出版社，2000，第 152 页。
⑤ （清）李渔著，江巨荣、卢寿荣校注《闲情偶寄》，上海古籍出版社，2000，第 152 页。
⑥ （清）李渔著，江巨荣、卢寿荣校注《闲情偶寄》，上海古籍出版社，2000，第 152 页。
⑦ （清）李渔著，江巨荣、卢寿荣校注《闲情偶寄》，上海古籍出版社，2000，第 152 页。

在审美价值上高于珠翠宝玉，正在于它的生机勃勃，象征了活泼而又不断更新的生命，因此，时花可为佳人助妆、增态。

"态"是妩媚多变的。譬如发型，"吾谓美人所梳之髻，不妨日异月新"①，首饰则"无妨多设金玉犀贝之属，各存其制，屡变其形，或数日一更，或一日一更，皆未尝不可"②，文人与女性，都是时尚潮流的中坚力量。不论是服饰还是妆容，时尚多变都包含在晚明人所理解的"美"之中。只有艳、奇、新的事物，才能不断满足人们的审美需求，李渔可谓这一时代精神的杰出倡导者，他将"贵活变"思想运用到人的自我更新上，认为人必须时时更新自己的形象与内涵，才能保持魅力。因为"恶旧喜新，厌常趋异"是人之常情，亲友朝夕相处，更易生厌。因此，人须"时易冠裳，迭更帏座"③。由此可见，女性之"态"不仅具有因时因地而生的流变性，也需要自身主观能动地"变态"，方能保持吸引力，这是李渔审美观的深刻之处。晚明所尚之新变又建立在人情物理之上，譬如晚明流行的发型"牡丹头""荷花头""钵盂头"等，李渔认为就不可取，让人有头上生花、钵盂覆头之感，非但不合情理，且俗气十足。

"态"又是流动的。晚明特别推崇飘逸的女性服饰，它暗喻着含蓄的内在活力。在晚明，多褶的裙子尤受欢迎，李渔描述它实用："折多则行走自如，无缠身碍足之患，折少则往来局促，有拘挛桎梏之形。"④ 多褶裙不仅穿着宽松舒适，且美观："折多则湘纹易动，无风亦似飘摇，折少则胶柱难移，有态亦同木强"⑤，多褶裙令女子摇曳生姿。《板桥杂记》中也有对这类裙子的描绘，如秦淮名妓沙才"留仙裙，石华广袖，衣被灿然"⑥。可以想象，美人身穿多褶的"留仙裙"，上衣袖子宽大，特别是弈棋、吹箫、度曲时，纤细的手指更显柔美，仙气飘飘，故"美而艳，丰而柔，骨体皆媚"⑦。

（二）通过营构人与时、物、境的和谐，塑造"氛围感美人"

"氛围感美人"是个现代词语，指的是通过女性穿戴、发型、神态等一

---

① （清）李渔著，江巨荣、卢寿荣校注《闲情偶寄》，上海古籍出版社，2000，第143页。
② （清）李渔著，江巨荣、卢寿荣校注《闲情偶寄》，上海古籍出版社，2000，第152页。
③ （清）李渔著，江巨荣、卢寿荣校注《闲情偶寄》，上海古籍出版社，2000，第346页。
④ （清）李渔著，江巨荣、卢寿荣校注《闲情偶寄》，上海古籍出版社，2000，第158页。
⑤ （清）李渔著，江巨荣、卢寿荣校注《闲情偶寄》，上海古籍出版社，2000，第158页。
⑥ （清）余怀著，李金堂校注《板桥杂记（外一种）》，上海古籍出版社，2000，第41页。
⑦ （清）余怀著，李金堂校注《板桥杂记（外一种）》，上海古籍出版社，2000，第41页。

系列组合起来的因素，营造一种整体的美感。本文借用现代词语，是因为李渔所论女性之"态"，同样推崇一种整体美感，但又与现代"氛围感"的侧重点有所不同，李渔尤为强调人与时、物、境的和谐，通过营构一种韵味无穷的意境，形塑女性之"态"。

一是人与物的相宜，如服饰与人相宜，凸显主体之美。晚明服饰华美多变，时尚变幻速度之快让人目不暇接，但穿戴时尚的服饰并不能与"态"画等号。李渔"衣以章身"①的观念显示了浮靡世风里的品味。"章"是"彰显"的意思，"同一衣也，富者服之章其富，贫者服之益章其贫；贵者服之章其贵，贱者服之益章其贱"②。服饰需要与地位、身份、气质相符，否则只会"沐猴而冠"，这一观念非常有见地。李渔所举的那位姿态百出的避雨女子，她的服饰虽素朴却与其本人相谐，故自有赏心悦目的美，她的气质也更能显示出来。佩戴首饰同样如此，过度的装饰和打扮，只会减损女性的娇媚，是"以人饰珠翠宝玉，非以珠翠宝玉饰人也"③。服饰的美永远只能通过佩戴者呈现，因此，服饰的价值也应视能否增添穿戴者的媚态来定。服饰如果只为炫富追潮流，那就成为主体的桎梏了。在时尚大潮中，清醒认识自己的气质与个性特点，选择适合的装扮，是女性内在涵养的重要体现，如何将时尚与作为主体的"我"相融合，是女性必修的功课。

"衣以章身"还从形式美的角度要求服饰突出主体的美。譬如，晚明人很注重服饰色彩、材质、款式等与主体的相宜。《闲情偶寄》提到妇人之衣"不贵与家相称，而贵与面相宜"④，"面有相配之衣，衣有相配之色"⑤，从色彩搭配的角度论述了如何依据女性的肤色选择相宜的衣服，"面颜近白者，衣色可深可浅；其近黑者，则不宜浅而独宜深，浅则愈彰其黑矣"⑥。肤白的女子穿什么颜色的服饰都合适，肤色较黑的女子则要选择深色的衣服，若选择浅色的衣服只会让她看起来更黑。容貌是天生的，女子要根据自己的容貌特点来选择相宜的服饰，而不能盲目追赶时尚，随波逐流。在服饰选择上，首要考虑的始终应该是与面相宜："使贵人之妇之面色，不宜文采而宜缟素，必欲去缟素而就文采，不几与面为仇乎？故曰不贵与家相

① （清）李渔著，江巨荣、卢寿荣校注《闲情偶寄》，上海古籍出版社，2000，第 150 页。
② （清）李渔著，江巨荣、卢寿荣校注《闲情偶寄》，上海古籍出版社，2000，第 150 页。
③ （清）李渔著，江巨荣、卢寿荣校注《闲情偶寄》，上海古籍出版社，2000，第 152 页。
④ （清）李渔著，江巨荣、卢寿荣校注《闲情偶寄》，上海古籍出版社，2000，第 155 页。
⑤ （清）李渔著，江巨荣、卢寿荣校注《闲情偶寄》，上海古籍出版社，2000，第 155 页。
⑥ （清）李渔著，江巨荣、卢寿荣校注《闲情偶寄》，上海古籍出版社，2000，第 155 页。

称，而贵与面相宜。"① 假如一个贵妇人肤色不适合穿华丽的衣服，却一定要穿着华丽，就会与容貌不相称，这一思想在当时是很可贵的，形式美的重要性高于地位、等级。又比如首饰的形制，"饰耳之环，愈小愈佳，或珠一粒，或金银一点"②，耳饰越小越好，珍珠或小小的金银就可以了，否则只会喧宾夺主。

二是人与时、景相宜，营造氛围感。卫泳《悦容编》提到："服色亦有时宜，春服宜倩，夏服宜爽，秋服宜雅，冬服宜艳。"③ 注重女性服饰风格与季节、风景的和谐，相互映衬，营构一种诗意的氛围。同时，依据不同的情景选择合适的装扮："见客宜庄服，远行宜淡服，花下宜素服，对雪宜丽服。"④ 这里反映出的，恰是对万物的敬畏，如"见客宜庄服"，在晚明，女性会客仍是较为正式严肃之事，庄重之服方能显示出对客人的重视与女性的高雅气质；而"花下宜素服"这一观点十分精彩，即以一颗天真虔诚之心赏花，不与百花争艳，低调含蓄却自有一种姿态。总之，创造人与情境相和谐的氛围感，是晚明女性装扮的重要尺度，它也是中国美学注重意境营构的一种体现。

三是精致、幽雅的居所环境可为女性增"态"。卫泳《悦容编》"葺居""雅供""博古"三节为佳人描绘了理想的居所环境。巫鸿结合《悦容编》和明末绘画中的"女性空间"研究，认为其时对美人的理解是一个理想化的概念，对美人的感知具有程式化、整体性的特点，即美人从本质上说，是其所处空间中所有事物及所营构氛围的总和，我们对美人的感知不仅通过其脸庞，还通过庭院、房间、衣饰和定型化的表情与姿态。⑤ 因而，"美人所居，如种花之槛，插枝之瓶"⑥，美人的居所是形塑美人形象的重要组成部分，理想的居所环境也是创造女性之"态"的要素："沉香亭北，百宝栏中，自是天葩故居。儒生寒士，纵无金屋以贮，亦须为美人营一靓妆地。或高楼，或曲房，或别馆村庄，清楚一室，屏去一切俗物，中置精雅器具及与闺房相宜书画。室外须有曲栏纤径，名花掩映。如无隙地，盆盎

① （清）李渔著，江巨荣、卢寿荣校注《闲情偶寄》，上海古籍出版社，2000，第155页。
② （清）李渔著，江巨荣、卢寿荣校注《闲情偶寄》，上海古籍出版社，2000，第154页。
③ 〔清〕虫天子编，董乃斌等点校《中国香艳全书》（第1册），团结出版社，2005，第29页。
④ 〔清〕虫天子编，董乃斌等点校《中国香艳全书》（第1册），团结出版社，2005，第29页。
⑤ 〔美〕巫鸿：《中国绘画中的"女性空间"》，生活·读书·新知三联书店，2019，第362页。
⑥ 〔清〕虫天子编，董乃斌等点校《中国香艳全书》（第1册），团结出版社，2005，第29页。

景玩，断不可少。盖美人是花真身，花是美人小影。解语索笑，情致两饶，不惟供月，且以助妆。"①

从《悦容编》的描述中，我们看到美人的理想居所首先应与世俗有一定距离，不论是闺秀还是名妓，晚明文本中的美人居所几乎都要穿过楼阁和曲房，曲栏迂径深处方是美人深藏之处，并有竹木幽香，营构高贵神秘的气氛。其次是美人居所必须有生机，静中带动，"名花掩映"，李渔说，即使"寒素之家，如得美妇，屋旁稍有隙地，亦当种树栽花，以备点缀云鬟之用。他事可俭，此事独不可俭"②，李渔认为，种树栽花是贫寒家庭不能节省的开销。而卫泳更进一步说："如无隙地，盆盎景玩，断不可少。盖美人是花真身，花是美人小影。解语索笑，情致两饶，不惟供月，且以助妆。"③ 就算没有空地种花，也当有盆景，因其可观生意、可为良友，并可供月、助妆，令美人姿态百出。这种生机亦是全方位的，调动起观者的视觉、嗅觉和听觉，譬如名妓顾媚的眉楼，"香烟缭绕，檐马丁当"④，美人就在这香气迷蒙、风铃轻吟的楼阁中，让人心生无限遐思。《闲情偶寄》还专设"薰陶"⑤ 一节，特别强调女性香气萦绕的魅力，认为有条件者可采花入甑，酝酿花露，拭体拍面，让若隐若现的淡雅气息幽然散发；香皂、香茶、荔枝等亦是添香之物。再次是雅室之内必有雅器，为美人的日常生活增添趣味。从《悦容编》陈设有序的种种雅器，不难想象美人生活之丰富有趣，包括"天然几，藤床，小榻，醉翁床，禅椅，小墩，香几，笔砚彩笺，酒器，茶具"⑥ 等器具和文玩，"俱令精雅，陈设有序"⑦。晚明的画家也以图像的方式建构着理想美人的居所环境及生活场景，读书、习字、观画等题材的美人图在晚明屡见不鲜，共同说明了有"态"女子是身处雅室之中，将日常生活经营得颇有儒风之人。

总之，"态"与女性日常生活美学密切相关。如前文所述，"态"可从"无形"与"有形"两个层面加以把握，但从根本上看，"态"的生发由女性"无形"的内在修养决定，因此，李渔认为女性重"养态"，《闲情偶

---

① （清）虫天子编，董乃斌等点校《中国香艳全书》（第 1 册），团结出版社，2005，第 29 页。
② （清）李渔著，江巨荣、卢寿荣校注《闲情偶寄》，上海古籍出版社，2000，第 152 页。
③ （清）虫天子编，董乃斌等点校《中国香艳全书》（第 1 册），团结出版社，2005，第 29 页。
④ （清）余怀著，李金堂校注《板桥杂记（外一种）》，上海古籍出版社，2000，第 29~30 页。
⑤ （清）李渔著，江巨荣、卢寿荣校注《闲情偶寄》，上海古籍出版社，2000，第 145~146 页。
⑥ （清）虫天子编，董乃斌等点校《中国香艳全书》（第 1 册），团结出版社，2005，第 30 页。
⑦ （清）虫天子编，董乃斌等点校《中国香艳全书》（第 1 册），团结出版社，2005，第 29 页。

寄·习技第四》专门论述了"无形"之态的培养："技艺以翰墨为上，丝竹次之，歌舞又次之，"[①] "以闺秀自命者，书、画、琴、棋四艺，均不可少。"[②] 虽然李渔重视女性才艺培养的出发点更多是为男性中心主义服务的，但确实道出了"无形"之"态"对于女性的重要意义，比如读书以明理、丝竹以陶冶性情、学唱以使音调动听、学舞以使体态婀娜等，才艺的修养可令女性在潜移默化中"养态"，不断提升其审美品味，让"态"自然生发出来。

三　"态"成为女性美重要范畴的审美文化背景

"态"作为晚明女性审美的重要范畴，其兴起与时代审美风尚密切相关，是其时经济、政治、思想、文化等因素共同作用的结果。"态"体现了以男性为主的文人女性审美观的新变，以及女性在新的情境下对自我形象的建构，同时也在一定程度上反映了女性情感意识的苏醒。下面将从男女两性的角度，分别论述"态"这一范畴如何成为李渔乃至晚明女性审美的重要范畴。

（一）男性视角："态"是女性审美观的新变

女性审美是文人生活审美的组成部分。女性之"态"由李渔集中论述，实则是晚明文人思想解放运动的产物。明初，对女性德行美的要求达到了顶峰。极端的道德诉求，表现在对女子殉节、死孝的高度表彰，德几乎成为评价女性的唯一标准。而到了明中后期，在阳明心学的推动下，"率性说""至情说""童心说""性灵说"等一系列个性解放思潮接踵而生且影响深远，追求感性生命的自由生发成为晚明审美文化的主旋律，对女性生命价值的认可也成为其中的一个部分。

与明清正史所宣扬的以贞孝为纲的"烈女"相反，李贽、何良俊、焦竑、王世贞等享有盛名的文人纷纷编撰所谓的"世说"仿作，如李贽《初潭集》、何良俊《语林》等，其中设"贤媛"门类，专门记录历代植根于魏晋玄风、才智胆识过人、自足自强的知识女性，可谓文人对正统道学的一

---

① （清）李渔著，江巨荣、卢寿荣校注《闲情偶寄》，上海古籍出版社，2000，第166页。

② （清）李渔著，江巨荣、卢寿荣校注《闲情偶寄》，上海古籍出版社，2000，第170页。

种反抗。李贽一再称颂"才智过人，识见绝甚"的女子"是真男子"，甚至"男子不如也"，还明确指出："谓人有男女则可，谓见有男女岂可乎?"①男女平等的看法呼之欲出。叶绍袁夫妇提出女性"三不朽"的观点："丈夫有三不朽，立德、立功、立言，而妇人亦有三焉，德也，才与色也，几昭昭乎鼎千古矣"②，明确将德、才、色三者并举，叶绍袁妻女沈宜修、叶小鸾即为晚明才貌双全的女性。谢肇淛推崇女性的才华，认为妇人"文采不章，几于木偶矣"③。到了明朝末期，商品经济的发展更为迅速，政治也日益腐朽，多样化的生存道路让文人的思想愈加开放。李渔"态"的审美观正是建基于这样的思想解放潮流之上。他明确反对"女子无才便是德"的说法："吾谓才德二字，原不相妨。有才之女，未必人人败行；贪淫之妇，何尝历历知书?"④ 才、德并不矛盾。且李渔从实用角度出发，论述了"习技"有利于妇德的保持："妇人无事，必生他想，得此遣日，则妄念不生，一也；女子群居，争端易酿，以手代舌，是喧者寂之，二也；男女对坐，静必思淫，鼓瑟鼓琴之暇，焚香啜茗之余，不设一番功课，则静极思动，其两不相下之势，不在几案之前，即居床第之上矣。一涉手谈，则诸想皆落度外，缓兵降火之法，莫善于此。"⑤ 女性习艺可以少生妄念和事端。虽说其中蕴含封建男权思想，但针对女性的特点，从实用角度谈及女性"习技"的价值，其女性观是较为开放的。而在《风筝误》中，李渔认为衡量美人的条件有三，"天资"、"风韵"和"内才"，值得注意的是，这里摒弃了对女性德行的强调。无独有偶，李贽将节烈妇女归入《初潭集》"夫妇"类别下的"苦海诸姬"，对"烈女"持哀悼而非表彰的态度。这些都表明文人的女性观发生了深刻的变化。

首先，文人对女性才能的认可，是对程朱理学及科举制度不满的外化形式。据孙康宜的研究，明清仅仅三百年间，就有两千多位出版过专集的女诗人，这在中外历史上都极为罕见。⑥ 更耐人寻味的是，文人往往是女性出版的主要赞助者，他们把编选、品评、出版女性作品发展成为对理想佳

---

① （明）李贽撰《焚书》卷 2，清光绪宣统间上海国学保存会国粹丛书排印本。
② （明）沈宜修撰《鹂吹》"序"，1935 年长沙中国古书刊印社汇印《郢园先生全书》本。
③ （明）谢肇淛撰《五杂俎》卷 8，明万历四十四年潘膺祉如韦馆刻本。
④ （清）李渔著，江巨荣、卢寿荣校注《闲情偶寄》，上海古籍出版社，2000，第 166 页。
⑤ （清）李渔著，江巨荣、卢寿荣校注《闲情偶寄》，上海古籍出版社，2000，第 170 页。
⑥ 孙康宜：《明清文人的经典论和女性观》，《江西社会科学》2004 年第 2 期，第 206 页。

人的向往。① 这些文人身处边缘境地，"从政治上的失意转移到女性研究，可以说已经成了当时的风气"②。文人有收集才女作品的癖好，他们赋予被历史长河淹没的才女极大的同情，并从收集和编选女性作品的过程中得到了某种安慰与快感，他们的爱才如命是对自身怀才不遇的一种心理补偿。而李渔亲历朝廷倾圮与生活辗转之苦痛，丰富的阅历让他对女性的品鉴独具慧眼，认为只有才德兼备、柔中见刚的女性方能舒展自如，散发迷人气质。

其次，文人在女性身上发现了"清"的美质，而这正是"态"的底色。钟惺说："若夫古今名媛，则发乎情，根乎性，未尝拟作，亦不知派……惟清故也。清则存慧……男子之巧，洵不及妇人矣！"③ 葛徵奇也说："非以天地灵秀之气，不钟于男子；若将宇宙文字之场，应属乎妇人。"④ 认为女性秉持天生的灵秀之气，更胜于男子。晚明在女性审美中推崇清雅之美，实则是文人对浮靡世风的反思。其时商品经济快速发展，物质丰富，却也促就了人心的虚浮，追名逐利、唯利是图的市侩风气流行。而女性由于较少受到俗务影响，也较少受固定思维的束缚，反而比男性更易保有天地灵秀之气，而具有清而不俗的美质。因此，厌倦了八股文及实用价值的文人尤为欣赏女性发乎情性的清真之美。李渔文学作品中的女子几乎都有貌美、多才、多情的特征，他在《怜香伴》中言："从肝膈上起见的叫做情，从衽席上起见的叫做欲。若定为衽席私情才害相思，就害死了也只叫做个欲鬼，叫不得个情痴。"⑤ 在李渔看来，只有发自肺腑的才叫情，只在床第见欢的是欲，二者截然不同。"情"出于本真，多情的女子是那个纵欲时代的宝物。

最后，"态"的审美理想反映出文人对两性关系看法的新变。在极度放纵过后，单纯的"色"已无法满足文人的精神需求，他们转而在女性特别是有才华和内涵的女性身上寻求一种精神寄托，并期望建构较高质量的两性关系，例如，李贽将夫妇置于五伦之首，并强调妇女在婚姻中的主导作

---

① 参见孙康宜《明清文人的经典论和女性观》，《江西社会科学》2004 年第 2 期，第 207 页。
② 孙康宜：《明清文人的经典论和女性观》，《江西社会科学》2004 年第 2 期，第 207 页。
③ 胡文楷编著，张宏生等增订《历代妇女著作考》（增订本），上海古籍出版社，2008，第 883~884 页。
④ 胡文楷编著，张宏生等增订《历代妇女著作考》（增订本），上海古籍出版社，2008，第 887 页。
⑤ （清）李渔：《李渔全集》卷 4，浙江古籍出版社，2014，第 57 页。

用；袁黄说："夫妇而寄以朋友之义，则衽席之间，可以修省，一唱一和，其乐无涯。岂独可以生子哉？终身之业，万化之源，将基之矣。"① 强调以朋友之义与妻子相处，并将此作为人生的乐事和终生的事业。由此可见文人对两性关系重要性的认识。事实上，晚明有许多唱和相随的眷侣，如钱谦益与柳如是、叶绍袁与沈宜修、冒辟疆与董小宛等，后继也出现类似《影梅庵忆语》《浮生六记》等记录夫妇生活乐事的作品。而李渔的《闲情偶寄》虽不时流露视女性为玩赏对象的言辞，如将女性审美置于选姬买妾的前景下，但在现实生活中，李渔对女性更多是发自内心的尊重与欣赏，如李渔与王端淑、黄媛介等才女的深厚友谊；李渔在乔、王二姬去世之后痛不欲生，写了十首挽歌和一篇合传纪念她们；教女儿们读书识字，并请长女和女婿一起经营生意等，都可以看出李渔承认两性有平等的权利，认可女性的社会价值。

（二） 女性视角："态" 是女性自我形象的建构

女性作为能动的审美对象，她们直接或间接地参与了"态"范畴的生成，"态"在一定程度上反映了女性自我意识的苏醒。

首先，生活空间的拓展是女性自我意识苏醒的前提。据顾起元《客座赘语》记载，明代正德嘉靖以前，女性"深居不露面，治酒浆，工织纴为常，珠翠绮罗之事少，而拟饰倡妓、交结姆媪、出入施施无异男子者，百不一二见之"②。明初是女性受伦理约束空前严重的时期，与妇道无关之事与女性是绝缘的。明中叶以降，江南地区迅速发展，儒家伦理面临来自商品社会的诸多挑战。女性广泛参与手工业劳动，她们在丝织业和棉纺织业作出的贡献甚至超过了男子。经济地位的提高必然导致家庭和社会地位的提升，这令女性在各方面都有了一定的自主权。而到了明中后期，尤其是隆庆、万历以后，晚明个性解放运动深入人心，社会风气丕变，人们厌常喜新、追求享乐、奢靡成风，女性在服饰、饮食、居室等方面也打破了束缚，追求华美与个性。并且，晚明城市生活丰富多彩，特别是每逢节庆或庙会，人们外出旅游、看戏、观灯、斗鸡、划龙舟、参加集会，处处弥漫着享乐风、脂粉气。在这种较为自由开放的城市风气下，女性的生活内容

---

① （明）袁黄著，林姗校注《祈嗣真诠》，中国中医药出版社，2015，第 27 页。
② （明）顾起元撰《客座赘语》卷 1，清光绪二十三至三十一年江宁傅氏刻金陵严刻本。

也发生了颇为深刻的变化，她们对旅游、文学、史学、佛学等领域产生了浓厚兴趣。譬如旅游，江南女性好游之风不亚于男性，嘉靖知县徐献忠就感叹"吴中女郎类嬉游"①，西湖、虎丘、山塘、园林等名胜都成了女性好游之地，晚明邵长蘅诗句"吴娃艳妆裹，冶游心所欢。玉腕黄金钏，鸦鬟琥珀簪。月华百褶裙，杏子单红衫"② 生动描绘了江南女性靓妆出游的图景，张岱、袁宏道、顾起元等人的小品文中也有不少女性出游的记载，说明女性的生活空间得到了拓展。这不仅开拓了她们的视野，且对其思想与气质产生了较大的影响。

其次，"态"象征着女性感性生命的开掘。在中国古代封建社会，女性长期处于与男性不对等的地位，三纲五常的封建礼教绑架了女性，令其情感与欲求长期被压抑。而随着女性生活空间的拓展，在阳明心学带来的思想解放潮流推动下，女性情感意识经历了一次较大的转变。当礼教渐渐松绑，女性的感性生命便得以呈现。晚明才女叶小鸾诗作："徘徊妆罢后，迤逦绮栊开。日静披云卷，衣香覆羽杯。雨惊残叶去，风送晓凉来。数朵芙蓉映，秾姿亦丽哉。"③ 生动描绘了一位妆罢推开窗户，缓缓向外界展现媚态的少女的形象，她悠然自得，享受自然。叶小鸾还有专咏女子之发、眉、目、唇、腰、足及全身的系列诗歌，大方展示女性身体各部位的美，呈现自我陶醉的少女媚态。明中后期汤显祖《牡丹亭》在女性中的广泛流传更是集中反映了女性情感世界的苏醒。杜丽娘被塑造为精神自由和情欲解放的象征，"情"至高无上的观念在晚明女性世界产生震荡，"情不知所起，一往而深，生者可以死，死可以生"④ 的强大力量令无数晚明女性为之痴迷，她们将"情"特别是"至情"视作不可遏制的自然冲动，并因其圣洁而能够超越道德与生死的束缚。在那个思想大解放的时代，许多女性为生命原欲的释放而欢呼，甚至献出生命，如晚明有无数为《牡丹亭》痴狂的女性读者，其中著名者如伤情而亡的小青、合评《牡丹亭》的吴人三妇等，她们实则是为生命情欲的迸发而狂欢，并将自己代入其中，进而用短暂的生命诠释了飞蛾扑火般的悲壮美感，这是女性压抑已久的生命原欲在晚明时一种近乎爆发式的释放，而文人所欣赏的女性媚态正是源于这种生命热

---

① （明）徐献忠撰《吴兴掌故集》卷12，民国吴兴刘氏嘉业堂刻吴兴丛书本。
② （清）许治修、沈德潜、顾诒禄纂《元和县志》卷35，清乾隆二十六年刻本。
③ （明）叶绍袁原编，冀勤辑校《午梦堂集》，中华书局，1998，第306页。
④ （明）汤显祖撰《玉茗堂全集》卷5，明天启刻本。

情。并且，这里的生命热情已不单指男女情爱，还延展到对自我独特价值的发掘，其时女性诗人、画家、闺塾师等的大量出现均生动体现了这一点。从胡文楷《历代妇女著作考》收录女性作家的数量来看，"汉魏六朝共 33人，唐五代 22 人，宋辽 46 人，元代 16 人，明代近 250 人，清代 3660 余人"①。明清女性作家近 4000 人，可谓中国历史上最庞大的"才女"群体。女性的才识随着其作品的传播逐渐得到社会的关注与认可。

最后，晚明女性重清雅之"态"的审美品格在很大程度上受到名妓和文人的影响。如余怀所言，晚明名妓"衣裳妆束，四方取以为式，大约以淡雅、朴素为主，不以鲜华、绮丽为工"②，名妓可谓时尚的弄潮儿，她们的审美风格成为普通女性效仿的对象。陈宝良的研究则说明了名妓、文人与普通女性的审美流传之间的关系："明代中期以后，妇女在外抛头露面已是蔚然成风。这首先起于那些所谓的'女郎'……明代女郎的身份相当复杂，有些是寡妇，而更多的则是名妓，但她们都有一个共同点，就是有才识，可以与士大夫交往，并且诗歌相和。"③ 名妓与文人交往频繁，其审美趣味相互影响。如前文所述，文人尚女性之"清"，女性无论是在服饰、居所，还是在气质等各方面，都在朝清雅的文人化品味看齐，譬如晚明名妓多不饰铅粉，韵致天然，居住环境也刻意追求淡洁精雅，如李十娘"所居曲房秘室，帷帐尊彝，楚楚有致"④，颇具儒风道韵。相比唐宋名妓修饰尚浓妆艳服，居所重华美奢靡，晚明名妓明显表现出迥异于前代的品格。在名妓和文人的带动下，其时女性特别是有才识的女性也有意朝清雅的文人化方向形塑自我，两性之间形成了某种互动。叶小鸾诗云："秀色堪餐，非铅华之可饰；愁容益倩，岂粉泽之能妆？是以蓉晕双颐，笑生媚靥，梅飘五出，艳发含章。"⑤ 本真之美不是涂脂抹粉可以比拟的。并且，明清才女热衷于为自己建构侠士、居士、道士等形象，她们追求女性特质之外的刚强，如《板桥杂记》中的李大娘"性豪侈，女子也，而有须眉丈夫之气"⑥，侯方域称李香君"侠而慧"，柳如是常以"幅巾弓鞋，着男子服"

---

① 胡文楷编著，张宏生等增订《历代妇女著作考》（增订本），上海古籍出版社，2008，第1206 页。
② （清）余怀著，李金堂校注《板桥杂记（外一种）》，上海古籍出版社，2000，第 13 页。
③ 陈宝良：《明代妇女生活》，中国工人出版社，2023，第 654 页。
④ （清）余怀著，李金堂校注《板桥杂记（外一种）》，上海古籍出版社，2000，第 23 页。
⑤ （清）虫天子编，董乃斌等点校《中国香艳全书》（第 1 册），团结出版社，2005，第 58 页。
⑥ （清）余怀著，李金堂校注《板桥杂记（外一种）》，上海古籍出版社，2000，第 27 页。

的形象示人。就算是普通女性，也一反一味的柔顺样态，在生活中展露出刚强的一面，突出表现为“悍妇”的广泛出现。① “悍妇”在明代也被称为“自健”，通常指自强自立、精明能干的妇女。李渔身边便有很多这样的女性，包括其母亲、妻妾和女儿，母亲是个很果敢的女性，支持他走科举考试的道路；发妻徐氏则宽容大度，善于理家；女儿被李渔称为“闺中杰”。

身为女性而有意突破自己的性别局限，朝男性化、文人化方向发展，一方面是受到晚明心学解放思潮的影响，女性读书习艺，陶冶了精神境界，开始追求独特个性；才女则经常接触名士，受他们卓尔不群、闲适洒脱气质的感染，举止风度也渐趋脱俗。另一方面则反映出女性对男性世界的追随与依赖，普通女性追求“自健”在很大程度上是妇德的要求，如宋濂认为：“苟有人焉，能严以驭众，如奇丈夫，则其家蓄盛无疑。”② 女性具阳刚果敢的一面，无疑可使家庭兴旺。而才女希冀通过对名士风度的模仿而取悦、迎合他们，从而不断突破现实的性别束缚，为自己在男权社会中赢得一席之地。因此，归根结底仍然是男性在统领着女性自我形象的建构。

以上从两性视角对“态”生成的审美文化背景进行了剖析，“态”范畴既体现了文人女性审美观的新变，又反映了明中后期个性解放思潮中女性自我形象的建构，“态”是在两性的“双向奔赴”中生成的。但这种生成又呈现了两性复杂而微妙的关系。归根结底，女性自我形象的建构仍在相当程度上依附于男性，是对男性审美理想的迎合，尚未真正实现女性的主体审美。

结语：李渔女性审美“态”范畴的价值

“态”作为女性审美范畴，反映出时代的审美风尚。“态”具有动静相宜的特点，既体现了女性内在的沉静丰富，又展现出女性自由活泼的生命力，是晚明心学个性解放思潮背景下文人评鉴女性的重要范畴。李渔《闲情偶寄》对“态”如何养成作了较系统的阐述，可谓女性日常生活美学的范本。女性审美是日常生活审美的组成部分，但由于作为审美对象的女性是相对独立的生命个体，她们具有自我能动性，因此，“态”范畴的生成必

---

① 陈宝良：《明代妇女生活》，中国工人出版社，2023，第71页。
② （明）宋濂撰《宋学士文集》补遗卷3，清同治七年至光绪八年永康胡氏退补斋刻民国补刻金华丛书本。

然是较为复杂的交互影响的过程，是在文人女性审美观念新变与女性自我意识苏醒的双向作用下形成的。因此，"态"又是一个具有张力和厚度的范畴。

在理论层面，"态"与中国传统美学道、气、形、神等范畴密切相关。"道"是中国古典美学的最高范畴，"道"无形且不可言说，却又真实存在于万千具象之中；而通过"无形似有形"的"态"可得女性审美之"道"。本文认为，"态"与中国古典美学一脉相承，"态"是"道"的一种反映，体现了女性审美的本质与内核。在"态"的生成过程中，无论是作为审美对象还是审美主体，女性均具有积极的建构意义，这在中国传统社会的女性审美中具有一定的进步性，超越了仅仅以"德"或者"色"评价女性，而代以能曲尽女性之美的更为根本的"态"作为评价标准，让女性审美在传统社会中具有了相对独立的地位。

在实践层面，"态"注重女性的"秀外慧中"，其生成与女性日常生活密切相关。围绕"态"的内外养成，李渔及晚明文人提出了一系列颇具实践意义的观点。如女性的装扮既要自然素雅，又要展现出活力；服饰要突出人的特点，扬长避短，在时尚中坚持个性，不要盲目追赶时尚，可谓直指女性梳妆打扮中的误区。并且，女性要通过服饰穿搭、家居布置等生活实践，与时、物、境等相和谐，塑造"氛围感"美女，予人全方位的美感，且女性需不断更新自我，以保持魅力。这些观点既展示了男性对于女性审美的期许，又开掘了女性生活美学的能动性，颇具现代价值。并且，其中不少观点是以女性为主体，如认为"习技"对主体产生潜移默化的影响，学文可以明理，学丝竹、歌舞可以变化性情，将传统审美教育思想延及女性，将女性当作具有能动性和独立性的生命个体，这是李渔女性审美的独到之处。同时，"态"动静交融、刚柔兼具，在不偏不倚的传统审美上添加了晚明的新元素，是对女性审美内涵的延展。

综上所述，"态"作为女性审美的重要范畴具有理论与实践意义，深刻体现了古代女性审美思想的发展，也是研究其时审美文化和生活美学的较新视角。本文剖析"态"的女性审美内涵，并延展到女性日常生活美学视角，这一视角虽仍主要体现男性文人的审美理想与要求，却是对古代女性日常生活美学研究的有益尝试。而从两性视角探讨"态"生成的审美文化背景，探索虽仍显仓促，却是希冀从两性互动的角度探讨古典美学范畴的生成，尤其是女性视角在古典美学研究中长期处于"失语"状态，而女性视角是中国古典美学建构中不可或缺的部分。

The Category of Li Yu's "State" and Life Aesthetics of Women

Zeng Tingting

Abstract: The category of "state" refers to a kind of overall and abstract aesthetic feeling that women have, which is the unity of internal characteristics and external appearances. It is regarded as the highest category of female beauty by Li Yu and other literati in Late Ming Dynasty, and thus is an important perspective to analyze ancient aesthetics of the female. "State" reflects a change of the aesthetic view of the female which was influenced by the thoughts of individual liberation of Yangming's philosophy. It is a product of respecting and appreciating women. The aesthetic connotation of "state" is plentiful, which contains not only the quiet and abundant internal nature, but also the free and lively vital presence of women, reflecting the literati's ideal female image of "external beauty and internal wisdom". Besides, it reflects meanwhile the construction of self-image of women to a certain extent. This connotation was generated under the influence of gender interaction, reflecting the distinctive characteristics of classical aesthetics of the female. Therefore, "state" is an important category to study the Late Ming Dynasty and even the traditional female aesthetic. Li Yu and the literati in the Late Ming Dynasty put forward a lot of modern aesthetic views on female life, such as how to insist oneself in fashion, how to create "atmosphere sense beauty" through the compatibility between people and the time, things and environment, etc., which are still very enlightening to the aesthetic life of female today.

Keywords: Li Yu; "State"; Aesthetics of the Female; Aesthetics of Women's Life

中国现代美学研究　◀

当代中国生存论美学对"陌生化"的一个阐释疑点*

刘　阳**

摘要：当代中国生存论美学揭示出"陌生化"理论源自浪漫派，认为俄国形式主义歪曲了这种根源。这种阐释将矛盾当成了不矛盾，而将不矛盾当成了矛盾。浪漫派的"陌生化"受到亚里士多德有机性思想的影响，以与机械形式对立的有机形式为陌生，服从的是认识性要求，导向黑格尔"美是理念的感性显现"学说与别林斯基的"熟悉的陌生人"学说，所涉及的具体理念，有别于柏拉图抽象无形式的理念，而与生存本体的柏拉图式超验目标存在矛盾。俄国形式主义从语言论立场出发解决这一矛盾，因为"陌生化"化熟悉为陌生的过程，就是从"有"中敏感到"无"、追求可能性的过程，"陌生化"在此意义上才是实现生存本体的手段，可以被生存论美学吸收而并不造成矛盾。这个阐释疑点反过来表明，"陌生化"并未失去与现实人生的联系而趋于形式的封闭，在"陌生化"中逐渐形成的符号区分惯性及其整体团块效应，才是需要被当代事件思想进一步激活的症结。

关键词：生存论美学　浪漫派　陌生化

当代中国美学具有影响的形态，包括反映论、价值论、生产论、实践论、本体论、形式论、语言论、生存论等多种。相对而言，其中离现代学

---

* 本文系国家社会科学基金一般项目"当代文论关键词'事件'的中国进路研究"（24BZW012）的阶段性成果。
** 刘阳，华东师范大学中文系教授，博士生导师，主要研究方向为文艺学与美学。

术精神最近的形态之一，是生存论美学（这一名称在宽泛的意义上，也包括差不多同时在国内兴起的生命论美学与人生论美学）。这里有从现代生命哲学与存在论哲学等推导出的个体生存论美学，也有从马克思主义实践论出发来改造现代人本主义美学的社会生存论美学，它们的共同特点是从生存这一根基来理解人及其审美活动，从而赋予文学艺术人学维度与深度。在充分肯定这一美学迄今取得的推进性成绩之际，也应该客观地看到，它在阐释上隐含着一个不易为人察觉的疑点，对此的考察有助于将它引向更为健全的发展方向。

一 "陌生化"源自浪漫派

生存论美学内部分别侧重个体性与社会性的两大脉络，在指导思想上有共性也有区别。侧重个体性的生存论美学，以刘小枫出版于 1986 年的《诗化哲学》为代表。出版二十多年后，面对这部首次在新时期国内学界凸显浪漫派美学重要性的著作，著者表示"当时学界时髦的异化理论和作为'人类学'的美学理论妨碍了我对德意志浪漫主义及其问题的理解"，因为当时的写法在后来的著者看来"提供了当代中国思想史的一部反面教材：德意志哲学是一个危险的陷阱"，需要考虑及时"遗弃康德、黑格尔"而从近代哲学往前追溯①，还浪漫派思想本来面貌。虽然该著作也探讨了德国古典哲学对浪漫派思想的奠基作用，但从中拉出一条不意在"类"，而从叔本华、尼采、狄尔泰到海德格尔的思想路线的用心是很明显的。这份用心，与英国现代政治思想史家以塞亚·伯林 1965 年在美国作的《浪漫主义的根源》系列演讲一致，后者也认为"浪漫主义之后，一切都不同了"②，并相信存在主义深受浪漫主义影响，是对浪漫主义的直接继承。这种推崇诗化哲学中个体性进路的处理，使刘著颇为动情地得出"浪漫派哲学的魔化论倒有更多合理成分。魔化论……揭示出了一种思维方式：审美的思维方式，或诗化意识"的核心看法。③ 与刘著差不多同时，彭富春等学者也发表了类似意见，认为"文艺源于我们的生存，也必将归于我们的生存"，在"导引

---

① 刘小枫：《诗化哲学》，华东师范大学出版社，2011，"再版记"第 6 页。
② 〔英〕以塞亚·伯林：《浪漫主义的根源》，吕梁等译，译林出版社，2011，第 13 页。
③ 〔英〕以塞亚·伯林：《浪漫主义的根源》，吕梁等译，译林出版社，2011，第 83 页。

我们生存的超越"这点上体现了"为人生"的思想旨趣。① 这条脉络,切中1980年代后思想解放运动的态势,对当时的重大时代社会主题——恢复和张扬人的主体性,以及重视人的情感等以往普遍被忽视了的美学问题,客观上起到了积极的推动作用。

当然,随着时空的推进和学界认识水平的提高,生存论美学的上述个体性脉络,也逐渐暴露出理论局限,主要体现为在强调人的生存活动重要性的同时,将这一活动在性质上理解为个体的与心理的,而切断了它与社会历史发展的联系。例如,上述论者常常将西方马克思主义中的人本主义派别,当作生存论美学的谱系环节容纳进来,这便加强了这种美学的人本主义性质,而使之与人们稍后更为严肃深入地反思得到的、侧重社会性的生存论美学划清了界限。

后者在理论上的主要代表,可推王元骧在2000年前后发表的《我国现代文学理论研究的反思与浪漫主义理论价值的重估》等一系列论著。其核心观点是,德国浪漫派因得力于德国古典哲学与美学以及狂飙突进运动的成果,而在深度、独创性与成就上都超过了同时期的英法浪漫派,突出地推进了文学与实际人生的结合,不能因为它在政治上的保守主义与思想上的唯心主义(尤以耶拿浪漫派为代表)的局限,而抹杀它作为人类宝贵思想遗产的积极功绩,特别是它把艺术看成一个活的整体,强调读者通过自己的直觉与想象去把握它,因此就不能再像过去传统观念那样"把浪漫主义解释为只是一种崇尚自我表现的艺术观"②,这改变了上面侧重个体性的生存论美学观念,从作家与读者的现实联系中证明了生存本体是一种关涉社会存在的本体。所以,与一些学者慢慢不适应康德与黑格尔等德国古典哲学不同,这条思路反过来鲜明捍卫了康德与黑格尔等德国古典哲学家对浪漫派思想的支撑背景,主要理由正是"德国古典哲学……以确认个体与类的统一为基础和前提"③。站在今天的思想视野看,较之于前一脉络,这引入了社会维度,从而带上了历史深度和当代现实意义的后一脉络,在学理建构上显得更为合理。生存论美学就这样通过重估浪漫派在今天的合理

---

① 彭富春、扬子江:《文艺本体与人类本体》,《当代文艺思潮》1987年第1期,第24页。

② 王元骧:《我国现代文学理论研究的反思与浪漫主义理论价值的重估》,《文学理论与当今时代》,浙江大学出版社,2002,第345页。

③ 王元骧:《我国现代文学理论研究的反思与浪漫主义理论价值的重估》,《文学理论与当今时代》,浙江大学出版社,2002,第335页。

理论成就，借鉴其中有关"诗和哲学应该结合起来"①、将世界与人生归结为诗、将人的生存与审美深刻联系起来的思想，循序渐进地发展出了人生论美学。随着近十年来国内美学界对"两希文化"认识的逐渐深入和完善，侧重信仰与善的希伯来文化及其时间性维度，正在越来越受到美学研究的重视，这中间显然包含了对浪漫派美学的更多肯定，与西方学界在相关领域的研究进展也是合拍的。

但审美活动不是有了目标后就凭空产生的，而是现实地通过语言来实现的，那么语言对上述目标的实现，进入生存论美学视野了吗？要回答这个问题，就得来看看这一美学在重估浪漫派思想时，是否考虑到浪漫派对语言的看法，以及是如何看待和理解这种看法的。循此我们发现，上述主张者不是没有顾及这个问题，他们对这个问题的关注，集中于浪漫派的"陌生化"理论对俄国形式主义的影响：

> 俄国形式主义对当今西方文艺理论界所产生的深远影响已为文艺理论界所公认。但是对于它的理论渊源，似乎人们至今还不甚了了；或者还只是表面地抓住它与唯美主义的联系。其实，对于俄国形式主义来说，关系更为直接、更为深刻、也更不为人们所发现的，恐怕还是德国浪漫主义美学和诗论，不论它所主张的"形式即内容"的思想，还是"陌生化"（或译"反常化""奇特化""疏远化""异化""变异"）这一核心概念，都是在研究了德国浪漫主义美学和诗论的基础上提出，甚至直接是从它们那里吸取过来的。不过到了俄国形式主义者那里，却是经过改造乃至完全被歪曲了。②

其直接引据，则是德国浪漫派主将诺瓦利斯所说的"以一种令人愉快的方式把一个对象陌生化，同时使之为人熟悉并引人入胜，这就是浪漫主义的诗学"③。这表明，生存论美学的主张者把什克洛夫斯基的"陌生化"

---

① 〔德〕施勒格尔：《雅典娜神殿断片集》，李伯杰译，生活·读书·新知三联书店，2003，第 42 页。
② 王元骧：《西方三大文学观念批判》，《审美反映与艺术创造》，杭州大学出版社，1998，第 406 页。
③ 〔德〕诺瓦利斯：《断片》，高中甫、赵勇译，刘小枫选编《德语诗学文选》上卷，华东师范大学出版社，2006，第 284 页。

理论，上溯到浪漫派思想这一源头，从而发现了一个此前尚未有人留意的客观事实。鉴于这个溯源工作似乎还没有人做过，它是至今仍显得独特而宝贵的一项重要成果。这一对浪漫派的重估，也将对语言维度的估计包含其中。不能认为生存论美学只强调生存本体而回避语言问题，两者在生存论美学对浪漫派的重估逻辑中是兼具的。

正是在这里，生存论美学出现了一个阐释疑点，即把原本矛盾的当成了不矛盾的，而把原本不矛盾的当成了矛盾的。

二　把矛盾的当成不矛盾的，把不矛盾的当成矛盾的

一方面，浪漫派在目标上的超验追求，是明确宗奉柏拉图的，生存本体在超验意义上是存在于认识之外的；但它在手段上的"陌生化"，则是建立在亚里士多德有机论基础上、服从于认识的。这两者存在学理逻辑上的矛盾。当代中国生存论美学在重估浪漫派时没有充分认识到这一点，以至于把矛盾的当成了不矛盾的。

如艾布拉姆斯所总结的，整个浪漫主义文论秉持的是"超验主义的理想"①，其哲学根源则被公认为是"柏拉图主义"②。这一前提为当代中国生存论美学所接受，他们同样发现了德国"浪漫主义抛弃了古典主义所信奉的亚里士多德的诗学传统，转而从柏拉图的思想中去寻找他们的理论依据"③。对浪漫派来说，生存本体这一超验目标是柏拉图式的，属于信仰传统。因为柏拉图所说的理念，存在于认识之外而不可知。浪漫派"陌生化"理论所依据的"有机形式"主张却来自亚里士多德，属于知识传统，指的是反对古典主义美学将内容与形式机械分割的倾向，而从亚氏的《诗学》中汲取了有机性思想。有机性思想主要集中于《诗学》中的两处表述。其第七章指出："一个完整的事物由起始、中段和结尾组成。起始指不必承继它者，但要接受其它存在或后来者的出于自然之承继的部分。与之相反，结尾指本身自然地承继它者，但不再接受承继的部分，它的承继或是因为

① 〔美〕M. H. 艾布拉姆斯：《镜与灯：浪漫主义文论及批评传统》，郦稚牛、张照进、童庆生译，北京大学出版社，1989，第 57 页。
② 〔美〕M. H. 艾布拉姆斯：《镜与灯：浪漫主义文论及批评传统》，郦稚牛、张照进、童庆生译，北京大学出版社，1989，第 195 页。
③ 王元骧：《我国现代文学理论研究的反思与浪漫主义理论价值的重估》，《文学理论与当今时代》，浙江大学出版社，2002，第 332 页。

出于必须，或是因为符合多数的情况。中段指自然地承上启下的部分。"①
其第八章也指出："事件的结合要严密到这样一种程度，以至若是挪动或删
减其中的任何一部分就会使整体松裂和脱节。如果一个事物在整体中的出
现与否都不会引起显著的差异，那么，它就不是这个整体的一部分。"② 在
这一思想的影响下，德国浪漫派提出了与机械形式（即把形式视为脱离本
质的偶然附加物）相反的有机形式，将由于机械惯性而变得熟悉的感觉重
新陌生化——呈现出事物固有而从内向外展开的"事物活灵活现的面貌"③。
这才是浪漫派所说的"陌生化"的确切含义。这种"陌生化"理论在今天
能不能直接照搬过来使用呢？

回答是否定的。因为这种"陌生化"依托的是有机形式论。有机形式
的内在贯穿动力，是一种在萌芽完全发展的同时即已具备了自身定性，从
而内含了因果性的完整整体，本质上正是稍后黑格尔所说的理念的感性显
现（美的理念本体与特殊性，成为和解了的统一体）。这种建立在有机形式
论基础上的陌生化，由于顺应的是亚氏提出有机性思想时所试图服从的认
识性，因此趋向黑格尔的本质主义理念论，并在差不多同时期被别林斯基
的"熟悉的陌生人"等思想进一步发挥。这种建立在有机形式论基础上的
"陌生化"，为什么不是超验的呢？

因为黑格尔所说的理念，和柏拉图所说的理念是根本不同的。黑格尔
所说的理念，不是柏拉图所说的抽象无形式的理念，而是具体的理念，是
在否定了自身抽象性与片面性后，与特殊性达成和解的统一体，在艺术中
表现为"理念和形象两方面的协调和统一"，这种协调和统一保证了"理念
与形象能互相融合而成为统一体"④。浪漫派的"陌生化"作为理念与形象
的统一体，由此成为近代二元论思维方式的产物，理念统摄下与形象达成
的这种统一，由于缺少现代以来生成、流变与绵延的非理性视角的介入，
存在用同一性消解差异性因素而并未解决内部融合机制的局限，是单纯提
供给人们认识的，与生存本体超越于认识之外的超验性是矛盾的。

另一方面，俄国形式主义从语言论立场出发，改进了浪漫派"陌生化"

---

① 〔古希腊〕亚里士多德：《诗学》，陈中梅译注，商务印书馆，1996，第 74 页。
② 〔古希腊〕亚里士多德：《诗学》，陈中梅译注，商务印书馆，1996，第 78 页。
③ 〔美〕雷纳·韦勒克：《近代文学批评史》第 2 卷，杨自伍译，上海译文出版社，2009，第
61 页。
④ 〔德〕黑格尔：《美学》第 1 卷，朱光潜译，商务印书馆，1979，第 90 页。

理论的有机主义及其形而上学局限，证明"陌生化"化熟悉为陌生，就是从"有"中敏感到"无"即可能性，"陌生化"在此意义上才是实现生存本体（可能性）的手段，可以被生存论美学吸收而不造成矛盾。当代中国生存论美学在重估浪漫派时也没有充分认识到这一点，以至于把不矛盾的当成了矛盾的。

生存论美学深受"内容决定形式"这一传统观念的影响，在指出俄国形式主义"陌生化"理论源自浪漫派之后，接着又指出"陌生化"理论对浪漫派思想作了"改造"和"歪曲"，以"手法"偷换了德国浪漫主义诗学中的"形式"一词，没有看到后者指艺术家创作活动的动力和追求的最终目的（即艺术形象），并不排斥表象材料与情绪材料，不能被望文生义地理解为抽空了社会历史内容的纯粹形式，而是"艺术家整个创作活动最终所要达到的结果，即艺术形象"，它"亦即艺术家创作活动的动力和追求的最终目的"①。以被公认为德国浪漫派奠基人的席勒为例，他主张的"通过形式来消灭质料"中的"形式"②，实为"艺术家想象力所掌握的和创作目的所追求的'活的形象'"③，不能被误解为形式主义者。忽视这一点之后，生存论美学进而认为俄国形式主义用"材料"（Material）偷换"内容"（Content）概念，以至于完全走向了形式主义。这样，从表面看，浪漫派所理解的形式，确实带有一定的表象材料与情绪材料，并未滑向纯形式论，似乎反衬出俄国形式主义在对形式的理解上从外部彻底转入内部的理论局限。④ 这个判断对不对呢？

回答也是否定的。如前文分析，浪漫派的"陌生化"是依托于有机形式及其形而上学实质的，反倒是从词源上继承它而来的俄国形式主义"陌

---

① 王元骧：《西方三大文学观念批判》，《审美反映与艺术创造》，杭州大学出版社，1998，第 407~408 页。
② 〔德〕席勒：《审美教育书简》，张玉能译，译林出版社，2012，第 69 页。
③ 王元骧：《文艺内容与形式之我见》，《审美反映与艺术创造》，杭州大学出版社，1998，第 193 页。
④ 生存论美学在此直接使用"形式的'陌生化'"这一概括（王元骧：《艺术真实的系统考察》，《文学理论与当今时代》，浙江大学出版社，2002，第 44 页），认为读者对这种"陌生化"形式的接受必须建立在来自惯例作用的"自动化"基础上。这一看法，等于重新将"陌生化"的接受引向了熟悉化，类比一下，即"陌生化"直接造成的"自动化"接受，强调先于意识的无意识；"陌生化"在惯例中的接受，则强调从意识转化而来的无意识（熟能生巧）。后者显然带上了理性权力的规训。详见王阳《论新时期马克思主义文艺学对无意识理论的改写》（载《学术月刊》2024 年第 10 期）的分析。

生化"理论，在语言论立场上自然地超越了整体性及其本质主义实质。因为语言被证明为无法直通事物而具有任意性的符号系统，在说一样东西之际，注定伴随着对这样东西所无法说出的，这便为"无"在"有"中的必然并存提供了合法性理据，动摇了有机形式论所赖以植根的内在完整性。理念在语言中因任意性与差别性原则，相应地发生动摇而无法再合法存在。这一来，其实纠正了浪漫派"陌生化"理论之偏的，恰恰是俄国形式主义的"陌生化"理论。

具体地看，生存本体这一目标的实现，离不开俄国形式主义意义上的"陌生化"。"陌生化"理论的核心是，文学语言需要"把形式艰深化"[①]，增加感受的难度，延长感受的时间，达到最大强度并尽可能持久。它呼应了 19 世纪中后期以来马拉美、瓦莱里与福楼拜等一批现代作家的语言实验，在自觉凸显语言自身的结构组织这一点上，体现的是索绪尔等人开创的语言论传统，因此可以被视为语言论在美学上的基本命题。"陌生化"通过强化语言符号之间灵活排列、组合形成的区分和差别，不断地化熟悉为陌生，而化熟悉为陌生的过程就是化"有"为"无"的过程，这个始终从已知之"有"发生出未知之"无"的过程，和生存论追求以可能性为实质的"无"的过程是一致的。"无"在这里并非神秘与虚空，而是语言的现实出场。生存论美学将俄国形式主义所说的"手法"，理解为仅仅是修辞层面上的表达技巧，多少是受到了汉语习惯中"形式主义"一词每每带有的贬义色彩的影响而作出的片面判断。其实这里的"手法"，正如有识之士揭示的那样"本身就是艺术创作的动力因，可以归属到形式之中去"[②]。更重要的是，这种对"陌生化"的强调，是指改变传统美学将注意力集中于外部仿佛自明的世界的做法，而转向语言建构的意义世界这一唯一真实的世界，其过程是：语言是符号的区分；符号的区分带出现实的区分；被区分后的现实中出现结构位置的不等，便隐藏了权力；语言论从而必然引起政治转向而并不封闭，指向了具有现实根基的生存本体。这表明，在美学意义上，生存本体必须经由"陌生化"的语言手段才能现实化。生存论美学将浪漫派的"陌生化"与后来俄国形式主义的"陌生化"割裂开来，没有看到生存本体这一目标的真正实现，依靠的正是超越有机形式立场后对"陌生化"作出

---

① 〔苏〕维·什克洛夫斯基：《散文理论》，刘宗次译，百花洲文艺出版社，1994，第 10 页。
② 王元骧、苏宏斌：《关于"形式本体"问题的通信》，《学术研究》2011 年第 6 期，第 132 页。

的现代改造。这样，用语言论精神超越有机形式的近代认识论色彩，才将作为意义世界的生存本体的创造落到了实处。

三 真实问题所在以及新生长点

指出"陌生化"并未被俄国形式主义加以歪曲，相反获得了超越有机形式论的积极意义后，可以进而确认，俄国形式主义的"陌生化"理论如果说尚存在可追问之处，那不在于生存论美学主张者所以为的问题，即似乎失去了与现实人生的联系而趋于形式结构的封闭。事实上我们看到，基于语言论学理的"陌生化"，在符号区分形成现实区分，从而形成政治关切这点上非但不曾趋于封闭，反而在更加如其所是的基础上接通了现实人生，而成为生存本体在现代的实现途径。这样，对"陌生化"理论中尚存的问题，就得从别的方面来寻找。那究竟是一个什么问题呢？

"陌生化"的实质，是最大限度地随顺和凸显语言符号的区分性。对文学艺术而言，受控与施控的临界点即"陌生化"。因为时间上，是上一个符号推出着下一个符号，逻辑上，却是下一个符号决定着上一个符号，施控状态微妙地转变为受控状态的那一刻，就是变原先的熟悉感为陌生感，它无非来自下一个符号出现后对上一个符号的不断刷新，而这正是语言在区分中展开差别的本性。这样来理解"陌生化"，才避免了把它仅仅把握为技术、技巧的局限，而触及了其根本意义："陌生化"的实质就是语言论基本精神。文学因而实际上就是语言的一种用法。

但并非所有美学家都对语言的符号系统性质深信不疑，20世纪美学家如法国的利奥塔，从事件的角度给出自己的不同看法，指出"后一笔修正与试验前一笔"这一分析，总是通过结束并追溯组织事件的时间性，来试图表明最后一笔才使前面所有之笔都有了意义，这仍然行使着一种目的论，预设了一种因果关系的稳定前提：由于"后一个符号"始终存在，总可以被依赖与信赖，而在分析上始终令人放心，其操作系数是安全的。利奥塔认为，这凝固了符号的差异，在稳定的因果保守性中吞噬了必须尊重的事件，却导致事件的"暴力"相应地缺席，[1]而陷入了政治的幻想。这种独特

---

[1] Geoffrey Bennington, *Lyotard: Writing the Event*, New York：Manchester University Press, 1988, p.69.

的看法，得到了一部出版于 2019 年的、探讨事件基本性质——独异性的国际近著的印证："差异并不等于单纯的对立，因为对立引入了一种减少，一种不那么深刻的关系，在一种简单的矛盾中压缩了复杂性。……以对立为前提的并不是差别，而是以差别为前提的对立。对立不但不能通过追溯差别的基础来解决差别，反而背叛和歪曲了差别。我们不仅说，差别本身并不是矛盾，而且还说，差别不能归结为矛盾，因为矛盾并不比差别更深刻，而是更不深刻。"① 这表明，符号的差异作为一种追溯性成果，替代却无法直接等同为差异中那不断（已经和应当）继续出现的进一步差异，而容易以单纯的对立名义将差异凝固起来，以至于消弭差异网络所本应有的、难以预测的复杂性，后者即紧张的暴力介入——事件性的他者。

这意味着，当一个符号唯有在与所有不是自己的其他符号相区分的情况下才获得意义，并强化这一点而发动"陌生化"进程时，每个符号诚然既是主体又是客体，消弭了主客二分的二元论思维方式，但也不再有奇峰突起，而变得同质化了。它导向另一种平庸，哪怕那以反思与批判传统（二元论）形而上学为名义。设想一位后现代画家画竹时，依据"笔笔生发"的语言论原则，而让下一笔的出现不断作为新符号去修正与重塑上一笔，在此过程中突然在纸上故意捅破个洞，打断下一笔的出现。这既在语言论的稳定感与安全性中及时引入了一个充满独异性的事件，也与恶搞存在本质区别：在打破符号稳定区分关系这点上反思与创新，为语言论提供了新的思路。这样来纠正语言论美学之偏，全面理解审美创造，解释其一系列溢出常规的表现与细节，才符合客观事实。

因此，在"陌生化"中逐渐形成的生存整体性团块效应及其符号区分惯性，才是需要被当代事件思想进一步激活的症结。当不断从熟悉之"有"的状态进入陌生之"无"的状态时，有无之间的交替，也在不知不觉中形成了另一种给人安全、稳定感的惯性，流连于其中难以自拔，而不再具备进一步冲突的动力。虽然"陌生化"过程植根于"有/无"在生存论意义上的并存，然而"有/无"（"得/失"）又不知不觉地构成了一种不断重复的轮回，不能不令我们想到当代思想对这种轮回格局的反思，比如人们对尼采"永恒轮回"学说的深刻批判。"永恒轮回"意在批判以苏格拉底与柏拉

① Stefania Caliandro, *Morphodynamics in Aesthetics：Essays on the Singularity of the Work of Art*, Switzerland：Springer, 2019, pp. 4-5.

图为代表的那种惩恶扬善、扼杀欲望的传统形而上学，认为只要用理性去遏制死亡，在理性中试图延缓乃至回避死亡，那么理性的另一面——本能的报复就会来势凶猛，导致遏制与爆发、创造与毁灭永恒的轮回，而体现出生命的统一性与必然性。就是说，生（有）注定要伴随死（无）的焦虑，这是一种无法也不应被规避的轮回，任何试图阻断这种轮回，凸显其中一者而抹杀另一者的做法，都会即刻遭到本能的报复而陷入败局。所以，为个体之死而悲伤流泪（在试图挽留生命中避免死亡）并无意义，唯有坦然保留它，方可防止轮回报复的很快来临，个体之死的积极性是从这个意义上讲的。尼采由此反照出人的境遇的有限性。但今天的研究者反思道，尽管通过这种"永恒轮回"之说可以强烈批判形而上学，然而这种"轮回"思维本身，却依旧是典型的形而上学产物，尼采因此被后来的海德格尔等思想家称为最后一位形而上学家，他开辟的这条"唯有死，方有生"的思路，也容易在"轮回"思维中重返形而上学。这种当代反思显然也带出了"陌生化"理论的真正问题：不是趋向形式技巧的封闭惯性，而是趋向生存本体的同一惯性。

这种局限尽管属于"陌生化"理论在实际发展中逐渐造成的后果，但可以被"陌生化"理论自身在原则上克服。因为在提出这一概念后，就在同一语境中，什克洛夫斯基接着谈到诗歌语言与日常语言的区别：

> 我们处处都能见到艺术具有同一的标志：即它是为使感受摆脱自动化而特意创作的，而且，创造者的目的是为了提供视感，它的制作是"人为的"，以便对它的感受能够留住，达到最大的强度和尽可能持久。同时，事物不是在空间上，而是在不间断的延续中被感受。诗歌语言正符合这些特点。①

这段表述紧紧依托于上下文有关"奇异化"（即"陌生化"）的论述语境展开，不仅补充性地申述了前面道出的原理，而且强调"达到最大的强度"，表明"陌生化"存在一个在语言组织中增大强度的动态挤胀过程。而达到强度的最大化，必然触及对自身限度的冲击、试探和搏斗较量，这

---

① 〔苏〕维·什克洛夫斯基：《散文理论》，刘宗次译，百花洲文艺出版社，1994，第20页。着重号为笔者所加。

便涉及种种带有事件性色彩的差异、变异、他异与独异等因素。从这个意义上观察，"陌生化"在本性上便不仅仅具备形式与结构的内部层面，也同时孕育着冲破形式与结构的事件性力量，只是有赖于这一理论的实践操作者是否具备相应的智慧，积极地引导和激发出这种力量。

从这一认识出发，生存论美学对自身理论目标需要作出的调整，便是在传统积累的基础上进一步看到，生存本体不是一个带有整体因缘结构和团块效应的、在动变中逐渐重新凝固起来的团块，而是一种每每具备尖锐刺痛感、往往给人脆弱无力感的事件，不是仅凭可能性信念就能实现的。以浪漫派与"陌生化"为核心考察当代中国生存论美学的上述阐释疑点，最终意义也就在于从诉求上改变生存本体在可能性范式中被简化的现状，从学理目标与手段的统一角度，锚定生存论美学的新航程。

An Interpretation of "Defamiliarization" in Contemporary Chinese Existential Aesthetics

Liu Yang

Abstract：Contemporary Chinese existential aesthetics reveals that the theory of "defamiliarization" rooted from romanticism and argues that Russian formalism distorts this origin. This interpretation regards contradiction as non-contradiction, non-contradiction as contradiction. Influenced by Aristotle's thoughts of organic integrity, the Romantic thoughts of "defamiliarization" developed an organic form opposed to mechanical form, which was in accordance with requirements of cognition. These thoughts led to Hegel's theory of "beauty is the perceptual manifestation of idea" and Billingsky's theory of "familiar stranger". The concrete ideas involved are different from Plato's abstract and formless ideas. There is a contradiction with the platonic transcendental goal of the Noumenon of existence. Russian formalism solved this contradiction from the standpoint of language, as the process of "defamiliarization" from familiarity to unfamiliarity is the process of feeling "void" from "being" and pursuing other possibility. In this sense, "defamiliarization" is the means to realize the Noumenon of existence, which can be integrated into existential aesthetics without causing contradiction. This doubtful point of interpretation in turn shows that "defamiliarization" does not lose its connection with real life and tends to be closed in form. The inertia of symbolic distinction and its overall clump effect that gradually formed in "defamiliarization" is exactly the crux that needs to be further activated by the thought of event.

Keywords: Existential Aesthetics; Romanticism; Defamiliarization

方东美的审美主义哲学建构

罗卫平[*]

摘要："诗哲"方东美善于"援诗入思"和"化思入诗"，他于20世纪20年代开始其哲学思考和审美主义建构，试图以审美主义调停古今中西之别。方东美哲学、艺术双通，文字诗意灵动，所以要厘清其思想体系并不容易，本文从情理关系、生命诗意与境界超拔、直透的观照方式等方面，对方东美审美主义哲学建构进行论述，以期通过"诗哲"之眼，对当下人的生存境遇有一定反思。

关键词：方东美　情理集团　生命诗意　直透

方东美的哲学建构具有审美主义的特点。对于方东美，牟宗三称其"富有文学的情味"，[①]贺麟说"他的思想、他的文字和他所用的名词，似乎都含有诗意"。[②]这一方面是因为方东美本身是诗人，善作且有诗集存世，喜欢用文学性语言来表达自己的哲学思想和对人生的思索，所谓"援诗入思"；另一方面也与方东美审美主义的哲学建构有很大关系，使其哲学思想具有诗性气质，所谓"化思入诗"[③]。方东美认为，理想的哲学家除了善思，还应有诗人及艺术家的资格，有"哲人三才"说，"本来是兼综先知先觉、诗人、艺术家同圣人的资格，然后才构成晚辈的哲学"。但也正因为方东美哲学、艺术双通，思绪天马行空，文字诗意灵动，所以我们要厘清其思想

---

[*]　罗卫平，哲学博士，社会科学文献出版社编辑，主要研究方向为现当代美学、文艺理论。

[①]　牟宗三：《五十自述》，鹅湖出版社，1989，第108页。

[②]　贺麟：《五十年来的中国哲学》，上海人民出版社，2012，第60页。

[③]　方东美：《原始儒家道家哲学》，中华书局，2012，第9页。

体系并不容易。本文拟从问题意识、情理关系、诗意生命与境界超拔、直透的观照方式等方面对方东美审美主义哲学建构进行论述。

一　以审美主义调停古今中西之别

不同时代的学者会面对不同的时代问题，这些问题或隐或显地形塑着他们的思想面相。方东美早期哲学建构的主要文章，如《生命情调与美感》《生命悲剧之二重奏》《哲学三慧》等，皆写作于 20 世纪 30 年代，但其问题意识则来自 20 世纪 20 年代。

在中国思想史上，20 世纪 20 年代是一个范式转换和多元思潮激烈碰撞的关键时期。①近代以来，特别是五四以后，来自西方的科学文化猛烈地冲击着中国传统文化，引发道德、精神与文化认同的三重危机。胡适等新文化领袖以"科学"与"民主"为旗帜，试图以科学主义重塑信仰。1923 年 2 月，张君劢在清华大学作了题为"人生观"的演讲，对"科学万能"的思想倾向提出批评，随后丁文江作文回应，引发了轰轰烈烈的科玄论战。1924~1925 年，留学归国不久的方东美亲历了少年中国学会中马克思主义与国家主义两派的分裂，这一定程度上意味着五四启蒙阵营的瓦解。当时各派思想家对意义、文化、秩序危机的探索，既暴露了传统资源与现代性之间的断裂，也催生了创造性转化的可能。可见，当时国朝学界面对两大危机，一是随欧风美雨而来的科学主义浪潮，二是文化断裂与民族存亡的焦虑。其实这既是古今问题也是中西问题。

留美归国的方东美并不反对科学的功用，因为科学增强人征服、改造自然的能力，为人类提供更好的生活环境，这是深受新文化运动影响而形成的进步主义观念的必然反应。他反对的是"科学主义"，反对科技理性的滥用，反对科学的逻辑化、数量化和对象化思维所导致的现象界与本体界、超越维度与现实生活的割裂，"漫将客观的存在与宝贵的价值区分为二，而断其连贯……宇宙的终极目的，人生的至善理想往往浮游无据，濒于幻灭"。②"科学是宝贵的，但科学主义却是要不得的。"③科学解决不了人生观

---

① 参见朱汉民《百年中国思想史研究的回顾与展望》，《船山学刊》2024 年第 4 期；许纪霖《二种危机与三种思潮——20 世纪中国的思想史》，《战略与管理》2000 年第 1 期；等等。
② 《方东美演讲集》，黎明文化事业公司，1980，第 193 页。
③ 《方东美演讲集》，黎明文化事业公司，1980，第 236 页。

问题，以科学主义的视野去审视人，其实质是将人作为客体而加以解构、分析与还原，方东美曾多次提到人在近代遭受的天文学、生理学和心理学的三大打击，其实就是在批判科学主义对人的逐步吞噬，在这三大打击下，人的高贵、尊严与神圣不复存在，尤其是在心理学的打击下，"人性被分化后，几乎都成了兽性……人类各种怪模怪样都显现出来了"。①可以说，对新文化运动所主导的科学主义和进步主义，方东美所持立场与玄学派、学衡派在某种程度上是相同的，他们都不否定科学的功用，但都认为仅用科学解决不了人的生命之问和价值伦理问题，更强调中国文化和伦理的主体地位不可丧失。从这个角度来看，科玄的中西之争实际上就是古今之争。方东美意欲调和这种古今中西之别，重建一种古典的价值观。

在启蒙运动中，中国传统伦理中心主义受到了极大的冲击，以儒家"三纲五常"为核心的等级制度和家族伦理被批判和解构，吁求权利和自由的个人主义兴起。在这种背景下，要重建古典的价值观，方东美没有像其他现代新儒家那样围绕伦理中心，基于道德形而上学进行哲学建构，而是越过宋明理学的心性论脉络，②直接返回原始儒家，从《周易》"天地之大德曰生"，紧扣"生生之谓易"这一生命创造原则，结合西方生命哲学，基于审美中心建立自己的哲学体系。一切哲学问题都是生命问题，"中国向来是从人的生命来体验物的生命，再体验整个宇宙的生命。则中国的本体论是一个以生命为中心的本体论，把一切集中在生命上，而生命的活动依据道德的理想，艺术的理想，价值的理想，持以完成在生命创造活动中，因此《周易》的《系辞大传》中，不仅仅形成一个本体论系统，而更形成以价值为中心的本体论系统"。③"天地万物之美即在普遍生命之流行变化，创造不息。圣人原天地之美，也就在协和宇宙，使人天合一，相与浃而俱化，以显露同样的创造。换句话说，宇宙之美寄于生命，生命之美形于创造。"④

在古今中西的冲突中，方东美是一个古典主义者，但他的诗性气质决定了他用来应对时代危机的古典主义是非伦理中心的，而是审美主义的。牟宗三曾说方东美"是用审美的兴会来讲儒学"，牟氏对方氏这一审美主义

① 《方东美演讲集》，黎明文化事业公司，1980，第 206 页。
② 方东美对宋明儒学多有批判，认为宋明儒学的宇宙论偏离了原始儒家是生命精神，因道统观念和方法论局限而陷入僵化。参见余秉颐《作为中国哲学"四大主潮"之一的新儒家哲学——方东美评宋明理学》，《儒学论衡》2016 年第 1 期。
③ 《方东美集》，群言出版社，1993，第 446 页。
④ 方东美：《中国人生哲学》，中华书局，2012，第 55 页。

的讲法不以为然，但从一个侧面证明了方东美的哲学是一种美学化的建构，这与方氏价值重建的基础是审美而非道德的基本取向是一致的。

二　境（理）的认识与情的蕴发

方东美审美主义应对方式和哲学建构最早体现在他对"境（理）之认识"与"情之蕴发"的论述上。

1927 年秋冬之际，方东美在刚建立的中央政治学校主讲近代西方哲学，听课的有对哲学感兴趣但从未学过哲学的新生，也有哲学专业学生。讲稿遂成《科学哲学与人生》的前五章，后来方东美打算在此五章的基础上，续写十七章，即将前五章作为绪论，续写部分讨论"各项专门问题"，但因"疾病相侵，抑郁无聊"而中断。1936 年，方东美在"中国哲学会南京分会"成立大会上宣读《生命悲剧之二重奏》一文，觉得该文题旨恰可作为讲稿前五章的结论，于是将它们汇集在一块出版。《科学哲学与人生》、《生命悲剧之二重奏》与《生命情调与美感》（1931）、《哲学三慧》（1937）是方东美早期思考的主要成果，从中我们可以看出他的主要关切和回应，也可见出其哲学建构中明显的审美面相。

《科学哲学与人生》前五章的标题分别是"绪论——哲学思想缘何而起""希腊哲学之意义""科学的宇宙观与人生问题——（一）物质科学""科学的宁宙观与人生问题——（二）生物科学""人性之分析"，从该书标题和各章节标题都可看出其与科玄论战的亲缘关系，因此在某种程度上可视为对那场论战的回应和对哲学的辩护。

方东美先回应了哲学所面对的颓势和各种指控。近代以来，"科学万能之梦犹酣，哲学之威势，渺然不可复见"。[①]以科学的标准来看，人们会说哲学是抽象的、板滞的、武断的、不切人生的。似乎在人类生活中，科学与哲学是截然对立的，科学具有一切优点，而哲学则有思想系里的一切"弱点"。这显然是不合情理的。方东美作了一个简单的历史回顾，称近代科玄分立乃是受"19 世纪知识分工影响"，却不知在哲学的源流处，"哲学里有科学，科学里有哲学"，并逐一驳斥了加诸哲学的各种指控。

人生于世，既要面对"有法之天下"，也要面对"有情之天下"，除有

---

①　方东美：《科学哲学与人生》，上海商务印书馆，1937，第 3 页。

物质消耗和享受外，还会思考，会希望有精神的幸福。"哲学问题之中心便是集中于人类精神工作之意义的探证，文化创作之价值的评判。"①那哲学缘何而起？一是起于"境的认识"，二是起于"情的蕴发"。"我们如把境的认识与情的蕴发点化了成为一种高洁的意境，自能产生一种珍贵的哲学。"②"境的认识"是对世界、环境的感觉和认识，诉诸感官、理性，化万殊为一理，以求事理的条贯，即"时空上事理之了解"。哲学家"得了境的认识，当更求情的蕴发（广义的情除却冷酷的理智活动以外都是情），否则心中常觉杌陧不安。就科学所得的客观物象上说，这种情理也许是无据的、主观的，然而就人类的活天性上说，情理的世界是最珍贵的宝物。科学家的眼光是锐利而冷静的，哲学家的心情是强烈而温存的，就此点言，哲学家显与文艺家较为接近"。③"情的蕴发"，其结果是"事理上价值之估定"。④

为了更好地说明"境的认识"与"情的蕴发"，方东美以植物学家与文学家面对花的不同态度为例。植物学家走进花园，只注意花的种类、枝干、色彩等属性，只见物色；同样的景色在文学家眼里则是情感蕴藉，绮丽缠绵，花草生动，尽得生意。"在外者物色，在我者生意。"物色与生意契合无间，使"物具我之情，我亦具物之情"。不过，"情的蕴发"很难用语言表达，所以我们只能以艺术家"触物以起情，索物以托情，叙物以言情"的方式来领悟。

人总是生活于客观的物质世界中，在人的活动中，走向对世界的认识及利用，"境"的认识便是一种追求对事物的冷静的系统化、逻辑化、数量化的了解，这种认识起于人的感觉和经验，通过理性的逻辑推论，追问现象世界背后的本质规律，形成对事物条贯的认识。因此，"理"在方东美的思想中有两层意思：一是指人生活于其中的客观物质世界，以及人在对于世界探求所形成的对世界的本质、规律的认识；二是指人的思虑测度的理智活动。在方东美的理解中，"情"也有两层意思，一方面是指在物质生活的基础之上，在对"理"的获得之中，在冷漠的事理、科学规律之后，"追求美的善的情趣"，即富有诗意的超越性追求。人认识了世界的本质、规律，还只是认识了一个平面的物理的世界，不包含意义和价值，人在"理"

---

① 方东美：《科学哲学与人生》，上海商务印书馆，1937，第14页。
② 方东美：《科学哲学与人生》，上海商务印书馆，1937，第16~17页。
③ 方东美：《科学哲学与人生》，上海商务印书馆，1937，第21页。
④ 方东美：《科学哲学与人生》，上海商务印书馆，1937，第17、25页。

的世界中只有当下性，而人在对世界的利用和改造中有向未来生成的向度，即人本身有超越性，这种超越性体现为人的活泼生意和情趣。人追求高洁的意境，有超越当下以实现自己理想的认同，有将现实世界提升到可能世界和理想世界的维度，只有在认识物之"理"后求"情"的境界，才能满足生命的要求。"情"在另一方面是指人的喜怒哀乐等情感，纯粹的理智活动不能构成完整的世界图景。

方东美在论述哲学的缘起、宗旨与功用时，区分了有法天下与有情天下、物色与生意、境（理）与情，似乎陷入了二元论的窠臼，"犹有人疑惑我们硬把生命领域内的'情'与客观世界上的'理'分为两截"。情理若分两截，便会产生"情之所由起"和"理之所自出"的两大疑难问题。对此，方东美认为情理是一贯的，"情"与"理"任何一方的偏废都不能构成完整的人性，方东美将"理"主要指向宇宙、现实生活，将"情"指向人生、可能世界，但宇宙有理并非无情，而人有情并非无理，"宇宙自身便是情理的连续体，人生实质便是情理的集团"。①从人的常识来说，世界整体可以从人的视角划分为二，即人和人所生活其中的物质世界，二者最初是融合在一起的，人融身、依寓、繁忙于世界之中。此后，人逐步从万物中分离出来，走向认识，人站在万物之外，对其进行考察、征服、利用，人与万物是反映与被反映，征服与被征服的关系，人忙碌于对世界的认识与探求，形成按逻辑化、对象化与数量化的思维原则而建立的世界图景。这是属于"理"的认识，其结果是虽然产生高度的物质文明，却使世界的诗意与价值消灭殆尽。而人是不可能真的放弃对自身生存的意义和价值的追问的，人总会在不断地反思自身的境遇中形成新的自我理解，不断地超越"理"的束缚去追求"情"的境界。这是人之为人、人有生存的勇气的根源。方东美后来曾说："人的根身就是一种高贵的情趣，是一种意义的实现。"②即便如此，"情""理"二者并非冲突与对抗的关系。因为方东美认为人的意义和价值世界与人的生活现实世界是统一的，和谐的，二者交融互摄。事实上"情理"世界作为生命本体"熏生力用"的产物，是涵泳、统一于生命本体中的，二者从一开始就注定了相依互存，交融互摄的命运。

方东美之所以将"情""理"分开说，只是为了讨论的"方便"，否则

———————————

① 方东美：《科学哲学与人生》，上海商务印书馆，1937，第35页。
② 蒋国保等编《生命理想与文化类型》，中国广播电视出版社，1992，第53页。

循环圈圄，没法入手。情理既是一贯的，也是一体的，那么情之所由起与理之所自出的问题便可得到解答，即情有理生，理自情出，"彼亦因是，是亦因彼"。但从属性上看，情理是可以分辨清楚的，"生命以情胜，宇宙以理彰。生命是有情之天下，其实质为不断的创进的欲望与冲动；宇宙是有法之天下，其结构为整秩的、条贯的事理与色相"。[①]生命之活动与创进需以客观世界为根据和环境，若无客观世界，生命将无所依托，即"情因色有"；若无生命，客观世界将是晦暗的，没法得到呈现和照亮，即"色为情生"。仅言理不言情，只能是科学家；仅言情而不言理，只能是艺术家；只有既言理又言情，才是哲学家。那么西方近代所产生的"情"与"理"、意义世界与生活世界、超越向度与物质羁绊的对立与分裂又作何种解释？方东美认为这是西方主客二分思维状态下的必然产物，是人类理智的迷误。事实上，方东美所有的哲学思考与建构就是为了融合那被劈成两半的世界，以恢复世界与人性的完整。他对"情"的可能世界与"理"的现实世界的分析，无非是想告诉我们这样一个事实，人生本质在于对理想的诗意世界的追求，而这种追求是有现实生活作为根基的，如果二者由于人类理智的迷误而分离，也会因生命本体的能动创造性而统一。这一致思趋向在其本体论中表现为："情"与"理"的统一是生命本体的必然要求，被生命精神所涵泳的"情、理"世界因人类理智的迷误而产生的分离必然通过生命本体的自我运动、提升而达到最终的合一与完整。

在"情理的连续体"和"情理的集团"中，表面上看来，好像"情""理"二者的地位是同等的，但细究之下，方东美更强调"情"的始源性、本根性。他对理的探求和论述，是因为生命活动必须在客观的物质生活中进行，"理"构成"情"的追求的现实基础，如果失去这一根基，"情"亦不可能，但"理"归根结底是为"情"服务的。因为在方东美看来，人是生活于现实物质世界又不断超越现实而达理想的存在，其中现实物质世界固然重要，它构成了机趣活泼诗意人生的超越基础，但是若只局限于此，则人"仅是物质界一员而已"，因此，情感蕴藉，尽得生意，追求诗意高洁的美之境界才符合人性的要求。所以，客观物质世界是一回事，而人的生命欲色彩的价值与意义追求是另一回事。而且二者相比较，后者更为重要，因为那是人的情趣和意义的象征，是人之为人的根本。情理是哲学名言系

① 方东美：《科学哲学与人生》，上海商务印书馆，1937，第 37 页。

统中的"原始意象"，情缘理有，理依情生，激发人类的原创力，积健为雄，促使人类气概飞扬，创进不已，这才是生命的全部意趣。这才是哲学对人类的意义和价值，它更有一种抚慰作用，令人足以安身立命，斡运大化，进而生生不息。

方东美总结哲学的功用："（一）本极缜密的求知方法穷诘有法天下之底蕴，使其质相、结构、关键，凡可理解者，一一了然于吾心；（二）依健全的精神领悟有情天下之情趣，使生命活动中所呈露的价值如美善爱等循序实现，底于完成。就境的认识而言，哲学须是穷物之理，于客观世界上一切事相演变之迹'莫不因其（可知）已知之理而益穷之，以求致乎其极'。就情的蕴发而言，哲学须是尽人之性，使世间有情众生各本其敬生、达生、乐生的懿德，推而广之，创而进之，增而益之，'体万物而与天下共亲'，以兼其爱，'裁万类而与天下共亲'，以彰其善，感万有而与天下共赏，以审其美。"①由此观之，哲学的思想起于对境的认识，对处于时空中的万事万物进行系统的了解，求其"伦脊与线索"，但若止步于此，那哲学就变成了纯粹的科学，我们需要更进一步，知道"境之中有情，境之外有情"，识得情蕴，达到一种哲学化的意境。这样于宇宙人生的进程中，不仅可寻得事理的脉络，也能咀嚼出无尽的意蕴，"诗人抚摹自然，写象人生，离不了美化；伦理学家观察人类行为，少不了善化。我们所谓情的蕴发即是指着这些美化、善化及其他价值化的态度与活动"②。

"境的认识"更接近科学，"情的蕴发"则接近文学艺术，而从方东美的论述来看，"情的蕴发"要高于"境的认识"，"情"高于"理"。《科学哲学与人生》是方东美个人哲学思考的起点，也是其审美主义哲学建构的起点，更是他20世纪30年代那三篇论文的前奏。

三　诗意生命与境界超拔

方东美的审美主义哲学建构还体现在诗意生命的大化流行和境界的超拔上。"生命以情胜，宇宙以理彰。生命是有情之天下，其实质为不断的创进的欲望与冲动；宇宙是有法之天下，其结构为整秩的、条贯的事理与色

①　方东美：《科学哲学与人生》，上海商务印书馆，1937，第34页。
②　方东美：《科学哲学与人生》，上海商务印书馆，1937，第23页。

相。"①生命之活动与创进需以客观世界为根据和环境，若无客观世界，生命将无所依托，即"情因色有"；若无生命，客观世界将是晦暗的，没法得到呈现和照亮，即"色为情生"。生命创进不已，成就"乾坤一场戏"，人生于天地间，既是这场戏的参与者，也是这场戏的旁观者。

"生命乃是通天、地、人之道。"②"宇宙的普遍生命迁化不已，流行无穷，并且挟其善性以贯注于人类□□如此，人与天和谐，人与人感应，人与物均调，便处处都是以价值创造为总枢纽□□宇宙代表价值的不断增进，人生代表价值的不断提高，不论宇宙或人生，同是价值创造的历程。"③方东美试图以生命本体融合西方主客二分思维所造成的理想与现实，天与人的分裂。以生命精神的视域看来，人与物，人与他人，人与自我是和谐的，互动的，在普遍生命之流中一体俱化，而不是敌对的，分裂的。现代形而上学转向，要求新形而上学能够将人的超越境界与人的生活世界统一，恢复其作为一种追问"存在者"为何"存在"的智慧的原旨，为人提供安身立命之所，提升人的精神境界。方东美的生命本体论正是对这一转向的有益尝试。

方东美的生命本体论的注重点不仅是对形上与形下的关系作出融通，而且要对人生意义和价值的归依作出形而上的说明。在方东美看来，生命本体是最终、最深、最原始的存在，可诗化生活，赋予其意义和价值，"一切万有存在都具有内在价值，在整个宇宙之中更没有一物缺乏意义。各物皆有价值，是因为一切万物都参与在普遍生命之流中，与大化流衍一体并进，所以能够在继善成性，创造不息中蔓延长存，共同不朽"。④可见，方东美的生命本体论实际上是一种价值本体论。不同于西方以超绝方式所建构的本体论，生命本体以超越又内在的方式既保证了人在现实生活的诗化和美化，又避免了虚玄化，使其具有现实品格。

宇宙之生机流转，宇宙与人生交相和谐、共同创进，人与天地合德、与大道同行，这一天人和谐的人生哲学最终呈现为审美之境。"抒情则出之以美趣，赋物则披之以幽香，言事则造之以奇境，寄意则宅之以妙机。宇宙，心之鉴也，生命，情之府也。鉴能照映，府贵藏收，托心身于宇宙，

① 方东美：《科学哲学与人生》，上海商务印书馆，1937，第 37 页。
② 方东美：《中国人生哲学》，黎明文化事业公司，1988，第 131 页。
③ 方东美：《中国人生哲学》，黎明文化事业公司，1988，第 190 页。
④ 方东美：《中国人生哲学》，黎明文化事业公司，1988，第 94 页。

寓美感于人生"。①宇宙之"理"与生命之"情"交融互摄，人托身宇宙，生命之生机灌注人生，情感蕴发而生美感，表征了人生与宇宙在美感中的和谐一致。人生是一个"情理集团"，故能情理交感，实现忻合无间的美感体验，达到"意绪之流所以畅人生之美感"的境界。

生命具有创进的力量，人生在这种创造过程中趋于圆融、丰满："生命在其奔进中创造不已，动转无穷……生命的价值，也就在这创造过程中越来越增进了。"②生命的创造活动实际上就是人的创造活动，是生命主体的人的无限的创造潜能的发挥，是人展开的绵绵无绝的自我提升和超越，"通过这种种潜在而持续的创造力，人类足以开拓种种文化价值，在生生不息的创造活动中完成生命，这才是通往精神价值的智慧之门"。③生命需要提升，那么这种提升又是如何实现的呢？人生的意义与价值又是如何彰显的呢？方东美认为是通过"超化"。超化即超越。超越有两种：外在超越和内在超越。外在超越是对外在的社会制度、规范习俗等形式的超越。方东美所说的超越是指内在超越，即主体人格力量、精神品质、道德境界的升华，将当下的现实世界诗化、提升为审美、诗意世界的努力，"超化世界即是深具价值意蕴之目的论系统"。④也就是说，生命本体在其生生不息的创进性活动中，挟其诗性流贯整个人类，人只要随生命之流一体俱化，就能不断追求至善纯美的理想境界，从而实现人生意义与价值的不断升华与丰富。人的这种超越过程实质上是人生诗意流布，生命之美境得到彰显的过程。生命本体的这种创进活动是生生不息的，"整个宇宙是一个普遍生命的拓展系统，因此整个文化流行不但充满苍冥，而且创进无穷。在生命的流畅节拍中，前者未尝终，后者已资始，前者正是后者创造更伟大生命的跳板，如此后先相续，波澜壮阔，乃能蔚成生命的浩瀚大海，迈向无穷的完美理想"。⑤

方东美所说的超越实质上是一种美好人生的完成过程，是一个追求至善至美境界的过程。"由于方东美把人与自然、人生与宇宙的相容相摄摆在一个以'生命'为支柱不断超升的立体架构的思想系统上面，这样，艺术

---

① 方东美：《生命情调与美感》，载《方东美文集》，武汉大学出版社，2013，第400页。
② 方东美：《中国人生哲学》，黎明文化事业公司，1988，第190页。
③ 方东美：《中国人生哲学》，黎明文化事业公司，1988，第129页。
④ 方东美：《生生之德》，三民书局，1987，第1页。
⑤ 方东美：《中国人生哲学》，黎明文化事业公司，1988，第128页。

和道德也就不可能像康德那样是平列地摆放在那里，而是一层层的境界的提升。"但是值得注意的是，首先方东美的超越带有较大的审美意味，注重现实生活世界的向上超拔，以生命的诗情点化凡俗人世，以理想人格的塑造、生命机趣的显化为旨归，这是一种非常明显的诗化和审美化。超越形而上学的审美意涵，"提其神于太虚而俯之"，即从现实世界中由低至高，层层超拔，到制高点后再居高临下点化现实。超越形上学关心的不是与现实隔绝的本体世界，而是人格的不断自我提升。

笔者以为，超越是人的形而上学追求的必由之路，形而上学的转向必然导致超越方式的转变。西方传统形而上学在时空之外设立一本体作为世界的根据以及人之为人的根本，人的超越则指超出时空之外去；现代形而上学转向人的生活世界，超越就是指超越在场的当下到不在场的背景，超越即寻根，由人的现实世界超越到人的本真存在状态。正如张世英先生所说的："即使旧的超越观念被反掉了，但超越不能没有，只是不要超越到现实世界以外的另一世界中去，没有超越就没有自由，也没有哲学。人不能老停滞在有限的个体事物之上或有限的个人之上，也就是说，不能执着于事物的有限性或个人的有限性，而应该从流变着的宇宙整体以观物、观人，这才是我们应该提倡的超越或自我超越，也是我们既反传统形而上学又要有新的形而上学之意。"①也就是说，人是处在时间之流中，过去、现在和将来融合在一起，过去作为曾经的存有积淀在现在当中，将来作为未完成的东西而到场，人所处的当下时间是过去与未来在现在的交汇，过去与未来构成决定人当下（现在）在场的不在场的背景；同时，人是处于社会关系中的，人不可能孤独地生活于世界，他必须与他人交往，因此，人的当下的在场亦有其不在场的他人到场。所以人的过去与未来以及社会处境构成了人的在场的不在场背景。如果说，人的当下是由过去、未来以及社会处境所投射而成的当前的境界，那么，人的当前境界只能由不出场，不在场的东西说明，即"从流变着的宇宙整体以观人"。所以超越并不指超出时间之外，走进超时空，而是超越在场到达不在场，在场与不在场融合在一起。超越构成人的生存意义，若不能超越则只能死盯在场或现在，就无境界可言，动物只有在场或现在，没有未来和前景，动物不能超越，也就无意义可言。方东美的生命本体是与世界整体融合在一起的，两者同时俱在，它

---

① 张世英：《天人之际》，人民出版社，1995，第 254 页。

与具体事物都在时间之中。他的生命之流实际上是世界存在的不在场背景，生活的意义因之而彰显，所谓超越实指点化现实生活世界成为"着生命色彩"的理想胜境，即超越当下对生命本体的体验。

方东美对生命本体论的理解和阐述，对于生命的提升与完善，是受了柏格森生命哲学与中国传统生生哲学的影响。方东美的生命本体论与柏格森的生命哲学颇有相通之处。柏格森认为，在有机界中普遍存在着一种生命之流或生命冲动，它既构成了生物进化的源泉和动力，又是宇宙诸种现象的本源，整个世界即源于生命的创进过程。方东美的生命本体论显然吸取了柏格森的若干看法。不过在相近的外观背后，又蕴含着重要的差异。柏格森仅仅赋予生命以心理的性质，他所说的生命冲动，带有意志冲动的特征，相对于方东美把生命同时理解为感性的存在而言，柏格森的"生命"带有更浓厚的思辨色彩。与生命的精神化（意志化）相联系，柏格森把生命与物质视为对立的两极，在他看来，物质意味着生命的逆转，只有克服物质上的阻力，生命进化才能得到实现。此外，柏格森以生命之流解释生物进化，视生命之流犹如一阵大风，在受到阻力之后，便散向四方，分成了若干支流。这种阐释，使柏格森的生命哲学多少具有自然哲学的性质，而有别于方东美的诗意生命。

同时，方东美的生命本体论的价值意味也受中国传统哲学（主要是《易传》哲学）的影响，在中国传统哲学看来，宇宙生命不是僵硬的机械系统，而是其中内蕴着无限生机，运转不息，使宇宙万物形成一个旁通统贯，一以贯之的有机整体。人在这有机整体中，通过自己的创造活动来"参天下之化育"，从而使传统的机体主义哲学既是一种自然哲学又有人文意涵。

方东美并不讳言自己的思想与二者的渊源关系，正是对西方生命哲学与传统机体主义哲学的融会贯通成就了他以生命为本体的审美主义的哲学建构。虽然生命作为宇宙人生的统一本体，本质上仍是一种形而上的思辨构造，但是在方东美沟通由主客二分思维所导致的科学理性与人文理性、天与人、事实与价值的分裂的努力中有着不可忽视的意义。19 世纪中叶以来，科学主义与人文主义的对峙，构成现代西方哲学的基本格局，导致事实与价值，现实与理想的分离。随着西学东渐的深入，这种对峙和分离也渗入中国哲学界，导致了 20 世纪 20 年代的科玄论战。方东美在这一背景中所做的融合的努力因而有不可忽视的现实意义。

四　直透的观照方式

方东美的审美主义哲学建构在其哲学方法的选择上也有体现。他不追求体系化的建构，对世界、人生采用的是一种人文主义的直透（直观）的观照方法。这是对中国传统直觉、证悟等思维方式的现代新用，以达天人合一、浑然圆融的诗意生活、审美之境。

和熊十力、冯友兰等其他新儒家相比，方东美的生命本体论的理论性格并不明显，他也没有建立一个关于生命本体的明确的知识系统，缺乏对其本体论的直接诠释。这与方东美的生命本体可直观、体悟而不能言说的思想有关。他认为对于本体"其界系统会可以直观、难以诠表"。[①] "可说"的是知识经验领域的事，而形上智慧的领域则是超名言之域，非普通的名言所能达。但是对不可说的东西，仍要说，否则形而上学根本不可能。问题在于，对于不可说的东西，如何说？冯友兰通过"负的方法"（间接表述的方法）言说，熊十力通过"即体即用，体用不二"的方式思辨地言说，无论方法如何，他们都对形上本体进行了较系统的知识性的建构，如冯友兰的新理学、熊十力的新唯实论都具有很明显的"知识"性格。

方东美与他们不同，他从一开始就不追求体系性的建构。他认为有三条进入哲学的途径，分别是宗教、科学与人文主义。宗教的途径和科学的途径都有明显的弊端，前者橛人世与神界、现实世界与理想世界为两端，寄望于完美的神界，而否弃人世；后者视世界为冷静分析、探究的对象，成为枯燥冰冷的客体，失去了活泼机趣。只有人文主义才是抵达哲学境地的"积健为雄"的途径，既打破了人世与神界的两橛，又突破了科学主义所谓"价值中立"的偏执，从而把形上与形下、理想与现实贯穿起来，生命、世界成为既超越又内在的存在。

这种人文主义的途径在方东美那里表现为直透（直观）的审视方法。方东美在《生命情调与美感》中问"何为生命？曷谓美感？"却没有直接回答，而是"姑置不论"，通过乾坤诗戏来呈现。生命也好，美感也好，都是"可以直观，难以诠表"的。正因此，他很少从知识论角度谈论哲学、美

---

① 　方东美：《哲学三慧》，三民书局，1987，第 1 页。

学，对于哲学的一般思维方法，即归纳和演绎，也避之甚远，而是喜欢用
"直观"的诗化方法来谈哲学和美学。"中国思想外表上看来似乎有缺点，
不像近代西方之中分析法；其实中国不是没有，像刑名家、墨家在这方面
都有高度发展，但是后来中国人觉得要讲分析就应当彻底，是片段的分析
是错误的，看了一面就执着了，看了另一面又执着了，如此构成边见，而
无法透视宇宙人生意义之全体。所以谈分析就应当分析彻底，使宇宙秘密
不论上下左右没有一样遗漏，这才是彻底的分析：整个宇宙的全体、整个
人生精神的全体，才能都在善人面前一起透视出来，然后吾人可以针对宇
宙人生各方面所形成的旁通统贯的观地，在精神上超越了，提升起来，在
发展一个观点透视一切透视的系统。如此才知道分析家不到家是虚妄分析，
真正彻底的分析才能帮助我们有直觉上把握宇宙人生的全体意义、全体价
值和全体真相。"① 方东美的"直透"是一种"提其神于太虚而俯之"的高
维、整全方法，像中国画的"透视境界"。"中国哲学一向不用二分法以形
成对立矛盾，却总是要透视一切境界，求里面广大的纵之而通，横之而通，
籍周易的名词，就是要造成一个'旁通的系统'。"② 在方东美那里，"直透"
是一种整体的观照世界、人生的方式，要高于西方的科学分析方法。如此
一来，形上与形下、精神与物质、主体与客体、人与自然才能圆融一贯，
形成"旁通的系统"。

　　按照中国传统哲学的直觉思维，直觉就是一种重要的体悟形而上学之
方法，中国哲学的直觉方法主要不是为了达到一种对客观事物的科学认知、
追求科学的客观真理，而是为了在心物交融互渗中体证真善美的价值境界。
因此，直觉体悟首先属于丁夫论和伦理学的范畴，它是达到形上本体和
"止于至善"的唯一途径。同时，直觉又具有审美经验的意义，即"在'豁
然贯通'的顿悟状态中，人们能够超越功利的、感性的存在，使个体的生
命与宇宙本体融合为一"。③ 这就是通过直觉功夫在审美经验中生成"物我俱
泯"（天人合一）的境界。

　　在儒学和佛学思想中，直觉体认是达到天人合一境界的唯一方法，所
谓"顿悟""亲证""默会""冥合"等，都是在说明一种心性功夫，它是

---

① 方东美：《原始儒家道家哲学》，黎明文化事业公司，1993，第 19 页。
② 方东美：《原始儒家道家哲学》，黎明文化事业公司，1993，第 22 页。
③ 方克立、李锦全主编《现代新儒家研究论集（一）》，中国社会科学出版社，1989，第
　　80 页。

超越理性认知的，它所达到的不是一般的认识，而是体悟到一种超越的人生境界。在这种境界中，"个体的生命与宇宙的大生命融合为一，其言行举止自然而然地合乎天地之正、宇宙之常。它也就是儒家所追求的物我一如、天人合一、知行合一、真善统一的境界"。①重体悟直觉而轻逻辑论证，是中国传统哲学的一大特色，坚持民族本位立场的现代新儒家在哲学方法上也推崇直觉，正是继承了这一方法传统。另外，20 世纪以来西方生命哲学的非理性主义思想也起到了引导作用。"只有直觉玄思才是达到形上本体、实现天道与人性合一的唯一途径。"方东美对直觉思维方式的推崇，说明他对现代实证主义、科学主义弊端的洞见。

结　语

本文从情理集团、生命诗意与境界超拔、直透的观照方式等方面，对方东美审美主义哲学建构进行了论述。20 世纪 20 年代，方东美开始了其哲学思考与审美主义建构，近一个世纪过去了，方东美当时所面对的科学主义的凌厉攻势并未消退，反在人工智能时代的加持下有愈演愈烈的趋势。在这一背景下，回顾方东美的致思路向，重新审视其生命诗学，会对他多些同情的理解，也有助于思考人们该如何将彷徨的当下点化成诗。

方东美以生命本体的创进性的超越活动作为人的意义与价值的来源。人的价值意义不是人生来就有的，也不是人本身具有的某种属性，而是人在生活的过程中，因某种境遇而不可避免会产生的反思和追问。人的意义与价值也是人在其生命活动过程中形成的，是在具体的社会活动中人的过去与未来在现在的投射。这种投射作为不出场的背景决定人出场的当下生活，人的意义与价值就在于"超越在场"。在这种超越中，被遮蔽的世界和人的本真揭示出来，展现出丰富的内涵。人在超越中与本真相遇，实际上是人的社会化、实践化过程，更是一个诗化和审美化的过程，这一过程是无止境的，故人的意义与价值化的超越过程也是无止境的。

---

① 方克立：《现代新儒家与中国现代化》，天津人民出版社，1997，第 81 页。

The Construction of Aestheticist Philosophy in Fang Dongmei's Thought

Luo Weiping

Abstract: Fang Dongmei, a "poetic philosopher", is adept at "introducing poetry into philosophical thinking" and "transforming philosophical thinking into poetry". He initiated his philosophical thinking and the construction of aestheticism in the 1920s, attempting to mediate the differences between the ancient and the modern, and between China and the West through aestheticism. Fang Dongmei had a profound understanding of both philosophy and art, and his writings were poetic and vivid. Therefore, it is not easy to clarify his ideological system. This article expounds on Fang Dongmei's construction of aestheticist philosophy from aspects such as the relationship between emotion and reason, the poetic quality of life and the elevation of spiritual realm, and the penetrating way of contemplation. It is hoped that through the eyes of the "poetic philosopher", the confused present can be transformed into poetry.

Keywords: Fang Dongmei; the Group of Emotion and Reason; the Poetry of Life; Intuitive Perception

中日美学交流 ◀

编者按：在近代"西学东渐"的历史浪潮下，日本对于中国，曾扮演着重要的"中间人"角色。许多日本近代文艺理论家，在吸收、引进西方美学理论的同时，也结合东方的文化土壤，进行了不少创造性转化与创新性诠释。其中的一些有益成果，早在近代就已被吕澂、丰子恺等留日学者注意，并在中国产生了一定的影响，如本辑"中日美学交流"栏目中李妍、杨光所讨论的阿部重孝艺术教育思想；也有一些过去未被充分重视，但在今天的学术语境下，格外具有研究意义的对象，如张旎所讨论的日本"京都学派"美学家中井正一。当然，还有一些日本当下正在发生的美学研究动态，也同样值得关注，如张莹、路洁采访的日本美学会现任会长吉田宽教授正在开展的数字游戏研究。本辑"中日美学交流"栏目收录的三篇文章，聚焦不同时代的美学者，为我们展现了日本美学研究不同的三个面向。

——郑子路

作为美学新领域的数字游戏研究

——东京大学吉田宽教授访谈录

吉田宽　张　莹著　路　洁译*

摘要： 游戏研究作为一个新的研究领域兴盛于 2000 年前后。自挪威游戏研究者艾斯本·阿尔萨斯（Espen Aarseth）于 2001 年创办《游戏研究》（*Game Studies*）杂志开始，电子游戏研究逐渐隆盛，并在全球范围内建立起联动机制。日本游戏研究虽受西方影响，但在独特历史文脉与产业发展中形成了有别于西方、独具一格的研究系统。本文就"游戏的定义"、"作为互动性媒介的游戏"、"游戏的参与与共同体"以及"游戏研究的跨学科联结"等议题邀请了日本游戏研究先锋学者吉田宽教授展开了探讨。游戏研究是一种开放的混合型研究学科，具有强大的跨学科、跨领域的扩展与联结吸力。如何建立自身的核心方法论以及如何扩展其跨领域力量正是中国游戏研究面临的挑战，或许能从本文获得一些启示。

关键词： 游戏研究　媒介　互动性　共同体

---

* 吉田宽（Yoshida Hiroshi），文学博士，曾任立命馆大学先端综合学术研究科教授，现任东京大学人文社会系研究科（美学艺术学研究室）教授、日本美学会会长。主要从事美学基础理论、音乐美学、数字媒体艺术论研究，主持有《"错觉"的感性哲学的基础建构》《"没入"概念的美学化再探讨》等日本国家级课题多项，出版有《数字游戏研究》（东京大学出版社，2023）、《绝对音乐美学与分裂的"德国"：十九世纪》（青弓社，2015）、《民歌的发现与十八世纪德国的变革》（青弓社，2013）、《音乐之国德国的神话与起源：从文艺复兴到十八世纪》（青弓社，2013）等，曾获日本三得利学艺奖、日本德国学会奖励奖等。张莹，四川大学艺术学博士，东京大学美学艺术学研究室外国人研究生，主要研究方向为当代艺术、艺术与游戏美学。
路洁，东京大学人文社会系研究科（美学艺术学研究室）硕士研究生，主要研究方向为游戏美学。

一　游戏的定义

张莹（以下简称"张"）：非常感谢您接受采访。您之前的研究主要是与音乐学和美学相关，在 2007 年前后开始转向了游戏研究，游戏研究开始的契机是什么呢？

吉田宽（以下简称"吉田"）：这个问题我经常被问及。我原本的研究方向是音乐学，但因为音乐学方面的就业机会很少，我没能在大学找到音乐学专业的教职工作。在博士课程结束时，我开始尝试拓展研究方向，其中就涉及游戏方面的研究。与此同时，我从小就是一个游戏玩家，对游戏感兴趣，对其也有一定的了解，于是将美学、艺术学的知识应用到游戏研究中。

起初，我并没有打算将游戏作为专业研究，我一直希望能在音乐大学找到一份教职工作，继续从事音乐研究并教授相关课程，但事情不如所愿。我最开始的一份教职工作是在立命馆大学，然而立命馆大学并没有音乐学专业，因此我被告知不能从事音乐学研究。当我在思考接下来该做什么时，遇到了在立命馆大学任教的上村雅之先生（见图 1），他离开任天堂公司（以下简称"任天堂"）后加入立命馆大学当教授，他在任天堂工作时开发了红白机（ファミリーコンピュータ）（见图 2）。由于这样的机缘，我和上村先生有了接触，他的年龄相当于我的父辈。并且，我在加入立命馆大学之前，已经写了一篇关于卷轴游戏（スクロール）[①] 的论文。在这种缘分之下，我决定放弃音乐研究转向游戏研究。

张：开始从事游戏研究以来，您都进行过哪些游戏研究？

吉田：《数字游戏研究》这本书收录了我在 14 年间写的 12 篇论文。这些论文大致按照时间顺序编排，分成了几个明确的部分。第一部分是关于"视觉"和"认知"的研究，第二部分讨论"游戏玩法"和"媒介"，第三部分则是探讨游戏在文化中的地位等。这些都是我感兴趣的领域。

最初，我的研究集中在视觉和认知上，本书第二章的内容主要探讨数字游戏、视频游戏的认知特性。其中还有一个研究议题是关于卷轴游戏的技术，探讨画面卷轴技术如何创造运动感和空间感，这是我最早的游戏研

[①]　吉田寛：「テレビゲームの感性学に向けて」，『多摩美術大学研究概要紀要』，第 22 号，2007，p. 183.

图1 上村雅之，工程师与游戏设计者，任天堂统合开发本部顾问，
2003年成为立命馆大学教授

图2 红白机，ファミリーコンピュータ（Family Computer）是由任天堂于
1983年7月15日发布的一款家用视频游戏机

究论文。之后，我研究了伪3D技术，即如何使用透视法等方法创造出一种
非真实的3D效果。在第三章研究了游戏空间的符号学。

之后，我的研究范围变得更广，开始对"什么是游戏玩法""竞争是什
么""与他人对抗和合作之间的关系"等问题感兴趣。以及玩家与游戏的关
系：玩家是否只能遵循游戏规则，还是可能偏离甚至打破规则。这些内容
在本书第五章中以"反游玩"为主题进行了探讨。此外，研究还涉及游戏
与公平性的问题，为什么我们会沉迷于游戏，游戏中的竞争与现实世界的
竞争有何关系等。

最后是关于媒介的研究。由于游戏是一种互动媒介，我考察了它与小

说或电影等传统媒介的不同之处在于叙事性的变化。在这一部分，我还对大塚英志和东浩纪关于"游戏现实主义"的争论进行了探讨。此外也论述了电子游戏的特征，即所谓的"再媒介化"理论如何处理游戏的问题，也就是数字游戏如何通过计算机影响游戏和故事，这里涉及媒介本身。以上，我的研究兴趣逐渐从视觉与认知，转移到游戏玩法，再到媒介。最近，我还研究了一些更为细化的内容，比如游戏中的音乐、游戏音效，以及电子竞技等，并撰写了相关论文，这些论文也收录在本书中。

张：您在著作《数字游戏研究》中使用了"数字游戏"（digital games）① 一词来统领游戏研究的概念，为什么会使用这个词？我们知道"视频游戏"（video games）在英语中通常是指 PC 游戏、家用视频游戏、街机游戏和所有其他电脑游戏的总称，那么，在您看来，"数字游戏"与"视频游戏"以及传统游戏有何不同？

吉田：这是一个相当让人为难的问题。"数字游戏"这个词，在英语中也有"digital games"，以及"数字游戏学会"这样的组织。这是一种总称的用法，指代整体，即所谓的通用术语（generic term）。什么词适合作为总称，这在很大程度上因人而异。在这本书里，我选择使用"数字游戏"这个词。但有人会用"视频游戏"（video games）、"电子游戏"（electric games），也有人会用"电脑游戏"（computer games），各种说法都有。我选择"数字游戏"的理由在于该词语最为包罗万象。实际上，说到"视频游戏"，它主要指的是视觉上的视频游戏，因此不包括没有屏幕展现的游戏。而像 VR 游戏是否属于视频游戏也不太确定。在未来，这些分类可能会变得更为复杂。然而，"数字游戏"则基本涵盖了使用数字技术和计算机的游戏，包括电脑游戏、视频游戏和电视游戏。因此，目前我选择使用"数字游戏"这个词，尽管将来可能会有变化。

至于"视频游戏"这个词在日语语境并不常用。尽管"数字游戏"在一般用语中也不常见，但作为学术用语，"数字游戏"最近开始被广泛使用，也出现了"数字游戏学会"这样的组织。因此，我认为暂时使用"数字游戏"这个词是合适的。不过，无论是视频游戏还是电脑游戏，其涵盖的内容基本上是相同的。或许"电脑游戏研究"也是一个不错的选择，"电

---

① 吉田寛：「デジタルゲーム研究」，序論「ゲーム研究とはどういうものか」，東京大学出版会，2023，p. 24—26.

脑游戏"既是利用计算机功能运行的游戏总称，也可以专指个人电脑上的游戏，虽然手机游戏也可以在电脑上运行，但我们并不称其为"电脑游戏"。而"视频游戏"则可能特指家用的主机游戏，这样的话，手机游戏和VR游戏就不被包括在内。因此，使用这两个词会产生歧义。相较之下，"数字游戏"则不会产生这样的歧义，它仅指使用数字技术的游戏。所以，我选择这个词的另一个原因在于它最不容易引起误解。

张：谈到游戏研究的概念和术语，应如何区分"ゲーム"（game）和"プレイ"（play）的概念？另外，"遊び"和"ゲーム"这两个词在日语语境中经常被使用，这两个词之间有什么区别吗？

吉田：英语中有"game""play"这两个词，也就是说在英语系统中这两个词是分开的，日语则受英语影响，引入了外来词"ゲーム"（game），并将其与"遊び"区分开来。但在德语中，"游戏"使用的是同一个词"Spiel"，法语中也是一个词"jeu"，在这些语言系统中并没有区分。基本上，game被认为是play的一部分，有规则和目标的game被称为play。游玩（play）泛指所有的玩乐，但如果其中有规则和目标，那么这种玩乐就被称为游戏（game）。这是对游戏和游玩最基本的区分，当然这里涉及游戏的定义问题。游戏是什么，这确实是一个复杂的问题，但一般来说，有规则和目标的游玩被称为游戏。

二　作为互动性媒介的游戏

张：就表现媒介而言，游戏可以像绘画、电影和文学一样表现叙事和虚构的世界，那么与其他媒介（如电影、文学、绘画）相比，游戏最为本质的特征是什么？

吉田：这是常被提到的一个问题，我认为其特征关键在于"互动性"和"玩家的参与"。虽然关于"互动性是什么"的问题还存在争议，但是可以将其定义为玩家对作品结构产生影响的程度。与普通的读者和观看者不同，玩家参与到游戏中，可以重新构建剧情或做出选择。因此，玩家的选择、参与和决出胜负等互动性特征，使其与电影、文学、绘画等传统艺术形式不同。读者和观看者的概念与游戏玩家也是完全不同的。玩家如何参与作品，也使我们对游戏是否算作作品抱有疑问。作品通常指已经完成的人工制品，人们欣赏或解读作品，比如电影、文学和绘画。然而对于游戏来说，虽然游戏程序也可以称为作品，但通常不被这样认为。而是将阅读或观看置换成游戏体验，是因为游戏的体验是玩家和作品结合之后出现的结果。如此，玩家的参与和互动性是游戏所独有的本质特征，玩家在某种意义上是与作品一起创作游戏体验的。

张：游戏最为本质的特征在于互动性，观众也从读者、观看者的身份变成玩家的身份，玩家在游戏中的互动参与获得了一种独特的体验，那么，玩家的这种参与是如何进行的？

吉田：首先，游戏具有胜负之分。这不仅限于数字游戏，所有游戏的玩家都拥有想要攻略或在竞争中取胜的欲望。玩家希望在竞争中获胜，这种竞争不仅是与其他玩家的对抗，还包括想要超越自我、打破自己的纪录等。游戏的结构中包含了这种竞争和进取心。因此，游戏本身就具有胜负、竞争和追求高分等挑战性的结构。这不仅仅是数字游戏，还是所有游戏的共性。游戏的趣味性就在于这种竞争带来的乐趣，这是游戏最强大的吸引力之一。参与竞争是驱动玩家的重要原因。

这里也涉及游戏的定义。杰斯珀·尤尔（Jesper Juul）在其著作中认为游戏定义之一在于"玩家的努力"[1]，即游戏中玩家的努力能够得到反映。完全依赖运气的游戏不能被视为真正的游戏，因为玩家的努力在这类游戏中不起作用。比如抽签，无论你怎么努力结果都不会变好，因为它完全依赖运气。因此，有论者认为，游戏应该是具有挑战性和值得付出努力的活动，通过不断练习和努力，玩家能够获得更好的结果。这种自发参与竞争、挑战自我的动机，使游戏不同于其他形式的活动。

三　游戏的参与与共同体

张：在游戏参与的活动过程中，玩家的身体产生了主体性的行为。亚历山大·盖洛威曾提出"玩游戏是游戏世界与现实连结起来的'行为'"[2]，那么"行为"是否为参与游戏并进入游戏互动的重要途径？

---

[1]　Jesper Juul, *Half-Real*: *Video Games between Real Rules and Fictional Worlds*, MIT Press, 2011, pp. 6-7.

[2]　吉田寛:「デジタルゲーム研究」,「第5章　カウンタープレイ——ゲームに抗うプレイヤー?」,東京大学出版会, 2023, pp. 169-170. 原文出自 Alexander R. Galloway, *Gaming: Essays on Algorithmic Culture*（Volume 18）（Electronic Mediations）, Univ of Minnesota Press, 2006.

　　吉田："交互作用"即为"互动",所以说,互动本身就是"行为"①。现实和游戏世界之间的连接是由玩家的行为实现的,这点毫无疑问。玩家存在于现实世界,他们在现实世界中进行游戏。因此,进行游戏这个"行为"首先是"现实的行为",它属于现实世界。然而在游戏世界中,这个"进行游戏的行为"是不存在的,因为在游戏世界的行为是虚构的,比如驾驶宇宙飞船、拯救公主等行为是在虚构世界中由玩家来操作和完成的。而购买游戏、连接电视、使用控制器进行操作、保存和加载这些操作则是现实世界的行为。游戏作为一种存在于现实世界中的行为,创造了一个虚构的世界。因此,游戏的基础是现实世界中的行为。这就是游戏特有的"二重性"②,玩家在进行现实行为的同时,想象着虚构的世界。这种二重性就是杰斯珀·尤尔所说的"半现实"(Half-Real)③概念,即游戏是半现实、半虚构的。一方面,购买游戏、对游戏感到厌倦、在游戏中获胜而感到开心都是现实的而非虚构的行为,是玩家在日常生活中的感受。另一方面,玩家在游戏中认为自己在驾驶汽车或者与其他汽车竞赛,这并不是现实,而是虚构的创造。这种二重性同时的生发正是视频游戏的独特性所在。在足球或者其他体育运动或国际象棋等游戏中,并不会发生这种情况,因为它们完全是由规则制造的现实世界。因此,视频游戏具有虚构与现实的二重性。在虚构的世界中,玩家的行为可以成为他们自己的行动。虚构世界中的各种规则和游戏系统,也只有在虚构世界中才能实现。

　　张:玩家的行为具有二重性,在游戏世界的参与过程中,现实世界的"玩家"和虚拟游戏世界的"角色"之间又是一种怎样的关系?

　　吉田:在游戏世界中,输入的身体行为是现实的行为,但在屏幕中发生的事情是虚构的解释。正是这种二重性使行为连接了虚构世界和现实世界。如此,玩家自身也夹在现实与虚构世界之间。"玩家"和"角色"的关系可以这样描述:角色存在于屏幕中的虚构世界中,当玩家在操作角色时,会认定自己成为了这个角色。一方面,玩家在游戏过程中认为自己就是游

---

① 吉田寛:「インタラクティビティ:定義・理論・論点」,『美学藝術学研究』巻 41,2023,pp. 51-68.

② 吉田寛:「デジタルゲーム研究」,「第 7 章　プレイヤーとキャラクター——ゲームにおける死の問題」,東京大学出版会,2023,pp. 233-239.

③ Jesper Juul, *Half-Real: Video Games between Real Rules and Fictional Worlds*, MIT Press, 2011, p. 1.

戏角色马里奥或者林克，但实际上是不可能的，因为玩家是现实世界中活生生的人，无论他们如何认定与角色的同一性，实际上现实的自身与虚拟角色之间总会存在差异，由此，玩家和角色之间具有一个差异性罅隙。另一方面，如果玩家不认定自己是马里奥或林克的角色，游戏就无法继续，因为他们不知道该做什么。因此，这种玩家和角色的二重性也是游戏体验的一部分。游戏世界希望玩家和角色融为一体，但这并不能完全实现，因为玩家始终存在于虚构世界之外。

张：您在新作《数字游戏研究》的第 7 章关于"游戏中的死亡"问题中，集中讨论了"游戏现实主义"的论争。我们知道这是 2000 年前后在日本游戏研究中很著名的争论，即大塚英志与东浩纪针对"由于游戏可以重新设定，所以是否能够表现死亡"的争论。您并不完全赞同二位学者的观点，并在文章中提出"在游戏的现实中虚拟与规则会发生冲突，所以能让玩家感知到这一关于死亡的故事以及虚拟世界之外的内容"。能请您具体谈谈对这个问题的看法吗？

吉田：首先，我本人尽量不使用"游戏现实主义"这种说法，因为"现实主义"一词是多义的。通常我们所说的现实主义，指的是写实主义，即尽可能忠实再现所描写的景色和情感。此外还有社会现实主义，描绘了劳动者的残酷现实、社会的艰苦和人类的苦难。大塚英志这里所使用的现实主义就具有关于人的生死、苦难等意义上的含义。他认为在游戏中死亡可以被重置，所以游戏无法表达死亡的意义①。但是我对此抱有疑问。因为没有人能够真正体验死亡，所以"游戏表现死亡"的这种说法值得商榷。此外，不论是以第三人称视角观察他人死亡，还是以第一人称视角表现自己的死亡，其表现含义有着天壤之别。大塚英志和东浩纪在这里的论述并没有做出这样的区分，因为毕竟没有人亲身经历过死亡，因此，我们无法判断用"第一人称"表现死亡的方式是不是真的写实。所以我认为，"现实主义"这个词和"死亡"的表现是无法用来评价游戏或漫画的。

人为什么会死亡？这是一个哲学问题，几乎无法回答。除非拥有上帝视角，否则死亡对我们来说本来就是无法理解的。在游戏中，无法理解的东西会被视为一种规则，杰斯珀·尤尔针对该问题进行了论述，即"当虚

---

① 吉田寛：「デジタルゲーム研究」，「第 7 章 プレイヤーとキャラクター——ゲームにおける死の問題」，東京大学出版会，2023，pp. 239-242.

构世界中发生了一些无法解释的事情时，玩家往往会把它当作一种规则"①。例如，马里奥被酷霸打倒后死亡，这是可以理解的。因为马里奥有三条命，所以又复活了。但是为什么马里奥有三条命，而不是四条或两条？玩家说因为这是规则。所以"规则"是在虚拟世界中无法得到解释的内容，我们只能将它作为规则去理解。

　　在某种程度上，这和人的死亡是一样的。人总有一死，但是我们却说不清人为什么会死。这已经成为一种规则或者人类的定律，而规则是由他人制定的，我们活在当中只能被迫地遵守。所以人为什么会出生、为什么会死亡，无论科学如何进步，都很难解释这些问题。世界上有很多无法解释的事情，同样，游戏中也存在很多无法用虚拟世界的逻辑来解释，但可以用"游戏规则"来解释的内容。我认为这可以看作游戏世界与现实世界之间的平行关系。

　　另外，虚拟世界总是不完整的。一部小说无论写得多么细致，都不太可能提及主人公父亲的头发颜色。因此，虚构的世界总是有所缺失的，这就需要靠玩家的想象力来弥补。也就是说，虚拟世界是由玩家根据自己的常识创造而出的。但也有想象力无法弥补的部分，如同马里奥为什么有三条命，这个时候我们的常识无法发挥作用，所以只能视其为游戏的规则。这就是"虚构"和"规则"之间的关系。我认为死后的世界亦是如此，我们无法想象死后是什么样子，世界的局限性和外在性就意味着我们无法用想象力来弥补的部分，但在游戏世界中就成了规则。

　　张：在《数字游戏研究》的第 4 章中，您提到了游戏的社会使命以及玩家与他人之间信任的建立。当玩家和其他人处于社会关系中时，就会形成冲突与合作的关系。② 那么在建立这种关系的过程中，是否有可能形成一种"共同体"？

　　吉田：的确如此。我认为玩游戏这种行为自始至终是社会性的，其中已经包含了社区（共同体）的概念。在游戏中，玩家与自己看不见的对手展开竞争，如果无法假定对方也在做同样的事情，那么游戏就无法进行。玩游戏首先是和设计游戏规则的人比拼智慧，将之视作对自己的一个挑战。

---

① Jesper Juul, *Half-Real: Video Games between Real Rules and Fictional Worlds*, MIT Press, 2011, p. 5.

② 吉田寛：「デジタルゲーム研究」，「第 4 章ゲームプレイと他者への信頼」，東京大学出版会，2023，pp. 139-164.

与此同时也是与其他看不见的玩家的竞争。所以这已经构成一种社会性行为，并在其中假定了社区的存在。我同意罗歇·凯卢瓦（Roger Caillois）的说法，即"游戏始终是社会性的，即使你是一个人在玩"①。我认为即使是单人电脑游戏、数字游戏，其游戏过程仍是一种社会行为。游戏的"共同体"可能不是这个词的通常用法。通常来说，"共同体"会更基于现实联结，例如住在同一个社区、属于同一所学校等，而我在这里说的可能是更加趋向具有创造性的共同体概念。

当然，在网络游戏的虚拟世界，玩家即使从未见过面，仍然可以通过游戏建立联系。就算在网络游戏中没有直接"对战"，也可以借助通关同一款游戏而在网络博客上交流信息，形成一种共同体的关联。从这个意义上说，即使没有竞争，大家一起通关一款游戏，一起合作解开游戏设置的谜题，也可被称为一个更直接意义上的共同体。

共同体概念不仅适用于游戏，也适用于电影、文学甚至某件艺术作品，艺术作品的粉丝社区是全球性的，超越了国界。但是由于语言的限制，我们看到的游戏、电影和文学作品都是翻译后的作品，语言的要素会成为一种障碍。当然，游戏中也有文本，就像电影一样，游戏的语言也可以进行切换，从而在全球发行。从根本上说，游戏参与中的这种情感、身体的体验更为直接，与体育运动类似，当你进行一项运动时，即使语言不通、具有不同的文化背景，因为共同的体验、经历也能与对方成为朋友。游戏也是如此，游戏体验可能不同于欣赏电影或小说的翻译作品，但它更是基于身体的一种体验。

四　游戏研究的跨学科联结

张：除了将游戏作为一种媒介来研究，您还针对游戏音乐和游戏文化产业进行了研究。您曾指出，游戏研究是一种混合型研究，与许多领域都能够产生联结。具体来说，游戏与其他领域有什么样的关联？

吉田：数字游戏（digital games）是一个研究新领域，主要与媒介、计算机科学、编程等学科相关。而游戏（play）则是一种更为广泛的现象，具有悠久的历史。在数字游戏诞生之前，不同地区不同民族对游戏的研究已

---

① Roger Caillois（著），多田道太郎、塚崎幹夫（翻訳）「遊びと人間」，講談社，1990，p. 82.

经开始进行，例如在心理学和教育学等领域对竞争、挑战等游戏的普遍特征进行的相关研究；数学上的概率、博弈研究；此外还有体育运动相关的研究；教育学中关于儿童如何通过游戏成长等研究。电脑游戏诞生之后，游戏的模式也产生了变化，由于电脑游戏中的叙事元素比传统的游戏更强烈，因此，媒介研究和文学理论也与电脑游戏产生了相较于传统游戏（例如国际象棋、扑克）更为紧密的关联。此外还有与其他媒介的联系，例如与电影研究的联系等。我认为有必要同时关注电脑游戏出现之前以及出现之后的游戏历史。

张：游戏研究不仅在美学和艺术领域备受关注，在 VR 等技术领域也是如此。您如何看待游戏、VR、AR 和元宇宙之间的关系？您认为未来游戏的发展方向是什么？

吉田：游戏只是 VR 的表现内容中的一种。VR 指的是创造仿现实空间的一种虚拟现实技术，它的内容不一定是游戏，还有许多其他类型的 VR 运用，从医疗用途到教育用途等。由于游戏与 VR 在技术上很接近，所以经常被拿来比较，但游戏和 VR、AR 是完全不同的。游戏不是技术，而是技术所实现的一种结构，电脑游戏也是如此。游戏只是计算机的一个程序。比如互联网浏览器或者办公软件这些都不是游戏，虽然计算机的发展会让一切看起来像游戏，但游戏程序和非游戏程序是有区别的。不过值得注意的是，VR 等技术的发展会与游戏的未来有密切联系。

关于游戏的未来发展方向，我一直认为游戏是个会进步的，技术会进步，但游戏不会。原因在于游戏是一种主体性现象，当玩家参与到具有挑战性的、有价值的任务中，玩家体验到游戏的部分，这才是游戏之为游戏的重要因素。游戏是一种让玩家参与其中的结构。玩家觉得什么有趣、对什么感到厌烦、认为合适的难度是什么等，这与人类的普遍的本性有关。因此，我认为技术无法促使这一点进步。虽然随着技术的进步，游戏的手段和方法会更加多样化，但只要我们还有人类的大脑和身体，游戏的本质就不会发生太大的变化。技术是制作游戏的一种工具，但游戏这种机制并不会有太大的发展。

张：2000 年左右游戏研究在西方开始兴盛，日本游戏研究是否受到了欧美游戏研究的影响？您认为日本和西方的游戏研究有何不同？

吉田：日本的游戏研究有受到西方游戏研究的影响。但在欧美游戏研究开始之前，日本就已经有了自己独特的游戏研究传统，不仅是日本，游戏研究在全球各个地方分别开始流行起来。直到 21 世纪，游戏研究才在全球范围内得到整合。其实在电脑游戏之前日本也有与游戏相关的研究。例如日本对卡牌游戏的研究，日本游戏史协会的创始人增川宏一长期从事日本游戏研究，但他几乎不讨论电脑游戏。不仅是在日本，德国、英国也都有过类似的研究。至于日本游戏研究与欧美游戏研究的区别，有人说日本游戏研究与人文学科的关联远不如与文化产业学、工学等学科的联系紧密，这让我感到遗憾。在日本，人文学科的游戏研究者非常少，令人欣慰的是《数字游戏研究》这本书拥有很多读者，在我写这本书的时候，日本能写出这样一本书的人，包括我自己在内，大概只有五个人。所以我感到自己是在和一个很小的群体并肩奋斗。但即便如此，我还是希望人文学科的游戏研究者能越来越多。

张：目前日本游戏研究中哪些问题正在引起关注？

吉田：现在很多研究都与互联网平台有关，例如游戏直播和 VTuber[①]等。不仅仅是制作或玩游戏的文化越来越盛行，观看游戏也逐渐成为一种热烈的文化现象。在这种情况下，游戏直播不仅仅是单纯地玩游戏，有的玩家用不太寻常的方式玩游戏也能够成为 YouTube 平台上的热门人物。因此，研究与 YouTube 相关的平台也成为当前的研究方向之一。在日本学术界，往往是先形成一种游戏文化，然后在其影响下开始产生研究。对 YouTube 视频游戏的研究和电子竞技研究正是如此。电子竞技文化首先流行，成为一种商业模式之后才会有人去研究它。但对此我感到遗憾，我希望能够出现越来越多关注游戏本身的研究，我们需要通过一些改革来推动游戏研究。

张：您认为日本游戏研究今后将面临怎样的挑战？

吉田：游戏的衍生领域日益丰富，游戏文化正在变得多样化、大众化。在过去，游戏是一个非常狭窄的领域。现在出现了《宝可梦 GO》这样的AR 游戏，游戏与现实、生活之间的界限日益模糊。游戏自身也变得更加娱乐化，人们玩游戏就像吃饭或喝茶一样日常。如此，游戏研究的对象也就越来越不明晰，是研究游戏的结构还是研究一个人的生活方式，这是一个问题。本以为自己做的是游戏研究，但最后却做了一些关于 YouTube 的研究。因此，游戏研究所面临的问题是，游戏研究到底在研究什么？由于游

---

① Virtual YouTuber（VTuber），即使用 2DCG 或 3DCG 绘制的人物（头像）在互联网和其他媒介上发布视频和直播的传播者的统称。——译者注

戏类型和游戏研究太过广泛，游戏研究的中心或者说核心正在消失。如何解决这一问题是接下来所面临的挑战。

张：您对从事游戏研究的年轻人有什么建议？

吉田：多看书，甚至可以有一年不玩游戏，只看书。只凭借对游戏的兴趣是没有办法做游戏研究的。如果你喜欢一款游戏，你必须能够说出喜欢这款游戏的理由。我从事游戏研究也是出于这方面的原因，因为我开始觉得近些年的游戏不是很有趣。我更喜欢传统的游戏，例如 20 世纪 90 年代后半期开发的游戏。有一段时间，我觉得传统游戏虽设计简洁但能体现游戏的本质，而新的游戏除了漂亮的画面很难让玩家体验到经典游戏所带来的乐趣。从那时起，我开始思考游戏的本质是什么，思考新游戏为什么无聊、传统游戏为什么好玩也成为我研究的动力。除此之外，还要多去思考游戏以外的事物。如果不思考各种事物之间的差异，是无法成为一名研究者的。

Study of Digital Games as a New Field of Aesthetics:
Interview with Professor Hiroshi Yoshida,
University of Tokyo

Yoshida Hiroshi, *Zhang Ying*, *trans. Lu Jie*

Abstract: Study of digital games emerged as a new research field around 2000. Since Norwegian game researcher Espen Aarseth founded the journal *Game Studies* in 2001, video game studies have flourished and established global connections around the world. While Japanese game studies have been influenced by Western game studies, they have developed a unique system, shaped by distinct historical contexts and industry development in Japan. This interview, featuring discussions with pioneering Japanese scholar of game study, Professor Hiroshi Yoshida, explores topics including "definition of game", "games as interactive media", "participation and communities in games", and "the interdisciplinary connections of game studies". Game studies is an open and hybrid research field with a strong capacity for interdisciplinary and cross-domain expansion and connection. It is a great challenge for Chinese game study to establish core research methodologies and utilize its interdisciplinary power. This interview may she some light on this issue.

Keywords: Game Study; Media; Interactivity; Community

阿部重孝艺术教育思想
及其在中国的痕迹*

李　妍　杨　光**

摘要：阿部重孝（1890—1939）是 20 世纪前期日本著名的教育学者和艺术教育运动倡导者。在其教育学思想中，审美艺术教育是重要的组成部分。他认为应从本体论意义上建构艺术教育理论体系，强调艺术教育不能脱离教育学，明确反对当时盛行的"教育是艺术"的观点，指出教育与艺术之间虽然存在共通之处，但不能将二者完全等同。吕澂、丰子恺等有日本留学经历的中国学者都曾汲取与化用阿部重孝的艺术教育观点，从而使其思想在 20 世纪早期的现代中国审美艺术教育史上留下了比较明显的影响痕迹。然而，对今天的中国审美艺术教育研究来说，阿部重孝其人其说似乎已经成了一个被普遍遗忘的历史背影。在此意义上，立足原始文献相对完整地梳理发掘阿部重孝关于艺术教育的省思，进而探寻其中国影响的历史痕迹，在审美艺术教育理论与历史的双重维度上均具有一定的学术"补白"价值。

关键词：阿部重孝　艺术教育　美育　教育学

1922 年，吕澂在《艺术和美育》一文中提出"应当从一般美学之外"建立"美育的美学"的观点，认为这是"解决美育上的一切根本问题，做

———————————

　＊　本文系国家社会科学基金一般项目"百年中国美学理论建构中的佛学因素研究"（21BZW072）阶段性成果。

＊＊　李妍，山东师范大学文学院博士研究生，主要研究方向为日本美学与美育；杨光，山东师范大学文学院教授，博士生导师，主要研究方向为美学理论与现代中国美学史。

方法论基础的一种科学"①。在该文注释中，吕澂坦言"美育的美学"这一名称沿用了日本学者阿部重孝的说法。此外，1928~1932 年，丰子恺多次在著述中翻译、节译阿部重孝的文章。可见，作为现代中国早期颇具代表性的审美艺术教育先行者，吕澂和丰子恺都曾汲取阿部重孝的艺术教育思想，并融合为自身艺术教育和美育思想的一部分。亦由此，阿部重孝的艺术教育思想在中国审美艺术教育史上留下较为明显的影响痕迹。但在国内目前的审美艺术教育研究中，虽然依旧可以找到阿部重孝的影子，可是其往往作为辅助性材料零星地被提及。② 总体上，国内至今未出现对阿部重孝艺术教育思想的专门研究，其审美艺术教育思想原貌对于中国学界来说仍处于昏暗不明的状态。因此，从原始文献出发，梳理发掘阿部重孝对艺术教育的思考原貌，对当下中国美育界站在自身立场上回顾中日美育交流史、深思艺术与教育的关系、探索美育学的学科建设等都具有一定的学术借鉴价值和"补白"意义。

一　阿部重孝其人

1890 年，阿部重孝（あべしげたか）出生于日本新潟县，1910 年进入东京帝国大学教育学专业学习，1913 年毕业后进入大学院继续求学，但因故于两年后退学，后留校任教，主讲教育制度论。1923 年，作为日本代表赴美国参加万国教育会议，会议结束后暂居美国学习当地教育制度，一年后返回日本。1934 年任东京帝国大学教授，参与制定日本教育改革方案。《日本现代教育学大系》对他的评价是"不迎合潮流，不追求名声，十年如

① 吕澂：《艺术和美育》，《教育杂志》1922 年第 14 卷第 10 号，第 8 页。
② 王文新《丰子恺美术教育思想研究》（博士学位论文，南京艺术学院，2008）、陈剑《丰子恺艺术教育思想及实践研究》（博士学位论文，山东大学，2011）、包启良《丰子恺艺术教育思想探析》（《美术教育研究》2022 年第 15 期）等均提到丰子恺对阿部重孝作品的翻译；方芳在《转向与重构：20 世纪上半叶中国美育观念史考察》（博士学位论文，安徽师范大学，2021）中借用阿部重孝的观点来说明美育在西方社会教化过程中的作用；柏奕旻在《走向"世界美学空间"的"美育"——一个"明治—五四"的概念史考察》（《文学评论》2020 年第 4 期）中梳理美育与艺术教育概念时，将阿部重孝列为现代日本美育学者之一；尹一帆、彭修银在《"实学教育"与"艺术教育"的圆融：现代中国美育观念的日本影响》（《浙江学刊》2023 年第 5 期）中提到丰子恺的美育观念与阿部重孝的艺术教育理念存在密切的相关性。

一日在研究室孜孜以求地钻研专门的学问"①。阿部重孝一生撰写了大量论文、著作，主要的专著有《艺术教育》（『藝術教育』，1922）、《道尔顿制的教育》（『ドルトン案の教育』，1924）、《小教育学》（『小教育学』，1927）、《教育学》（『教育学』，1929）、《欧美学校教育发展史》（『欧米学校教育発達史』，1930）、《新编教育史》（『新編教育史』，1930）、《教育改革论》（『教育改革論』，1937）等。1984 年，伊崎晓生、寺崎昌男等人根据阿部重孝教育学思想的形成和发展脉络，整理编著了《阿部重孝作品集》②，约 331 万字。其中《艺术与教育》被单列为第 2 卷，直观体现了艺术教育思想在阿部重孝教育思想中的重要性。

在东京帝国大学读书期间，阿部重孝的老师是日本当时著名的社会教育家吉田熊次，这一时期他展现出对艺术教育的浓厚兴趣。1913 年，阿部重孝以《近来艺术教育思想的发展》（『最近芸術的教育思想の発達』）为题完成毕业论文，研究对象是德国新教育运动中的艺术教育思想和实践。可以说艺术教育是阿部重孝教育研究的开端。之后他又多次译介西方的艺术教育思想，关注欧洲艺术教育运动，发表了许多相关文章，如《利希特瓦尔克与艺术教育运动》（『リヒトワルクと芸術教育運動』，1914）、《聋哑学校学生绘画的道德心理意义》（『聾唖学校の図画の道徳心理的意義』，1914）、《关于儿童美的判断的研究》（『児童の美的判断の研究に就いて』，1914）、《道德和艺术教育运动》（『道徳と藝術教育運動』，1915）等。1922 年，阿部重孝出版《艺术教育》一书，集中呈现了其近十年间对艺术教育的思考。总体而言，阿部重孝关于艺术教育的思想比较全面，不仅有对当时西方审美艺术教育理论与运动的译介，亦关注艺术教育在实施层面的教学方法研究，更进一步地涉及对教育和艺术的关系在理论层面的思辨与界定。其艺术教育思想能够成为同时代中国审美教育提倡者的一个重要关注对象，这种全面性或许是重要的原因之一。

① 日本学术协会编《日本现代教育学大系》第 9 卷，日本莫纳斯出版社，1927，第 192 页。
② 《阿部重孝作品集》共 8 卷，卷名分别为：第 1 卷《教育的构想》（『教育の構想』）、第 2 卷《艺术与教育》（『芸術と教育』）、第 3 卷《学校教育论》（『学校教育論』）、第 4 卷《中等教育论及教员培养论》（『中等教育論・教員養成論』）、第 5 卷《教育制度论及教育财政论》（『教育制度論・教育財政論』）、第 6 卷《教育改革论》（『教育改革論』）、第 7 卷《欧美学校教育发展史》（『欧米学校教育発達史』）、第 8 卷《〈教育学概论〉讲义及新兴的日本教育》（『「教育学概論」講義・新興日本の教育』）。

二 "艺术教育"是什么：对目的论与依据论的辨析

在 20 世纪初期的日本教育界，为了解决现代教育中学生创造力缺乏、审美性不足等问题，艺术教育进入了被大力倡导的阶段。但任何急速发展的思想热潮都容易出现极端观点，阿部重孝对此保持着理性的学术清醒。在集中呈现其艺术教育思想的《艺术教育》一书序言中，他用"就像从黑暗的屋子出来突然面对阳光会感到眩晕、短暂性无法辨别东西一样"① 来描述当时日本教育界围绕艺术教育问题出现各种争议的原因。对此，阿部重孝认为厘清艺术教育概念上的纷争，坚持教育学立场，在本体论上理解艺术教育是什么十分有必要。也因此，《艺术教育》一书在内容上基本被分为三个部分，第一是背景性知识介绍，包括艺术教育思想起源和艺术教育运动的发展脉络；第二是对艺术教育本质的理论性探讨；第三则是相对具体地讨论艺术教育的方法、与其他学科的关系等。

在关于"艺术教育是什么"的问题上，阿部重孝的讨论从探讨当时艺术教育思想中的争论开始。自 19 世纪末，许多教育学者主张在教育范围内引入艺术，以改变教育缺乏创造性的状况，但各方观点在艺术教育的目的、方法等方面存在诸多分歧。阿部重孝认为这些分歧本质是对"艺术教育"的理解问题，即"艺术教育究竟应该成为教育的一部分，还是成为教育的辅助手段"②。阿部重孝列举了当时盛行的艺术教育观点，将其划分为两类：通往艺术的教育（藝術にまでの教育）和依据艺术的教育（藝術による教育）③。日语原文中使用的"にまで"和"による"分别含有终点和起点的意思，从这个角度来讲，通往艺术的教育是一种艺术教育的目的论，依据艺术的教育则是一种侧重来源的依据论。

在阿部重孝看来，20 世纪初期在西方艺术教育论中占据主导地位的是"通往艺术的教育"，学校中开设美术、音乐、舞蹈等艺术类课程，"目的是对儿童进行以艺术为目标的教育。这是一种让儿童审美鉴赏能力觉醒并发展，让儿童能够享受美的教育"④。最具代表性的论者是德国美学家康拉

① 〔日〕阿部重孝：《艺术教育》，教育研究会，1922，"序"第 1 页。
② 〔日〕阿部重孝：《艺术教育》，教育研究会，1922，第 162 页。
③ 〔日〕阿部重孝：《艺术教育》，教育研究会，1922，第 126 页。
④ 〔日〕阿部重孝：《艺术教育》，教育研究会，1922，第 127 页。

德·朗格（Konrad Lange）。朗格认为，"艺术从本质上看，是一种自由的、游戏的、感情的东西。因此，关于艺术的教学应该带有自由且感性的性质。哲学的教育或外部的训练是不可能使儿童通过教育走向艺术的，只有带着喜悦和爱，才能完成走向艺术的教育"①。在引述朗格的观点后，阿部重孝指出，艺术观照的第一步是在艺术陶冶中感受到愉悦，并以此激发儿童的审美感性和对艺术的爱。学校中需要的不仅是艺术相关理论的教学，同样还有艺术本身。儿童应该在亲身参与艺术活动的过程中学习如何品味艺术。艺术教育既不是教育学游戏，也不是根据特定教育学派的原理而建构的无可争议的方法论，而是以艺术陶冶人生，最终达到调和人生的教育目的。

　　与"通往艺术的教育"这一目的论艺术教育观相对，"依据艺术的教育"的依据论艺术教育观是以解决社会问题为出发点的一种艺术性教育思想。其主张者认为应当首先解放和发展人的创造力，最大限度地保存儿童的创造天性，唤醒和提升人的创造性素质。"在19世纪缺乏创造性的文化之中，新的生活和新的教育都是所谓'生活即行动'的要求……新的教育应该唤醒和提升人的创造性素质。"② 阿部重孝分析了多位此类主张代表者的思想，如英国的学者赫伯特·里德（Herbert Read）认为学校教育应当保存和发展儿童原本具有的创造性。在教学方法上，提倡用艺术性方法改良教学，不赞同直接使用艺术品，而是"要求教师成为艺术家……把艺术作为一种形成力和创造力，贯穿支配教学和教育的全过程"③。也就是说，"依据艺术的教育"是用艺术性的方法来教授各类知识，最终达到解放和发展青少年一切创造力的目的，使他们成为有创造行动的人。

　　针对目的论和依据论两种艺术教育观的共识与差异，阿部重孝指出："把艺术陶冶作为教育的一部分任务，这是几乎所有论者都能达成一致的意见。当涉及到陶冶美的理想应该在整个教育目的中占有何种地位的问题时，就出现意见分歧了。"④ 他分析认为，这里的实质是如何在教育中对待艺术的问题。目的论将陶冶人生作为最终目标，将艺术教育视为一种独立的教育分支，使人通过教育通往美的人生状态，这是从本体论出发思考艺术教育的本质。而依据论则是强调艺术性教学方法，侧重对已有的教学进行艺

---

① 〔日〕阿部重孝：《艺术教育》，教育研究会，1922，第128页。
② 〔日〕阿部重孝：《艺术教育》，教育研究会，1922，第144页。
③ 〔日〕阿部重孝：《艺术教育》，教育研究会，1922，第153页。
④ 〔日〕阿部重孝：《艺术教育》，教育研究会，1922，第163页。

术性改良，从根本上说，这是一种教学方法论的改革理念。阿部重孝认为在思考这一问题时首先应当明确，艺术教育并非指一种方法论，而应该"引导儿童对艺术的欣赏和了解"，教育的最终目标是实现人的全面发展，达到人格和谐发展的目标，艺术可以助力这一目标的完成。从这个意义上说，"以朗格为代表的'通往艺术的教育'的主张应该被看作正确的观点"①。

可以看到，无论是"通往艺术的教育"还是"依据艺术的教育"，都会在教育实践中插入艺术成分，其中部分方法可以通用。阿部重孝区分二者的标准在于是否坚持了艺术教育的本体论，关于艺术教育的讨论不能脱离教育学范畴，教育的最终目的是实现人的全面发展，培养艺术创造力与培养科学能力、道德素养等都是达到教育最终目的的途径。他不认同艺术教育的本质是"依据艺术的教育"的原因在于，其主张者错将教育途径当作了教育目的，是用一种方法论代替了本体论。可以说，阿部重孝的艺术教育本质观与所谓的"艺术性教育"或"教育艺术化"有根本性不同，是从本体论意义上理解艺术教育和美育的，并非将艺术教育视为教学方法的改良术。

与艺术教育的本质界定相关联，艺术教育的实践定位是需要进一步被讨论的问题。提倡艺术陶冶是否有必要？艺术陶冶能否被无限制认可？艺术教育应该在何种程度上被承认？阿部重孝也对这一系列问题进行了思考。

首先，艺术教育本质上是教育学范围内的教育活动，站在该立场上，阿部重孝反对极端强调审美世界观的看法。他认为，审美的世界观所主张的审美享乐是一种主观性的世界观，如果"教育的目的应该是在现实社会中培养出能够从事有价值活动的儿童，那么就不应该单纯以主观的世界观来规定，而应该从客观的角度来考量"②。只为艺术而生活的国民是不存在的，生活中除了审美价值还有其他价值。因此，阿部重孝主张："作为艺术教育的目的，我们虽然强调艺术的享乐，但是只有当它与教育的其他目的结合在一起时，才具有充分的意义。"③

其次，尽管承认艺术创作在教育中的必要性，但阿部重孝仍提出了一系列疑问：当依据艺术而对教育方法进行改良后，创造力果真能得到解放

① 〔日〕阿部重孝：《艺术教育》，教育研究会，1922，第 171 页。
② 〔日〕阿部重孝：《艺术教育》，教育研究会，1922，第 171 页。
③ 〔日〕阿部重孝：《艺术教育》，教育研究会，1922，第 172 页。

吗？当艺术创造力被解放，生活中的所有价值都能够被创造吗？创造力的潜能必须通过艺术来激发吗？例如科学中的价值创造就不能单纯期待依靠艺术来实现。针对在艺术与创造力关系问题上过分泛化和夸大艺术教育功能的不良倾向，阿部重孝强调："艺术教育不是要取代长期以来的教育，而是作为对旧有教育缺陷的一种补足，只有这样才能实现它的价值。"① 对于有些论者在强调艺术和创造时不经意流露出的轻视知识和科学的态度，阿部重孝也反驳道："我们既不能过于看重科学现有的成绩，也不能对科学的未来放弃希望。我们绝不能采取用艺术代替科学、用艺术教育代替知识教育的做法。科学和艺术，不能用其中一个代替全部，尊重艺术的同时绝不能轻视科学。"②

最后，艺术教育能否解决社会问题值得商榷。艺术教育是在人们意识到现代文化存在缺陷后被倡导的，实施目的是获得社会的安宁和幸福，是使人们的审美变得更加高尚，因此要求人们拥有可供支配的自由和闲暇时间来享受艺术。部分倡导者认为，从这个意义上可以借艺术教育来解放被剥削的劳动者，使他们获得时间支配权，以此解决社会中的阶级矛盾问题。如果通过艺术和艺术教育，社会将被美的法则所改造，由此，社会问题的解决似乎会变得更加容易。阿部重孝认为这同样是过于泛化艺术教育功能的一种观点。因为在他看来，对于教育学范围内的艺术教育来说，它本身并没有任何解决社会问题的直接动机。美的社会共同理想固然可以反作用于社会的发展，但社会理想中并非只有艺术和审美，单纯以美的法则来改造社会，只能是一种虚无缥缈的幻想。③

归纳来说，在阿部重孝的观念中，艺术教育首先应坚持教育学的基本立场，艺术教育是对旧有教育缺陷的补足，目的是借助艺术培养人的审美享乐能力，实现完善人生的教育目的。在教学方法中加入艺术性手段仅仅是艺术教育的方法论，不能将方法论与艺术教育的本质混淆。对于艺术教育的作用应理性看待，既要承认其作用，也不能夸大其功能，智育、德育、美育之间彼此配合，任何一方都不能取代其他方。

---

① 〔日〕阿部重孝：《艺术教育》，教育研究会，1922，第174页。
② 〔日〕阿部重孝：《艺术教育》，教育研究会，1922，第175页。
③ 〔日〕阿部重孝：《艺术教育》，教育研究会，1922，第177~178页。

三　围绕"教育的美学"的争论

　　阿部重孝所处的大正时期（1912—1926）是日本艺术教育发展的鼎盛时期，艺术教育在实践中已经有诸多表现形式，例如"自由绘画运动"、童谣运动、校园剧演出、儿童文学运动等。艺术教育的实践推动了理论性讨论，许多新概念被提出，其中有些也引发了巨大争议。阿部重孝就深度参与了当时一场围绕"教育的美学"① 展开的争论，并发表了多篇文章，这是其艺术教育思想的重要组成。"教育的美学"这一概念不仅对日本后来的艺术教育产生了重要影响，更在中国学者的思想中留下了影响痕迹。

　　日文语境下"教育的美学"究竟为何意？日本学者的观点中的"教育"和"美学"关系如何？要探究这些问题，应该首先还原日文语境。在日文中，"的"（てき）主要是以后缀形式加在没有形容意义的抽象名词之后，构成日语的形容动词。"抽象名词+的"用法来源于英语语法，源自英语中的词缀"tic"，"的"（てき）读作"teki"。明治时代"romantic"一词被翻译为"浪漫的"（ろうまんてき），从此之后，"～tic"一类的词语都以"的"（てき）的方式在日语中使用。"的"（てき）主要表示①关于……，有关……，对于……；②带有……性质的，成为……状态的；③……上，……立场；④……样的，……般的。② 因此，"教育的美学"（きょういくてきびがく）一词中，"教育的"（きょういく）是"美学"（びがく）的限定，单纯从字面意义上可以理解为"教育上的美学"，即在美学的范围内限定出适用于教育的部分。这一含义透露出"教育的美学"（きょういくてきびがく）与"美学"（びがく）是部分与整体的从属关系，并非超出美学范围的独立建构。但是正如同一日常用语在学术讨论中常常也会引发理论上的不同观点，"教育的美学"虽然在字面解释上较为确定，但当日本学者们围绕其展开学理探讨时仍然会产生明显分歧。

　　1912 年，日本学者佐佐木吉三郎的《教育的美学》③ 由东京敬文馆出版，分上中下三册，其内容主要参考了德国教育家恩斯特·韦伯（Ernst Weber）的著作《作为教育学基础科学的美学》。"教育的美学"一词由此

---

① 注："教育的美学"为日文原词，日文假名为"きょういくてきびがく"。
② 顾明耀主编《标准日语语法》（第 2 版），高等教育出版社，1997，第 140 页。
③ 〔日〕佐佐木吉三郎：《教育的美学》（上、中、下），敬文馆，1911～1912。

首现。佐佐木吉三郎认为教育活动中包含着某些可以被视为与艺术等同的东西，不应该"只笼统地谈论天赋、技巧、手法之类"，而应该从理论层面"了解美学原理、接受美学指导、接受美学教诲"①。他视教育为一种艺术，并根据这一等同关系，认为作为艺术原理的美学同样可以作为教育的原理。因此，他提出的"教育的美学"是一种将美学原理作为教育原理的基础、将美学规范应用于教育实践的看法。这一观点一经提出，随即引发了日本教育界的争议。后来的学者在评价这场争论时，认为阿部重孝的反驳最为激烈和严厉。阿部重孝在争论期间发表了数篇文章，如《论所谓美的教育学说》（「所謂美的教育学説について」，『教育学術界』1915 年第 30 卷第 5号）、《教育到底是艺术吗?》（「教育は果して芸術なるか」，『教育学術界』1915 年第 31 卷第 1 号）、《再论教育与艺术》（「再び教育と芸術に就て」，『教育学術界』1915 年第 32 卷第 2 号）、《对佐佐木吉三郎的教育的美学的评价》（「佐々木氏の教育的美学を評す」，『教育学術界』1915 年第 32 卷第 3 号）、《教育学与美学的关系》（「教育学と美学との関係」，『教育大辞書』1918 年第 3 卷「美学」）等②，主要内容均被收录在他的专著《艺术教育》中。

阿部重孝与他的老师吉田熊次作为反对派，尤其不赞成佐佐木吉三郎推崇的"教育是艺术"的观点，继而反对以此为前提将美学原理嫁接为教育原理的做法。针对这一概念提出者把教育与艺术等同的看法，阿部重孝明确提出："教育活动和艺术活动在本质上有着明显差异，不能盲目认为教育是艺术。"③

韦伯认为，"教育是艺术"的依据是教育和艺术存在相似性，二者都可以通过感觉的手段引起快感，从而产生审美体验，而且都能间接地达到调和人生的目的。在韦伯看来，教育的原理无法直接从教育中获得，其困难在于教育所具有的特殊性，因为美学是从艺术品研究中抽象出的一般性规则，在教育中却没有可以抽象出规则的艺术品。另外，美学的建构离不开

---

① 转引自〔日〕向野康江《围绕佐佐木吉三郎（1874—1924）的〈教育美学〉的争论（一）》，《美术教育学会杂志》1995 年第 16 期，第 153 页。原文出自〔日〕佐佐木吉三郎《写给思考教育和艺术关系的人们（二）》，《教育学术界》1914 年第 31 卷第 6 号，第 2 页。

② 〔日〕向野康江：《围绕佐佐木吉三郎（1874—1924）的〈教育美学〉的争论（一）》，《美术教育学会杂志》1995 年第 16 期，第 158 页。

③ 〔日〕阿部重孝：《艺术教育》，教育研究会，1922，第 315 页。

艺术家，在教育中则没有可以担任教育艺术家角色的人。韦伯称自己的这种推理方式为"间接法"，得出的结论是"教育的美学"所应用的原理"必须从艺术的美学原理中，也就是从一般的美学中借来，研究它是否适用于教育艺术"①。对此，吉田熊次认为，韦伯提出的"教育活动是一种艺术，艺术中必要的美学规范，也应该成为作为艺术其中一种的教育所必须的规范"②，实际上违背了教育学逻辑。

与其老师类似，阿部重孝认为"教育是艺术"是有条件的。教育和艺术的首要目标不同，艺术的首要原则是审美性的，而教育是道德、宗教和科学性的。如果否认这一区别，那么"教育学直接成为艺术，两者的差别消失了"③。更进一步，阿部重孝论证了韦伯观点中存在的谬误，认为他的逻辑是从独断的假定出发的。阿部重孝指出："仅因为教育活动中有直观的、感性的要素，就断定教育是艺术是不具有说服力的。韦伯在论述中使用了类比法，但根本问题悬而未决。其结果是并没有得出合理的结论，而是出现了诸多矛盾。"④ 对于韦伯的"间接法"，阿部重孝认为，因为"教育是艺术"的前提无法被证实，基于此的所有推论亦不合理。在他看来，艺术活动的出发点显然不是为了教育，艺术的目的是表达艺术家的主观感受。对于艺术家来说，艺术是他们表达思想的手段，其本质在于创造性地工作，可以是一种完全意义上的主观活动。而教育活动必须把教育目的和儿童心理放在最重要的位置，从而建立主体客体之间的投影。教育的目的是造就人，使人的精神在理智、感情、意志中求得统一。教育过程中，教师不能限制自然，即不能按照模板塑造儿童的个性，而是应该遵循顺其自然的原则。也就是说，教师的功绩在于"因材施教"，如果教师试图按照统一标准塑造被教育者的个性，那么这个行为本身就违反了职务上的义务。阿部重孝由此指出，教育活动不是完全意义上的创造性工作，不能因为教育活动中有直观的、感情的要素，就得出"教育是艺术"的结论，这违背了教育自身的规律。⑤

---

① 〔日〕阿部重孝：《艺术教育》，教育研究会，1922，第 299 页。
② 〔日〕吉田熊次：《当今教育思潮批判》，日本学术普及会，1915，第 73 页。
③ 〔日〕阿部重孝：《艺术教育》，教育研究会，1922，第 298 页。
④ 〔日〕阿部重孝：《艺术教育》，教育研究会，1922，第 304～305 页。
⑤ 〔日〕阿部重孝：《艺术教育》，教育研究会，1922，第 307～309 页。

　　相比于"教育的美学"一词，阿部重孝认为韦伯的学说更应该表述为"审美教学论（美学的教授論）"①，换言之，他认为韦伯提出的实际是"教育艺术"而非艺术教育，在概念上与"艺术教育"或"美育"完全不同。"美学在韦伯所说的意义上，是否能成为教育学的基础科学"② 是值得怀疑的。教育层面上出现的诸多问题应该从"教育原理"（教育上の原理）中解决，而且只能从教育本身出发。③ 他的观点总结来看就是"审美教学论是借用艺术上的规范以使用在教学实际活动"中的"一种教学改良方案"，是"在艺术教育的范围之外需要另外讨论的问题"④。他强调研究美学规范在教育上的"下凡"⑤ 问题，必须坚持教育学固有的性质，推导过程也要采用科学的研究方法，而不是强制性地将艺术性附加在教育上。由此来看，阿部重孝认为韦伯的观点仅仅是一种教学方法论，应归属于"依据艺术的教育"一类，并非本体论上的艺术教育探讨。

　　在阿部重孝看来，美学的规范之所以能够应用于教育，并不是因为教育活动是艺术，而是这些应用没有脱离教育学本身的内在逻辑。例如，在选择教材时，选择有价值的内容，保持内容和形式的一致；在教学活动时，教授方式要与内容有机统一；在创造力激发上，引导儿童保持如同在想象世界里游戏一般的心情等。这些方法看似都是艺术原理的延伸，但将它们应用于教育活动中，绝不是因为它们是美学上的要求，而是在不脱离教育学固有范围的情况下对教育方法论的革新。⑥ "教育的美学"实际是教育学的方法论，是一种教师在教育活动中偏向个人技术主义的教育观。

---

① 〔日〕阿部重孝：《艺术教育》，教育研究会，1922，第 303 页。
② 〔日〕阿部重孝：《艺术教育》，教育研究会，1922，第 315 页。
③ 〔日〕阿部重孝：《艺术教育》，教育研究会，1922，第 206 页。
④ 〔日〕向野康江：《围绕佐佐木吉三郎（1874—1924）的〈教育美学〉的争论（一）》，《美术教育学会杂志》1995 年第 16 期，第 158 页。
⑤ 在《阿部重孝著作集》（第 2 卷）中对美学规范在教育上的应用使用了日语词"天降り"，在现代日语中与"天下り"同义，日本《新明解》辞典对这一词语有三重解释：（1）由天而降，下凡；（2）（事前不征求意见而）由上级决定；（3）机关领导指派。本文在引用时翻译为"下凡"。另外，日语中的"天降り"一词本身还带有强制、突然等含义，这也从另一个侧面说明了阿部重孝的态度，他认为"教育的美学"是将美学原理和规范强加于教育之上。
⑥ 〔日〕向野康江：《围绕佐佐木吉三郎（1874—1924）的〈教育美学〉的争论（二）》，《美术教育学会杂志》1998 年第 19 期，第 137 页。

四　对中国学者的影响

阿部重孝作为 20 世纪初期日本较为突出的教育学者，其《艺术教育》自 1921 年出版后即得到了同时代中国审美教育提倡者的关注，从而留下了其在中日美育交流史上的影响痕迹。

正如前文所述，吕澂在 1922 年发表的《艺术和美育》的注释中提到，他使用的"美育的美学"一词是"沿用日人阿部重孝所假定的"①。但是从笔者收集的日文原始文献来看，阿部重孝并未提出过这一名词。在本文第二部分我们也已经看到阿部重孝在对韦伯、佐佐木吉三郎等人观点进行转述和反驳的过程中提到的是"教育的美学"。由此推测，吕澂所说的"美育的美学"极有可能是对日语词"教育的美学"的一种语言学误读，理由如下。吕澂提出的"应当从一般美学之外"建立"美育的美学"的想法，可以认为是在设想构建一种独立于美学之外的新的"美育学"，从而构成了现代中国关于美育学建构的最早表述。虽然日文中大量使用汉字，但同样的汉语词在中日两种语法下的含义却有所不同。翻译不仅是语言的转化，还涉及文化要素和历史要素，"在翻译实践中，文化和历史不但影响文本意义本身，同时对翻译思想也存在本体性影响"②。在汉语语境中，"教育""美育""美学"均为不具有形容性质的名词，"的"作为连接两个名词的助词表示所属关系，有时可以省略，相同结构的词语如建筑（的）美学、艺术（的）美学、设计（的）美学等，其含义为建筑、艺术、设计等领域的审美研究。因此在中文语境下，"教育的美学"可以被理解为"教育美学"乃至"美育的美学"，从而带有了独立学科属性的含义。但是这样一来，"美育的美学"这种表述，其内涵已然不同于本文已经论证的日文语境下"教育的美学"是"美学"之部分的内涵。因为吕澂明确表示"美育的美学"是"独立于一般美学之外"的。此为其一。

其二，当吕澂说"美育的美学"是"沿用日人阿部重孝所假定的"时，从上文可知，一方面阿部重孝并没有直接提出"美育的美学"，另一方面"教育的美学"也不是阿部重孝的原创，更不是他支持的对象。秉持这一主

---

① 吕澂：《艺术和美育》，《教育杂志》1922 年第 14 卷第 10 号，第 8 页。

② 宋庆伟：《新时代中国翻译话语之历史文化路向探赜》，《山东师范大学学报》（社会科学版）2023 年第 4 期，第 54 页。

张的是韦伯和佐佐木吉三郎，阿部重孝是对"教育的美学"有反思的批评方，因为在他看来，"教育的美学"这一主张容易导致教育与艺术在本体论意义上的模糊。换言之，吕澂这里发生了一种"张冠李戴"式的误读。

其三，除了上述误读外，从《艺术和美育》全文来看，吕澂直接参照了阿部重孝的某些观点。例如，最为明显的是在论及美育发展状况时，他提及美育家里的极端派主张用美育替代智育和德育，温和派则主张不另设美育特别科目而使美育功效受到限制。在区别双方关于教育如何对待艺术的观点时，吕澂认为他们"或倾向对于艺术而偏重鉴赏，或倾向依据艺术而偏重创造"①，这一表述与阿部重孝辨析艺术教育本质时所划分的"目的论"和"依据论"的观点若合符节。此外，结合当时的中国美育的实际情况，吕澂强调美育家们的首要任务是"先从根本上起步做起"，对于"艺术是怎么一回事，关系到艺术的美育又是怎么一回事"，"先有个明白的观念"②。在其重视美育与艺术及其关系之根本观念的本体论倾向中也隐约闪现着阿部重孝的影子。

结　语

面对纷杂的各家之言，阿部重孝艺术教育思想的可贵之处在于，他始终坚持对本体论问题的思考，严格区分艺术教育的本体和艺术性教学方法，避免将二者混为一谈。而阿部重孝思想在中国知识界的接受史所呈现的跨义化流动轨迹，也可视为"理论旅行"理论的一个实证案例。恰如彭修银所说："影响者固然可以以其自身优势对接受者进行启迪、规范并左右其发展动向；接受者依据其自身固有的文化和思想背景也可以对影响内容进行选择、阐释，并进行创造性的转化。"③ 从今天来看，日本20世纪初期这场争论的焦点正是艺术教育或美育的归属问题，阿部重孝对教育划归到美学中的反驳过程，以及对艺术教育不能脱离教育学的辨析论证，与当下中国美育界探索美育学的学科建设存在某种程度的内在契合。无论认同与否，都可以对我们当下讨论美育学科归属问题提供历史镜鉴。同时，作为中西

---

① 吕澂：《艺术和美育》，《教育杂志》1922年第14卷第10号，第5页。
② 吕澂：《艺术和美育》，《教育杂志》1922年第14卷第10号，第8页。
③ 彭修银：《中国现代文艺学、美学形成过程中的"日本因素"》，《陕西师范大学学报》（哲学社会科学版）2012年第2期，第20页。

之间媒介的日本审美艺术教育思想，在中国现代美育思想建构的过程中起着怎样的作用，仍是值得深入发掘的美育话题。

The Art Education Philosophy of
Abe Sigetaka and Its Influence in China

Li Yan   Yang Guang

Abstract：Abe Sigetaka （1890 – 1939） was a famous educational scholar and an advocate of art education movement in Japan in early 20th century. Art education is an important part of Abe's pedagogical thoughts. He believed that the theoretical system of art education should be constructed from the ontological sense, emphasizing the role of art education in perfecting personality and harmonizing life. He clearly opposed the prevailing view of "education is art" which caused by the direct transplantation of art theory to the field of education on the basis of methodology. He pointed out that although there was considerable overlap between education and art, but they were not completely equated. Lyu Cheng, Feng Zikai and other Chinese scholars who have studied in Japan have learned and adapted Abe's views on art education, thus his thoughts have left obvious traces of influence in the history of modern Chinese art education in early 20th century. However, for today's Chinese scholars, Abe and his thoughts are gradually forgotten. In this sense, exploring systematically Abe's reflections on art education based on the original literature, and then the historical traces of his influence in China, has a certain academic "complement" value in studies both of theory and history of aesthetic education.

Keywords：Abe Sigetaka；Art Education；Aesthetic Education；Pedagogy

间隔的生命节奏：中井正一的艺术时间观

张　旎[*]

摘要： 在日本现代知识结构转型过程中，美学家中井正一立足于其认识论对日本传统文化的"间"概念进行了创造性转化。在继承传统"间"的空间意义的同时，中井正一将之延伸至时间与存在层面，使之获得辩证性意义。中井正一对"间"的重释形成了以间隔的主体性为核心的特殊艺术时间观。间隔的主体性表现为通过主体与艺术作品个体要素的融合，突破线性的艺术时间限制，使艺术时间呈现空间化倾向。间隔的主体性存在于以"清新美"为代表的日本传统审美向度与以"集团美"为代表的现代机械文化向度当中。它不仅是理解中井美学的重要环节之一，也为拓展与丰富东亚现代艺术时间理论，以及当今世界美学与中国美学理论建构提供了借鉴意义。

关键词： 中井正一　艺术时间　日本美学　东方美学

日本现代美学家中井正一（Nakai Masakazu）在《日本之美》（1952）中将"间"视为传统音乐艺术节奏的特殊构造。他指出，"节奏的这种特殊构造，在日本音乐的'间'的问题上表现得最清楚"①。"间"作为日本传统文化、艺术与传统审美意识中一个非常重要的概念，涉及文学、艺术、音乐、戏剧、建筑等诸多领域。日本权威词典《大辞林》②与《大辞泉》③

---

* 张旎，湖北文理学院文学与传媒学院讲师，主要研究方向为日本现代文艺美学。

① 中井正一：「日本の美」，『中井正一全集』（第2卷），美術出版社，1965，第266页。
② 松村明編『大辞林』，三省堂，1989，第2257页。
③ 松村明編『大辞泉』，小学館，1995，第2257页。

中关于"间"（ま）的常见释义有：①空间的间隔；②时间的间隔；③物体并置时的空间；④连续不断事情之间的时间；⑤音乐、舞蹈、戏剧等艺术中，节拍与节拍、动作与动作、念白与念白之间的时间间隔等。此外，黑川雅之认为："'间'是日本审美意识的根基。"① 久保田淳也指出："在日本从古至今的文学和艺术的某种领域中，'间'常常被当作问题。"②

中井正一的艺术时间观与"间"密切相关，他立足于自身的实践可误主义认识论对"间"的传统意义进行了独创性改造，他对"间"的重释可视为对日本民族传统艺术形式的经验性解读，这种解读一方面指向对传统艺术本质的敞开，另一方面暗合"间"的审美现代性契机。中井正一将"间"延伸至时间与存在之维，通过重塑其空间性形成了以间隔的主体性（所谓"活着的时间"）为核心的，"脱离"式的辩证性艺术时间观，通过主体与艺术作品个体要素的融合，间隔的主体性使"间"突破传统线性艺术时间的局限，呈现艺术时间的碎片化、空间化倾向。

一 "间"的重释与实践可误主义认识论

对日本传统文化"间"的继承与重释，构成中井正一艺术时间观逻辑演进的思想基础之一。"间"所具有的非整体化的个体性，亦彰显为中井正一艺术时间观的外在形态特质。日语中，"间"（ま）既可以表示物与物之间的间隔，如"すきま"（间隔），又可以表示事与事之间的间隔，如"ひま"（空闲）。前者强调"间"的空间性，后者强调"间"的时间性。总之，"间"在时空关系上始终立足于个体，而非整体，"例如说先有个体的人，才能看到人与人之间的'间'隔；先有一个小小的音符，才能看到音符和音符之间的'间'奏"③。可以说，"间"形成于整体在个体与个体的空隙之中，即先有个体再有整体。"间"是一个时间与空间同时蕴藏于个体层面的概念。

艺术方面，"间"较为典型地体现在音乐上，"在同一文化圈中，语言

---

① 〔日〕黑川雅之：《日本的八个审美意识》，王超鹰、张迎星译，河北美术出版社，2014，第 68 页。
② 久保田淳：「「すきま」の美意識について」，『日本學士院紀要』73（3），2019，第 139 页。
③ 〔日〕黑川雅之：《日本的八个审美意识》，王超鹰、张迎星译，河北美术出版社，2014，第 68~69 页。

表现和音乐都在很大程度上受到文化的影响。如果说在日本，连歌所注重的不是整体的过程，而是各个瞬间的局面的话，那么那种倾向也构成日本传统音乐的特征。至少与西洋的近代音乐相比，日本音乐比起音乐的持续整体构造，更加重视各个瞬间的音色和'停顿'① "②。可见，日本音乐注重瞬间性的音符或音色，"间"则代表音符与音符之间的停顿、间奏、间隔。整体的流动感蕴含在瞬间性的音色与音色之间。加藤周一进而认为，"间"是音乐的节奏与节奏之间的间隔的长度，是主体沉默的时间长度，"日本的音乐家往往重视'停顿'。众所周知，'停顿'是两个音之间的间隔、时间的距离，是沉默的持续长度。其长度并非以单位时间的整倍数保持稳定，而是根据状态发生微妙的变化。在所给予的状况之下，'停顿'可以用来调整沉默的持续即微分的增减"③。故此，"间"所具有的整体流动性，形成经过演奏者的主体性参与后的艺术时间，为此，在个体或局部基础上，"间"的时间性构成一种主观性的艺术整体感。

中井正一对"间"的重释表面上看是对其基本特性的延续，然而实际上他以自身建构的实践可误主义认识论为基础，对此问题作出更具独特性的阐释。中井正一的认识论是以"无媒介的媒介"（無媒介の媒介）为基础所建构的实践可误主义理论。中井正一认为，人（主观）对于世界（客观）的认识，并非基于相互对立、割裂的二元立场。认识也并非仅仅通过主观对客观的观察、分析才能获其可能，而是可以通过另一种试错的方式："人可能犯错，再踏着这种错误，以自我的行动为自我的对象，通过这种媒介，创造出新的自我行动。"④ 这种以自身的否定为媒介，通过对否定本身为对象，走向新我的过程，便是"无媒介的媒介"的实践可误主义过程，因为人能以自身的错误为踏板，将自身的行动作为对象，创造出崭新的自我行为。

中井正一的认识论回应了二战前美国实用主义哲学家皮尔士（Charles Sanders Santiago Peirce）的"可误主义"（fallibilism）。皮尔士的"可误主义"⑤认为，没有绝对正确的知识，知识主要依靠主体心灵和外部世界的合

---

① 这里由译者翻译为"停顿"，实际上原文中写作"间"。
② 〔日〕加藤周一：《日本文化中的时间与空间》，彭曦译，南京大学出版社，2010，第44页。
③ 〔日〕加藤周一：《日本文化中的时间与空间》，彭曦译，南京大学出版社，2010，第45页。
④ 中井正一：「芸術における媒介の問題」，『中井正一全集』（第2卷），第128页。
⑤ 参见张端信《对传统基础主义的颠覆：皮尔士论可误主义与科学理性》，《湘潭大学学报》（哲学社会科学版）2008年第5期，第87~90页；朱志方《皮尔士的科学哲学——反基础主义和可误论》，《自然辩证法通讯》1998年第2期，第11~12页。

作。主体与世界的交往产生自发的经验"信念"，其时的经验"信念"是主体最先拥有的基础信念，主体在更深入理解世界后，逐渐对世界的真实性产生怀疑。基于此，主体通过修正和放弃原有的经验而获得新的信念，此时，基础信念就在自身获得不断辩护的情况下与经验达成统一。然而，皮尔士的"可误主义"立足于对笛卡尔的反驳，其思想基础仍然为科学推理的演绎、归纳和假说推理。但是中井正一的实践可误主义认识论的基础主要为客观唯物主义立场。这种主体通过不断修正自我，在以"自我的否定"为媒介的发展中走向新我的实践过程，恰好回应了皮尔士的"合作基础"，使实践充当"可误论"的重要一环。因此，对于中井正一来说，知识成为主体认知和外部实践经过不断修正的一种逻辑与实践共在的结果。

基于此，中井正一对日本传统音乐艺术，尤其是太鼓音乐节奏的解读便呈现迥然不同的意蕴。他在《日本之美》（1952）中指出：

> 节奏的这种特殊构造，在日本音乐的"间"的问题上表现得最清楚。
>
> 在日语中，艺术家使用的"间"（间隔）、"間にはまる"（合拍）、"間がのびる"（拖延）、"間がぬける"（不合拍）里的'间'绝不是用时钟测量的时间，也不是用测量声音的时间机器、节拍器测量的。
>
> 特别是能乐中使用的太鼓的"间"，加深了这种感觉。
>
> 当听见太鼓发出"砰"的一声时，有一种截至目前的所有时间都被切断的感觉。它绝不是像管弦乐队的节奏那样，听起来是一个接一个，连续不断的。
>
> 太鼓将空前绝后的钢铁般紧绷的时间凝结为"砰"一声的形式。给人一种头脑里的东西被切开般的快感，一种混沌之物被完全一次性切除的感觉。
>
> 正是这样，才是充斥着全部日本艺术的"活着的时间"。是与"时钟的时间"相对立的"艺术的时间"。目前为止，普通的时间是线一般连续的，流淌的，但是这里，不如说，我们是在被切断的时间中，在真正的自我所诞生的新鲜中，明确了自我的存在。①

---

① 中井正一：「日本の美」，『中井正一全集』（第2卷），第266~267页。

中井正一认为，"间"的艺术时间性在于点（个体）与点（个体）之间形成的整体主观感。传统的"间"只强调两点之间的时间线段，而中井正一则凸显两点之间的时间与其前后时间，其中一个点被视为过去和未来的分界点，即鼓点发出的"砰"声代表过去的结束与未来的开始，此时间点亦被视为旧我和新我的分界点，通过否定旧我，走向新我，艺术家的创作也在不断地实践和修正中，逐渐完善自我，探寻出真实的自我。中井正一对艺术时间点的理解呼应了其以自身否定为媒介，走向自我的辩证式思考。鼓点所代表的新我与旧我的否定、分裂与发展，融合了存在与时间的广阔维度，因此，中井正一在对音乐节奏的阐释中实现了"间"的审美现代性转化。"就像能乐太鼓的调子，事实上，切除时间与空间的'间'的美感就是这样。这是只有相互交锋方能存在的时代的一个显著特征。对于这个时代的人们来说，更新，就是割舍自我，这种断裂感，便是这个时代的美的重要元素。"①

二　间隔的主体性

通过对太鼓音乐节奏的阐释，中井正一提出相对"时钟的时间"而言的"活着的时间"。"活着的时间"可以理解为间隔的主体性，它是其艺术时间观的理论内核。它指艺术作品内部的物质形式以个体或局部的方式独立存在时，艺术主体通过情感、想象、意识、训练等因素将其中个体（局部）与个体（局部）之间的物质形式相关联，主体在艺术作品中探寻真我的实践性心理时间。其中，艺术作品的个体（局部）物质形式的间隔时长与艺术主体结合产生出非实存性主体。其间的个体（局部）可以是艺术作品中的任何表现形式，如绘画中的色彩、线条；音乐中的音节、音符；建筑中的柱、梁；文学中的词语、句子；等等。不过，中井正一表述的主体不只是被概念化的创作主体或接受主体，而是一种具有存在论色彩的超越主体，他更看重主体的存在方式和生命力的展现。"生存""自我""活着"等词语是他表达主体性的主要方式，对于中井正一而言，艺术和美是指引主体真实存在的方式。"所谓美，就是在纷繁复杂的世界中与真实的自我、必然的自我、隐藏在世界极深处的自我相遇，在此重要的是，这种真实的

①　中井正一：「美学入門」，『中井正一全集』（第 3 卷），美術出版社，1968，第 44 页。

自我并非神秘的、超常的，固化了的自我。"① "将固化的神秘之物引导出来的，就是艺术。"② 由此可见，艺术时间就是实践主体在美与艺术的自由空间中所发展、表达、否定、实践、修正以及探寻出的真我时间。

为达到间隔的主体性，中井正一强调艺术主体须有一种"内在的自然技巧"。他认为，主体通过肉体方面的不断练习，可以使肌肉记忆融入无意识领域，形成主体内部的型式（Form）。"光凭记忆和意识，这个'间'都会慢半拍。想要达到真正的'合拍'，唯有练习，一而再、再而三地练习。在这种训练、练习的背后，隐藏着一种主张。那就是相信在人的肉体当中，有着比用头脑来思考更加自然、更加伟大的东西存在。"③ "这种更加自然、更加伟大的东西" 就是中井正一所谓 "Form"，即内在的自然技巧。"Form" 最早见于《关于康德第三批判序言前稿》（1927），是中井正一根据康德的 "自然的技巧"（Technik der Natur）提出的一个强调身体结构和机能通过不断实践在大脑的无意识领域形成固定感知的概念。通俗地理解就是肌肉记忆。"无论哪种艺术，都必然在'技巧'中，在'腕'的内部构造中，时刻存在'内部自然的技巧'，也就是一种对精炼性的肌肉操控的深切信任感。与其说里面包含着训练、练习、习惯、老、大、熟练、圆熟等含义。不如说，所有在'创作'中的外部'自然技巧'，都通过内部的'自然技巧'产生出新的审美现象。"④ 中井正一希望 "内在的自然技巧" 成为康德 "理论" 与 "实践" 的中介，从而对康德的 "自然的技巧" 进行反思，获得全新的审美情感。"在康德那里'自然的技巧'意味着在主观认识的现象本身，已经存在理性的合法原则，即意味着在客观中存在自由性。所以，对它的彻底反思构成一种美的情感。在此意义上，'自然的技巧'作为'理论的'和'实践的'中介者，就具有对材料的理性的合法原则的信任和直观方面的重要性。"⑤

同时，中井正一强调间隔的主体性与社会环境、历史时代及民族文化之间的关系。"时代进步，社会的生存方式也会不同。在机械化的同时，应

---

① 中井正一：「美学入門」，『中井正一全集』（第 3 卷），第 17~18 页。
② 中井正一：「美学入門」，『中井正一全集』（第 3 卷），第 18 页。
③ 中井正一：「日本の美」，『中井正一全集』（第 2 卷），第 267 页。
④ 中井正一：「スポーツの美的要素」，『中井正一全集』（第 1 卷），美術出版社，1981，第 415 页。
⑤ 中井正一：「スポーツの美的要素」，『中井正一全集』（第 1 卷），第 414~415 页。

然的自我不断发展出更广阔的生存方式，以及新的‘Form’。如此，应然的自我在时刻不断发展之际，为了邂逅真实的自我，就必须先追赶上自己。为了追求新我，就必须摆脱旧我。追逐与被追逐就存在于同一个自我当中。在这样的世界里，新的艺术论必然出现。"① 将艺术主体的存在方式与社会、时代联系起来，并依托逻辑实践性历史时间，使自我在历史、文化、艺术发展中实现辩证式的交替过程。对于中井正一来说，主体性是文化的一种反映，艺术的时间与空间会在社会制度的发展中发生扭曲和变形，以此表达出各民族的内心世界和现实映像。"空间如同生命体一般，以各种形式的歪曲、扭曲，表达出各民族的内心世界，不光空间有生命，会有各种扭曲，时间也是如此。"② 如木下长宏所言："个人的个体生存方式与历史必然性重合，这个话题是中井正一很早就开始形成的思路与方法。"③ 在《Subjekt 的问题》（1935）和《漂泊的犹太人》（1936）中，中井正一将植根于社会、阶级、民族与文化土壤中新旧交织临界点上的"主体性"称为"血的主体性"，他在梳理"Subjekt"的词源谱系后指出："英国人阐释的生存竞争，对德国人来说就是战斗意志。在此，Subjekt 和 Subjekt 之间甚至能够感受到阶级的、基础性的意志差别。我不得不注意到其中有一种对德国式的 Subjekt 来说，与半封建的德意志血脉相关的主体性。它既非亚里士多德的基底主体性，也非培根的观测主体性。姑且可以称为德国半封建的血的主体性。对德意志来说，这是一种为了迅速达到欧洲的文化水平，一边怀抱过去的文化残余，一边完全背负着诸多矛盾的、被特别激化的形态。"④ 这说明，掺杂着民族主义封建性及新兴资本主义特性的"血的主体性"实为新、旧交替，进步与落后二元临界点上的抽象主体性，它不仅反映出间隔主观性在思想和艺术中的旧我与新我之间的抗衡，还反映出中井正一思想中的过渡性和矛盾性。

除此之外，间隔的主体性还与艺术时间构成内在的主观性关系。中井正一反对近代西方以二元对立的思维处理人与时间的关系，他认为洛采（Rudolf Hermann Lotze）、柯亨（Hermann Cohen）等人将时间纯粹物理化、数量化，阻隔人与时间的交流，造成了时间的物化。"沃林格（Wilhelm

---

① 中井正一：「美学入門」，『中井正一全集』（第 3 卷），第 18~19 页。
② 中井正一：「美学入門」，『中井正一全集』（第 3 卷），第 33 页。
③ 木下长宏：『増補中井正一新しい「美学」の試み』，平凡社，2002，第 11 页。
④ 中井正一：「Subjektの問題」，『中井正一全集』（第 1 卷），美術出版社，1981，第 41 页。

Worringer）表述的 Bewegungsausdruck，也就是‘克服运动的非物质表现中的物质’为阐释节奏指明了其他路径。"① 中井正一在《节奏的构造》（1932）中认同沃林格说的"克服运动的非物质表现中的物质"，并认为该理论可以克服西方的二元性思维，为东方式的审美时间找到根据。"在此，展现出的不是对时间的客观原则化，而是对时间的主观把握。之前阐述的映射概念可以置换为邂逅的思想。如果说之前的物质采取的是质的量化，那么现在就采取的是量的质化过程。即并非自然加数，而是联想为切断无理数的无限。也就是说，可以解释为非洛采的时间计量 Zeitmessung，而是切断时间 Zeitschnitt，这种说法就是对节奏的东方化。"② 中井正一经由沃林格的理论，确认东方式的时间为一种艺术主体的内部时间，是艺术主体的自我感知与艺术作品的物质形式之间发生韵律和节奏的共振时间。"能乐的太鼓敲击一下创造出的时间，‘间’就是证明我们存在的时间段落、截断、回响。"③ 中井正一认为，艺术创造的时间成为主体生命节奏的表征，在间隔的时间中，艺术主体的生命力得到抒发、舒展，间隔的时间成为主体生命形式的感性显现，"节奏的原始构造中的呼吸、步行、脉搏等，都远离了仅仅是拍子式的钟表的时间构造，相反走向了量的质化，在新的阐释领域表达出它的形态。和歌、俳句的节奏就应该在这种意义上被捕捉到"④。

三 "清新美"与"集团美"

以间隔的主体性为核心的中井正一艺术时间观，存在两个审美向度，即以"清新美"为代表的日本传统审美向度，与以"集团美"为代表的现代机械文化向度。这两个向度共同在传统和现代两个面相中，折射出其艺术时间观在文化结构与美学结构中的特性。

"清新美"是中井正一在《美学入门》（1951）和《日本之美》（1952）中提出的重要美学命题。他总结及概括万叶时代的"清明"至江户时代的"粹"等审美意识后，认为日本特有的美是"清新"。"日本人的审美理想来自芭蕉，如浅川流水似的始终清爽、明澈、轻快、顺滑，可以称得上一种

---

① 中井正一：「リズムの構造」，『中井正一全集』（第 2 卷），第 32 页。
② 中井正一：「リズムの構造」，『中井正一全集』（第 2 卷），第 32 页。
③ 中井正一：「日本の美」，『中井正一全集』（第 2 卷），第 267 页。
④ 中井正一：「リズムの構造」，『中井正一全集』（第 2 卷），第 34 页。

清新美。装模作样之物，哪怕只有一点，都会被嫌弃矫揉造作或太过沉重。无论是万叶的'清明'、中世的'闲寂''物哀'，还是江户时代所说的'风流'，都是摆脱了滞涩感、装模作样之气和粗鄙感的潺潺流水似的美。中国美转入日本美时，好似庄严厚重的汉字之美，转入潺潺流淌的假名文字之美，那种轻快感便是日本特有的美。"① 中井正一提出的"清新美"并非一个固定的概念或语词，而是被描述为一种状态，一种被抽象化的本质表现。原文与这种状态相符合的词语有清爽（すがすが）、清澈（きよらか）、轻快（かるみ）、顺滑（とどこうりなく）、清明（さやけさ）等。他采用比喻修辞，将"清新"形容为浅川流水，欲表达从古至今日本全部审美意识范畴的本质，即一种摆脱沉重滞涩、追求超越的清新之美。"清新美"具有两个方面的特性：一是本质性，为了追求流水原初的自然、清纯状态，必须去掉多余的庞杂与附着、累赘；二是流动性，要求事物要像活水般，源源不断地向前发展，推陈出新，保持清澈。

此外，作为中井美学思想核心命题之一的"集团美"，最初构想见于《机械美的构造》（1929），此后他在《集团美的意义》（1930）、《集团美》（1930 手稿）、《集团的艺术》（1932）等文章中充分阐明"集团美"和"集团艺术"的性质、内容、意义与成因等。他认为，"集团美"是诞生于工业时代的一种新美学。技术和以技术为基础的机械，作为主体身体器官机能的物质性延伸，给人类带来新的美学形态。"就像人在回顾自身时把冰冷的视线朝向内部那样，集团在衡量自身内部的时候，也有一双自己的眼睛。我们将这双眼睛所发现的特殊之美，或者这双眼睛的观看方式，称为集团美或集团艺术。"② 望远镜观察到的星云团运行轨迹，显微镜观测到的植物细胞结构，飞机的编队行动，鳞次栉比的高楼大厦等都是符合"集团美"组织性情趣的审美形态。而"集团美"主要表现出以下三个特性。一是群体性。"集团美"不仅强调现代机械技术下呈现出的超越主体感官经验范围的自然物，而且强调社会群体、团体、集体在一定的组织秩序中表现出的群体性艺术活动。二是功能性与组织性。即"作为秩序的多数"③，指群体作为功能性个体要素的复合，通过统筹、协调等机制，形成去中心体的关联形态。三是协同性。指人与技术在目的性合作中展现出的审美移情

---

① 中井正一：「美学入門」，『中井正一全集』（第 3 卷），第 32 页。
② 中井正一：「集団美の意義」，『中井正一全集』（第 2 卷），第 180 页。
③ 中井正一：「集団美」，『中井正一全集』（第 2 卷），第 184 页。

心理。

　　"清新美"与"集团美"均能体现中井正一的艺术时间观。"浅川的流水所蕴含的'清新'与'轻快'，绝非轻薄之物。它是自我否定、自我脱落，其中蕴藏着来自对于现实强烈绝望的极其强韧的愿望，令人屏息的深刻行动与锐利之物。当松开一直以来支撑自己的东西，它便断崖坠落，时时刻刻坠落，不断加快地坠落，又从速度中产生全新的自我的速度。这难道不令人惊讶吗？正是在这战栗、浑身抖动中，所谓'崭新''清爽'的东西首次显现出来。"①"清新美"强调的"果敢""轻快"充分体现其艺术时间观的自我否定与自我脱离的特质。其追求清新、去除芜杂、去陈出新的过程既是个人创作主体发现真我的过程，又是日本美的本真形态。而"集团美"的艺术时间性，则体现为建立于对古希腊和浪漫派艺术观的否定与超越。中井正一在《机械美的构造》中认为，古希腊的艺术特性主要体现为模仿（mimesis）和技术（techne），而近代的浪漫派艺术（即艺术至上主义）则是对"模仿"和"技术"的否定。浪漫派主张的肆意、热情、个人化的风格与古希腊的"模仿"和"技术"风格大相径庭。随着浪漫派思想中个性化、非真实性的不断演变，个人主义文化逐渐陷入盲目、放任的危机。"集团美"作为有秩序的热情及有热情的秩序的结合，超越了单纯秩序和热情的对立，成为解决此危机的主要途径，"在古希腊，只有技术和秩序成为艺术方面的问题；相反在浪漫派那里，只有天才和热情成为艺术方面的问题。对于我们如今的时代来说，脱胎于热情的秩序，拥有秩序的热情则成为问题。而且，在近代技术中既有着'一个巨大性格'的内面，又有着集团美的构造"②。

　　同时，"清新美"和"集团美"均表现出艺术时间观的间隔的主体性。前者主要体现于日本传统艺术形式："这一切以线条的形式，与百济观音的线条、藤原朝的线条、《鸟兽戏画卷》的水流、用假名写的日本书道的所有的字的线条，都是关联着的。"③ 无论是能乐中太鼓的鼓声，还是木雕、绘画、书道的线条，均能反映日本传统艺术作品中物质形式之间的间隔关系。艺术主体与其间隔、留白所产生的情感，体现出一种植根于日本文化的主体生命力。后者主要反映在人与物质性群体建立的移情关系中。当人操作

---

①　中井正一：「日本の美」，『中井正一全集』（第 2 卷），第 257~258 页。
②　中井正一：「近代美と世界観」，『中井正一全集』（第 2 卷），第 184 页。
③　中井正一：「日本の美」，『中井正一全集』（第 2 卷），第 257 页。

机械时，人与物的移情效果能产生出间隔的主体性。"在影片中，飞机驾驶员用锤子敲击'中国飞剪'（China Clipper）号飞船的巨大躯体时，发出吭—吭—的间断声。侧耳倾听那'回响'，驾驶员美妙的表情难以忘怀。如同人类的身躯变得巨大，流满身体的血液沸腾之声不绝于耳那样。这种在机械中发现部分自我的心情，才正是现代人想要将人类提升至更高处的宏大愿景。这种植根于人类根本感情的集团艺术，才建立起来了。"① 由此可见，有节奏、规律的"敲击"在集团艺术中是人与物建立实践性移情关系的外显。

结　语

整体而言，中井正一的艺术时间观体现出 20 世纪初西学东渐背景下东西美学思想融合的可能。他的艺术时间观伴随着对生命、生活、现实以及文化的密切思考。不仅如此，中井正一的艺术时间观还使空间包裹于时间的间隔性之中，使原本线性的时间被瞬间化、碎片化，使点与点之间形成的时间线段构成一个个间隔的空间。时间之存在也因处于间隔的空间得以凸显。尽管艺术时间无实感，但其所具有的"物性"（thingness），正源于其"空间"。空间既与时间相伴相生，亦为时间创造机制，空间蕴含在时间之中。因此，中井正一对日本艺术时间与空间关系的思考无疑具有后现代性，正如弗雷德里克·杰姆逊（Fredric Jameson）在《后现代主义与文化理论》中所言："后现代主义是关于空间的，现代主义是关于时间的。"② 如此，中井正一对"间"所做出的现代性重塑，可以对目前处于西方"他者"理论视野下的东方文明提供较为重要的启示，值得给予新的思考与重视。

---

① 中井正一：「集団的芸術」，『中井正一全集』（第 2 卷），第 190 页。
② 〔美〕杰姆逊：《后现代主义与文化理论》，唐小兵译，北京大学出版社，1997，第 243 页。

The Life Rhythm of Interval: Nakai Masakazu's View of Artistic Time

Zhang Ni

Abstract: In the transformation process of modern knowledge structure in Japan, Nakai Masakazu creatively transformed the concept of "interval" in traditional Japanese culture based on his own epistemology. While inheriting the spatial meaning of the traditional "interval", Nakai extended it to the level of time and existence, attached it with dialectical significances. Nakai's reinterpretation of "interval" generated a special artistic view of time with the subjectivity of interval as the core. The subjectivity of interval broke through the linear time framework of art by integrating the subject and the individual elements of the art work, making the art time has some spatial features. The subjectivity of interval exists both in Japanese traditional aesthetic dimension that represented by "fresh beauty" and the modern mechanical culture dimension that represented by "collective beauty". It is an important link to understand Nakai's aesthetics, and also a useful theoretical resource for expanding and enriching the time theory of East Asian modern art, and the construction of contemporary world aesthetics and Chinese aesthetic theory.

Keywords: Nakai Masakazu; Artistic Time; Japanese Aesthetics; The Oriental Aesthetics

北京审美文化研究　◀

胡同的"游观"与镜头

——北京题材电视剧中的经典胡同意象

方兆力[*]

摘要：北京题材电视剧中的"胡同"空间作为一种意象，具有深厚的镜头美学底蕴，多数作品中普遍出现"胡同"的移动长镜头摄影。本文以中国传统画论空间的"游观"美学范畴为基础，分析移动长镜头是如何吸收和创造性地转化"游观"思想来实践对"胡同"空间的奇观构形，最终赋予观众沉浸式具身游走与静观的美学视觉效应。

关键词：游观 胡同 长镜头 静观 场面调度

北京的胡同，是地域传统实体建筑与民居生活的代表形式之一，蕴藏着丰富的京味文化。在20世纪90年代北京城市现代化建设的洪流中，城市化建设好似一块橡皮，慢慢擦去了城市地图上那一条条日渐衰败的老旧胡同，胡同这一空间慢慢淡出了北京人的生活，即使保留下来的部分胡同也已被淹没在高楼林立的繁华都市中。随着近年来胡同保护与修缮工作的不断推进，胡同凭借其古老的空间身份不断出现在各种艺术作品中。特别是近年来的电视剧艺术，胡同作为一种独特的媒介景观，不断被创作者呈现在镜头中，小胡同里的烟火气、平凡人身上看似平凡却又不平凡的事、百年沧桑的四合院……这一切构成了一种特殊而又深切的眷念情感，电视剧以画面视觉晕染的艺术方式体现了对胡同的保护与关怀。在各种北京题材

---

* 方兆力，北京电影学院中国电影文化研究院助理研究员，主要研究方向为影视文化与视听语言。

电视剧展现和传播的过程中，胡同作为一种经久的意象又不断塑造着大众对于胡同、人、城市空间的认知和想象，形成了电视剧与胡同—北京城市空间互为镜像的关系，既是对逝去胡同的高歌挽词，也是对北京胡同里时代精神的谱写。

一　"游观"理论在影视中的生成

（一）"游观"理论

"游观"是中国传统古典美学中的审美观照方式之一，即以游动的视角观照客体对象，体现了一种仰观俯察的空间观看方式，在中国古典美学研究范畴内有着重要的理论价值和现实意义。"游观"在古代美学中常常被拆解为"游"与"观"。"'游'，说文解字注曰'旌旗之流也'，乃氏族迁徙出游时，所举的旌旗代表着氏族徽号。先秦时期，'游'的概念相当宽泛，如游学、游说、游乐等，其意义指向在于空间距离的移动。"[1]"游"被视为一种移动的行为方式，多强调作为物质的身体在空间上的位移。"观"在《说文解字》中被解释为"谛视也"，即仔细地观察。《论语》中"观，广瞻也"，则强调视野的宽广，同时也涵盖着视觉空间的游移变化。从哲学渊源来看，"观"最早可追溯到《周易》，"古者包牺氏之王天下也，仰则观象于天，俯则观法于地，观鸟兽之文与地之宜，近取诸身，远取诸物，以成八卦，以通神明之德，以类万物之情"[2]。其中的"观"又展现了"方式"之意，即"观"是一种"仰俯远近"之观，乃立体且流动的观察方法。随后在承续先秦及魏晋理论的基础上，"观"作为古典美学范畴随着唐、宋文化的兴起而蓬勃发展，直到宋代理学家邵雍首次提出了"观物说"。放诸历史长河，"观"的阐释不限于上述，本文在此不作赘述。但纵观发展，"观"植根于中国古代哲学，其论点虽多，但大多有异曲同工之妙，无不反映了中国古人的审美特点和观照方式，强调（与西方不同的）审美主体对客体产生的一种独特的审视角度与方法。

---

① 孙玉茜：《游观美学视域下的〈诗经〉自然审美意识发微》，《西安交通大学学报》（社会科学版）2016 年第 6 期，第 99 页。
② 欧阳维诚：《文化研究的宝贵探索——读吴慧颖〈中国数文化〉》，《求索》1996 年第 1 期，第 128 页。

"游观"一词，由"游"和"观"两字组合而来，古代"游"与"观"分开而论，但二字并非有着绝对的分野，其中的"观"虽是思维的主导，但往往要贯穿于"游"的过程之中，因为"游"可以拓展"观"的视域范畴，达到"广瞻"，只有在"广瞻"中主体才能发现客体对象的多样性审美；而"游"也往往要伴随"观"才能实现真"游"，为此二者内涵相互包裹、彼此渗透，形成了"游"中有"观"，"观"则必"游"。而"游观"这一概念的合称，是刘继潮先生根据中国传统绘画的空间观念所提出的，是对"游"与"观"二字意义的整合与提炼。"按照刘继潮在《游观——中国古典绘画空间本体诠释》一书中的说法，'游观'所表达的中国人的空间观念不仅体现出中国人的智慧，也是一种自成体系的中国古典绘画独特的写意路径。"① "游观"在山水画中是主体自由的一种观照自然的意识，是中华民族独特的空间意识。这种空间意识不仅体现于画作中，还被拓展到中国园林景观空间中，总之"游观"是中国传统空间美学的重要范畴之一。从 20 世纪初电影进入中国开始，现代视觉叙事艺术便开始蓬勃发展，美学空间作为一种视觉媒介，也开始与现代视觉媒介产生交融与互涉，"游观"亦作为一种传统美学基因，渗透于影像空间民族性实践中。

（二）"游观"精神特质在影像中的引入与表达

比较而言，中国传统绘画与运动影像在艺术形态上相差甚远，且运动影像始于西方，运动影像与西方文化、绘画理论有种天然的默契。自 20 世纪初西方影像进入中国以来，一代又一代的中国影像导演不断致力于对中国东方影像美学风格进行探讨，他们尝试将本土的绘画空间理论与影视实践相结合。

"在《中国电影理论研究中的古典美学探索》一文中林年同总结道：'自 1956 年沈复拍摄《李时珍》以来，中国电影艺术家不断从各种传统文艺形式中汲取营养，寻找宝藏。在戏剧结构、画面构图、镜头运动、场景运动等方面，都有不少电影作品可圈可点。除《李时珍》外，郑君里导演的《林则徐》（1959）、特伟设计的《小蝌蚪找妈妈》（1959）、岑凡导演的《红楼梦》（1961）、谢晋导演的《舞台姐妹》（1965）等都以不同的方式表

---

① 中国国家画院美术研究院：《游观：一种中国的艺术方式——"'游观'智慧·中国古典绘画空间理论与实践学术专题展暨研讨会"综述》，《美术》2014 年第 5 期，第 107 页。

达了中国古典美学的一些思想，并建立了一套可以视之为"游"的美学观念作为主要表现手段的电影艺术体系。'"① 他们从中国古典绘画理论出发，向中国传统绘画"散点透视""游观"等美学观念取法，小到影像中移植各种古典山水美学形态的造型语言，如山水画中"取象于远"，影响了中国导演对于景别中大远景视觉取象的独特认知；大到领会中国山水画所蕴含的诗意气韵，以此作为指导中国影像创作者淬炼情感外化的一种独特表现手段，从而转化为影像空间中的东方精神。而"游观"中的移步换景，也促使导演视摄影机如画笔一般将各种物象进行综合调度，以此将广阔的天地收纳于镜头内，长镜头机位的移动如同移步，使物象依次入画形成换景，移动镜头有如画卷徐徐展开一般。于观众而言，一个镜头的徐徐推进更像是打开了一幅横幅长卷，长镜头内以摄影机的调度来带领观众做各种"仰观俯察"，赋予了观众自由随意"游观"种种物象的权利，营造了独特的中国镜头时空美学，这正契合了中国传统绘画的审美趣味，从而形成了中国影像中独特的镜头空间美学，正如"宗白华老先生在《美学散步》中探讨关于中国画的空间构造审美原则时强调，中国画的空间塑造既不是依靠光影明暗法则，也不凭借立体几何透视，而是一种流动的、写意的、抽象的，如同音乐和舞蹈一般的空间感"②。

二　北京的"胡同"

（一）"胡同"的缘起与发展

"胡同"的出现最早可以追溯到元代，距今有 700 多年的历史。关于"胡同"一词的由来，说法众多。北京胡同兴起并初具规模于元代，"据明代《永乐大典》所辑《析津志》载：胡同是平行排列在两条南北走向的街之间的通道，是小的街巷。街道布局南北交织，齐如棋盘，大街宽二十四步（约合三十七点二米），小街宽十二步（约合十八点六米），胡同宽六步（约合九点三米），两条胡同的间距五十步（约合七十七米）"③。从《析津志》解析来看，其中包含了胡同具有等同于街巷、里弄的交通作用，即起

---

① 李云平：《十七年电影中的山水美学形态探赜》，《艺术评鉴》2022 年第 14 期，第 14 页。
② 李云平：《十七年电影中的山水美学形态探赜》，《艺术评鉴》2022 年第 14 期，第 13 页。
③ 汤浩：《北京胡同的历史与未来》，《城市住宅》2009 年第 7 期，第 87 页。

到了四通八达的通道和形成连接都市脉络的功用，如果这是广义上交通的意义，那么通常狭义上说的"胡同"更偏向于两侧临街而建的四合院建筑院墙外所形成的整体围合街巷空间。

　　元代胡同两边四合院追求方正形，占地八亩，南房北房各占一面，两侧配有厢房，能入住的人也大多是官吏或者贵族。自元代以来，胡同—四合院的建造跨入规模制式化统一标准后，就开启了历代北京"胡同"建筑史，也为后续对各个朝代胡同的翻修与建设大致提供了一个可以遵循的标准。明代迁都至北京后，基本遵循元代胡同的格局。由于北京城的位置有所南移，加之涌入人口极速增多，为解决人口的居住问题，明政府决定在城内大量修建胡同—四合院，而且结合北京地形地貌特色，因地制宜打破了元大都胡同—四合院"八亩"的面积限制，出现了大小不一、空间不同的各种类型的胡同—四合院。院内居住的人口也不再局限于达官贵族和富商大贾。清朝定都北京后，清政府大量吸收汉文化，但对胡同—四合院的建筑风格予以全面沿袭。据清初满汉分住政策，内城均为八旗兵驻地，汉民与外来人口外移至南城一带，所以他们在南城又新建了胡同—四合院，但因人口较多、面积有限，所以胡同较为狭窄，与内城的尺度和建设规模出现了区别。此时北京胡同—四合院的发展已经进入鼎盛时期。民国时期，胡同—四合院出现了较大变化，并从鼎盛走向了衰落。一是紫禁城开放后，开辟天安门前和神武门前的东西大道，横穿了东西长安街，形成了一条和纵贯南北中轴线相交的东西长纬线，胡同以此为中心开始向外扩张；二是民国政府解除了清廷贵族的终身俸禄，满人不得不出租、变卖房产以解决生计问题，导致内城里的满人逐渐减少而汉人开始增多，胡同—四合院的单一化、高贵性开始趋于多元化、平民性，形成了新的宅文化；三是，胡同—四合院在民国时期遭到战乱破坏，当时政府已无条件进行翻修，致使胡同—四合院出现了千差万别的风貌。

　　1949年新中国成立后，大批公职人员携家眷进京建设祖国，形成了胡同—四合院新的居住群体。1958年"大跃进"和人民公社化浪潮，彻底打破了胡同—四合院旧格局样态。为了适应社会主义改造的需要，房主将自家居住以外的多余房产上交房管部门，由国家重新统一分配，形成了七八户乃至十多户人家共住一个四合院的局面，四合院变成了大杂院，完全结束了北京四合院数百年形成的一户独居的历史，开启了全面大杂院的时代，老北京的胡同文化也在悄然发生变化。"文革"时期，各家各户为了解决居住问题，兴起了在自家周边见缝插针式加盖小屋的风气。加盖屋因地赋形，并无统一的标准。煤棚子和堆放杂物的仓房在杂居的大杂院内比比皆是，所以传统有序的胡同格局不复存在，而高密度的居住导致胡同生活质量降低与胡同环境变差，致使传统北京胡同在潜移默化中出现了二次衰退迹象，这在电视剧《贫嘴张大民的幸福生活》中已有体现，它对胡同—大杂院生活做了真实的写照。改革开放以后，党和国家将工作重心转移到经济建设上来，北京不断拓宽马路，一幢幢大楼拔地而起。大部分老北京胡同为北京进入现代化建设作出了"牺牲"。今天呈现在我们面前的北京胡同，其面貌已经发生了历史性的变迁。然而值得庆幸的是，北京市先后公布了几十处历史文化名城保护区，给这些北京胡同—四合院/大杂院挂上了"免死牌"。其中著名的南锣鼓巷仍保持着元代珍贵的"鱼骨式"胡同格局。

（二）胡同的空间形态

从胡同形状来看，胡同完全根据房屋的布局建造而成，由于房屋一字沿线排开，所以每条胡同的形状基本都呈现线条化。具体从线条形态划分来看，历史上出现了"鱼骨""长格栅""树枝"等形状，还有如梳子一般的"蓖梳形"，当然还有一些因地就势生长的斜线、折线和环线的形状，以及电视剧中常提到的"死胡同"即半截形的胡同。其中，始建于元代最早一批的"鱼骨""长格栅"和"蓖梳"等经典形状的胡同几乎均已消失，目前专家和大众所提及的"老北京胡同"，通常也只是指明清后各种形状混合兼有的胡同，即使是保存尚好的胡同也几乎不能与经典原生态胡同相提并论，因为胡同内的景观已经发生了退化。

从胡同内部空间形成的形态景观来看，胡同空间主要由连续建筑界面、建筑上的附属物、装饰要素以及流动的天际线构成。连续界面由四合院的后檐墙以及连接四合院的围墙形成，而连续界面又构成了胡同空间两侧的侧界面，组建了胡同的线性空间。侧界面由灰色砖瓦筑造，呈现出胡同景观的灰色基质，构成胡同形态景观的色彩基调。而围墙周边上的宅门、门枕石、墙檐等装饰与墙体界面共同成为胡同空间轮廓的主要生成者，也是人们对胡同意象感知的主要形态。这种建筑界面形式可以引起人们对空间的强烈认同感和方向感。此外，装饰中还有一个不可或缺的要素——槐树，从四合院围墙内伸展出来的老槐树作为点缀要素，呈现了百姓生活朴实的烟火气，见证了胡同的沧桑百态，这也是槐树多出现在文人墨客笔下的原因，所以槐树在胡同形态格局中也扮演着重要角色，形成了北京胡同里的槐树情结。槐树与屋顶、屋脊、山墙等共同画出了胡同的天际线，同样也丰富着胡同带给人的视觉体验，幽绿与深灰、悠远与明朗的景观环境，共同构成了胡同内部空间的整体形态景观。

三 胡同的"游观"观照方式

（一） 北京题材电视剧中的"胡同"

"胡同"一直是北京题材电视剧中的核心元素，创作者从多个维度塑造了不同时期的胡同姿态，以此作为北京空间历史进程的形象代表来引领整部艺术作品，在银屏上呈现了一个个真实—虚构、显性—隐性共存的胡同意象。

北京题材电视剧中的胡同意象大体可划分为三种类型：一是老北京的京韵旧式胡同，如电视剧《芝麻胡同》《大宅门》中的胡同常与古香古色的独居四合院相匹配，画面充满了古韵之感，导演试图将正宗传统的京味文化与观众对胡同想象的深邃情感内化于这一空间单元中；二是新中国成立后大家庭式的胡同，如电视剧《情满四合院》《贫嘴张大民的幸福生活》中的胡同与大杂院并现，胡同—四合院中虽然是多家多户的杂居状态，却流露着浓厚的生活情与人性美，充分体现了新中国成立后胡同内的"人民美学"观念；三是新时代的北京人文胡同，这类胡同与前两类完全不同，镜头下的传统建筑已不复存在，谱写的是新时代北京精神与胡同文化的交融，引入了绿色人文北京、旅游景观，胡同突破了单一化集体回忆的承载，如电视剧《什刹海》就展现了一个新旧并存的、承载多元文化的北京胡同，以胡同为依托艺术化地彰显了"爱国、创新、包容、厚德"的北京精神。

（二） 胡同"游观"中的戏剧视觉建构

胡同于北京题材电视剧而言，既是叙事对象，也是叙事空间，还是电视剧的人文核心元素，所以胡同的建构往往是影视剧场景建构的重中之重，也极具挑战性。而这种挑战性在笔者看来，是要通过镜头将观众具身于电视剧胡同场景中，为其提供一种"以大观小"的胡同游观体验。

"以大观小"的置换表达理念。从北京题材电视剧"胡同"与"北京"

形象之间的关联来看，两者在电视剧中早就形成了"以大观小"的关系。其实这种关系最早始于文学作品，但凡是老北京的文学故事，几乎离不开将叙事放置在胡同空间中表达，而多数北京题材电视剧也基本上沿袭了这一表达方式——"大""小"之间的置换式表达。其中的"大""小"可以从地域空间角度来理解，"大"即强调整体化的北京城市空间，"小"指局部性的胡同空间，"大"/北京与"小"/胡同的这种置换表达方式又不断出现在多种媒介如图片摄影、文学作品、电视剧纪录片、宣传片和电影中。为此，于观众而言，在各种媒介不断置换表达方式的加持下，观众将电视剧胡同空间内的点点滴滴作为合理化北京全部地域想象的基础。久而久之北京题材电视剧中的"胡同"被约定俗成为一种类型化意象表达，即使电视剧中的每条胡同"有名有姓"但也不再是某种个体的表达，而是创作者在尊重历史的情况下，极力将个体胡同上升为北京—胡同，即从观众对于"北京"完形想象的宏大心理出发，观照、构建每一条小胡同类型化意象的表达。

胡同空间的戏剧类型元素的选用。若要达到"以大观小"的理念，戏剧类型元素的选用极为重要。首先，就是类型元素的丰富，只有元素丰富才能构成镜头内的戏剧散点视像。北京这一地域空间历来都是人来人往、喧哗至极的，所以但凡涉及北京题材电视剧中胡同这一形象时，大多"场景气氛图"都会被定位为"热闹"，所以场景元素的充沛丰富是第一原则。为了具象化"热闹"，电视剧大多不突出胡同的交通功能，强调的是胡同作为历史生活性街道这一维度，而生活性街道持续活力的迸发主要源于多数群演不同举止行为活动的混合，所以导演会将生活中的大小事件、五行八作等多种丰富元素都融入镜头来演绎老北京市井生活的烟火气。当然这些丰富多元的元素，经过场面调度，不仅让胡同"活"起来，更是让物象在调度下变得杂而有序，一幅热闹的场景意象油然而生。其次，为了"北京"置换为"胡同"的表达，电视剧导演尽量将能够代表北京的经典元素/道具都纳入胡同这一空间内，形成"北京胡同奇观"。比如高高耸立的城门楼子、一块块红蓝相间的楼牌、青砖红瓦的墙面、临街的百年老店门面、悬挂的招幌、黑底金色的匾额、路旁小吃摊上热气腾腾的北京卤煮，以及经典代表的大铜壶大碗茶、拉洋车在人群中窜来窜去、生意商贩等各色元素轮番登场。电视剧《芝麻胡同》《新世界》《胡同》中，洋车是用得最多的道具，而且与剧情联系紧密。但是，从史料来看，洋车在 1938 年之前是重要交通工具，北京街头确实有许多洋车和洋车夫。到了解放前夕，洋车的数量迅速减少，街上跑的大部分是三轮车。此外，电视剧导演为了极致渲染胡同奇观，将其他老北京经典代表元素如"扛草把子的糖葫芦""买风筝""写春联"等频频搬上荧幕。但是有些作品在细节与元素的选用上忽略了四季有别的时间限制，正所谓什么季节吆喝什么，夏天的胡同怎么会有糖葫芦的叫卖，不过也正是这种不合理的"混淆穿插"的奇观制作方式，印证了电视剧导演"以大观小"的创作理念。

（三）长镜头调度的"游观"

著名编剧梁晓声曾言"一谈到北京的胡同，便会联想到影视中的'长镜头'"，笔者也有同感，并且很多导演也选用了这一镜头表达方式。在笔者看来，原因如下。

其一，从固定镜头来看，胡同的建筑群如同一幅幅"画"，其外界面是墙体，如同画框，表现力弱化，欣赏对象单一，如此的"画面"只是勾勒镜头单视点的"望"，而胡同真正的欣赏方式并非静态的单视点"望"，而是动态多视点的"游"。根据胡同的空间比例，其立面高度一般在3米左右，宽度一般在3米到6米间，即两者比例在1∶1与2∶1之间，而胡同的长度可以达到上百米，远远大于其宽度和高度，所以胡同从形态上来看可以说是长宽比悬殊的线性空间要素，而且从区域尺度观察，竖向维度的弱化使胡同的线性更加得到凸显，为此，在众多动态镜头中，这样的一种空间与运动长镜头是极为适配的。两者的有机适配将游观的"绵延性"特质最大限度地进行了发挥，促使观众随着移步换景镜头的展开生成了一种对于胡同历史的无限想象，更是对（老）北京的浮想联翩。

其二，从摄影机位的调度角度来看，电视剧中的"游观"可以分为以下两种：一种是身在其外的游观，即长镜头做横向移动拍摄空间，如同横轴画卷展开；另一种是身在其内的具身游观，仿佛身在其中游观园林。北京题材电视剧总是追求这种身在其内的具身游观的体验。以电视剧《芝麻胡同》的开场长镜头为例，在男主人公出场后，镜头内部便马上做了视点转换，从第三人称视点转换为男主人公视点，摄影机仿佛架在黄包车上一路推进。此时，视点的改变意味着唤起了观众身体的意识，同时，配上时间较长的长镜头画面，促使观众在这段画面中发现自我视点镜头下的身体状态，以此体察场域内的"自身性"。

　　其三，长镜头可自如调度运动"游观"与流连忘返的"静观"，有效将胡同的"场景精神"融合至统一的时空。"游观"与"静观"并非决然分开的，因为在整体动态游观中也包含着暂时性的停顿静观，二者之间是形影相随、相得益彰的关系。长镜头游走于胡同之中，一方面将建筑如相邻的院落、胡同的立面、质料和色彩统一于胡同的时空中，另一方面是将上文提到的各种戏剧散点视像通过镜头成功串联成一个完整且热闹的胡同时空。

　　这种"串联"不同于西方长镜头对透视空间的营造，而是将中国古典绘画的空间理念"散点构图"运用其中——以反焦点透视的方法将胡同中各种散落的视像组成"以散构图"的方式来形塑胡同的空间。"散点构图"在影视镜头中的运用其实早已有之，但移用至老北京题材电视剧的胡同场景中，才是最为适宜与诗意的。因为"散点构图，我们可以借时间消逝的印象，让观众通过可视的部分形象去联想，或回忆过去的情景，这就是通过有限的景象来表达无限的意境，这也是散点构图最大的优点"[1]。所以说，在镜头的带动下，观众通过那些零碎而又繁多的代表性散点视像建立了各种对老北京的回忆与想象，既完成了视觉上的游目，也完成了心理上的游心。当然，这些散点视像如何在镜头里作具体的位置布局与经营，导演往往会根据戏剧效果的需求程度，来判定是否在运动镜头内作间歇性的"静观"及其呈现的时长。要特别强调的是，这种流连忘返的"静观"可以理解为"步移不易景"，即在长镜头内机位调度既可以做镜头停滞的固定单视点拍摄也可以做环绕机位移动多视角展示，但其实被摄对象都没有做变更，静观的还是该对象，只是方式不同。从整体来看，长镜头的移动形成了观众具身的游观，而内部暂时的流连忘返于某一物象，如同观众具身走在胡同内被某种事物所吸引，间歇停下脚步做暂时性"观看"，随着镜头短暂地停留于这种物象后，镜头继续移动，再次带领观众在胡同内游观。以电视剧《新世界》第1集中警察徐天追捕窃贼的长镜头为例，整个镜头以抓捕为引、沿着胡同走势向前移动机位，但在抓捕中观众可以清晰地看到镜头没有一直跟随抓捕路线走下去，而是中途对"下棋""茶楼说书""骆驼商人""耍猴""请香拜佛"等颇有戏剧化的视觉物象进行了强调化展现，若说"下棋""骆驼商人"只是给了一个稍作停留的单点

———————————

[1]　徐燕妮：《浅析新技术语境下的艺术电影与中国传统绘画的融合》，《当代电影》2019年第6期，第171页。

镜头,那么"茶楼说书""耍猴""请香拜佛"则是做了360度环绕视点表述,在完成了各种绕行后,导演才不急不慌地让镜头再次跟上追捕,所以从这个完整的长镜头来看,导演在创作时本就秉承着开放的、离心性的多视点观念来设计胡同场面,再加上拍摄时不断在长镜头运动内部制造流连忘返的"静观",这些创作手法共同赋予了画面散点化的铺设开陈,狭长的胡同与散点化的铺设开陈强化观众在胡同中的游走并在多视点"观"中形成物象的相互衬托与佐证,从而帮助观众建立了一个有机、全貌的胡同认知,品味了胡同—北京市民的众生百相。

结　论

"胡同"作为北京的代表性建筑空间,始终被北京题材电视剧创作者所偏爱,他们将传统美学"游观"通过长镜头赋予"胡同"场景中,又基于时间、空间的统一和长镜头内的各种调度实现内部"静观",动静结合之观最终实现了"游目"与"游心"的双向功能。总之"游观"令观众即"具身"畅游于胡同这一古老空间,又开启了全面想象性的"认知",赋予了画面美学与哲学上的交相辉映。

"Observing while Wandering" and Lens of Hutong
—Classic Hutong Images in Beijing Theme TV Series

Fang Zhaoli

Abstract：As a kind of images, "Hutong" space in the Beijing theme TV series has a profound lens' aesthetics. Mobile long takes of hutong are used in most works. Based on aesthetic category of "Observing while Wandering" of the Chinese traditional painting theory, this paper analyses how mobile long takes absorb and creatively transform the ideology of "observing while wandering" to practice and shape "hutong" space, which finally give the audience aesthetic visual pleasure of immersive wander and static observation.

Keywords：Observing while Wandering；Hutong；Long Take；Static Observation；Mise-en-scène

书　评 ◀

擘肌分理，唯务折衷

——读《中国古代美学思想研究方法论》

薛富兴[*]

摘要： 朱志荣教授的《中国古代美学思想研究方法论》全面总结了 20 世纪以来中国美学研究的历史经验和路径，对于新世纪中国美学怎样自我深化，提出了一套具可操作性的路线图。本著作者分别就"追源溯流"、"阐释资源"、"借鉴西方"、"整合概念"、"建构体系"和"印证实践"六个专题展开讨论，视野宏阔、思路细密，立论公允，其出版标志着中国美学研究界整体上的学科意识自觉和学术研究方法的自觉。

关键词： 朱志荣　《中国古代美学思想研究方法论》　追源溯流　建构体系

朱志荣教授的《中国古代美学思想研究方法论》是其主编的"中华美学精神丛书"中的一本。若从中国美学学科方法自觉的角度看，此书亦可理解为"中华美学精神丛书"的总结、压卷之作。《中国古代美学思想研究方法论》全面总结了 20 世纪以来中国美学研究的历史经验和路径，对于中国美学到底是什么，中国学者立足新的时代语境，中国美学到底应当怎样研究这样的基础性问题，该著画出了一个学思沉着、视野宏阔的路线图。某种意义上说，该著的出版标志着中国美学研究界整体上的学科意识自觉

---

[*]　薛富兴，南开大学哲学院教授，主要研究方向为美学理论、中国美学、环境美学、中国哲学及环境哲学。

和学术研究方法的自觉。

一

除绪论和第一章属于总论外，从第二章开始，作者分别就"追源溯流"、"阐释资源"、"借鉴西方"、"整合概念"、"建构体系"和"印证实践"六个专题展开讨论，因为作者认为它们是构成中国美学研究必须关注的六个要点。

"追源溯流"是中国传统学问的基础性路径。中国古代历史意识强烈、史学发达。不仅官方撰写的全盘描述性正史如此，自《文心雕龙》问世以来，任何一种专题性质的文化研究，均普遍性地具有"振叶以寻根，观澜而索源"的溯源情结，即论古以知今的历史意识。因此，作者所概括的"追源溯流"可谓治中国美学的第一门径。关于"追源溯流"，作者具体论及以下几个方面：历史意识、中国古代美学思想产生的历史语境、中国历代审美意识研究、"辨章学术，考镜源流"、经典意识，以及"正本清源，匡正风气"。比如，作者强调从《周易》这部经典中提炼出"通变"观，这一观念大有益于我们在中国美学研究中处理古今关系与中西关系。因为依《周易》的通变观，目前中国美学研究中所遇到的时间一维的古今会通、空间一维的中西会通、特定审美现象与观念中的"变与常的统一"，以及"抽象继承与具体继承的统一"，都不存在逻辑上的障碍。基于如此认识，作者自信地指出：

> 中国古代美学思想体现了通变规律，说明中国古代美学思想具有开放性特征。我们今天了解中国古代美学思想的通变规律，目的主要在运用于当代美学理论体系的建构……中国传统的美学思想，不仅是世界美学遗产的重要组成部分，而且具有自身的独特性。中国古代对审美问题的丰富见解，有些与西方是可以相互印证的。[①]

"阐释资源"论如何立足现代学术要求，通过自觉的学术阐释，有效激活传统美学思想资源，以服务于当代中国美学建设。作者将"阐释"的前

---

① 朱志荣：《中国古代美学思想研究方法论》，安徽教育出版社，2022，第 94~95 页。

提——"理解"分为以下三种：对传统思想的认知、美学专业知识背景以及作为理解主体和阐释主体的审美经验。作者认为，这是当代中国美学研究者不得不承认，且最好是充分自觉了的"阐释"前提。对于具体的阐释方法，作者强调"与乎其内"与"出乎其外"相结合，强调"话月"与"指月"的统一，以及"六经注我"与"我注六经"的统一：

> 我们今天继承中国古代的阐释方法，应当提倡"我注六经"与"六经注我"的统一，继承传统和发展创新的统一，照着讲和接着讲的统一。①

在对中国既有美学思想资源有了充分理解之后，今人对古代资源到底应当做出怎样的评估才算恰当公允呢？作者在此贡献了一个极机智的类比：

> 这种判断更应该像是法官，而非律师。律师无论是站在被告的立场上，还是站在原告的立场上，目标都是替他们辩护。法官固然需要看到被告和原告各自的责任，但不能像律师那样预设立场，而应该作出公正的评判。②

这便是提醒我们：当代学者在面对古代思想资源时，需有最大的客观性态度，不预设其是否具有普遍性，以及是否能融入当代学术。需要的是同情式的理解和细致的辨析与论证，在此基础上，才能继而谋求对既有传统做创造性的发扬光大。

"美学"作为20世纪"西学东渐"的具体文化成果之一，本来就是来自西方近代的人文学科。对20世纪及以后的中国学者而言，西方美学的观念与方法是中国美学自我认知的一个无法回避的前提性参照。面向未来，恐怕我们也必须与西方学术同行相并而行，无法做最纯粹的中国美学。正因如此，"借鉴西方"也就成为作者思考中国美学方法论的一个必要项目。可贵的是，作为一个长期浸润于中国美学研究的学者，作者对西方美学资源持积极的开放态度：

① 朱志荣：《中国古代美学思想研究方法论》，安徽教育出版社，2022，第119页。
② 朱志荣：《中国古代美学思想研究方法论》，安徽教育出版社，2022，第114页。

　　在西方美学理论的参照下更加深刻、准确地把握中国美学的特点，才能把中国传统的审美范畴和思想安置到中西方可以对话的层面，进而建立起全球视野下的中国美学理论体系……只有对西方美学理论和文化有较为深入了解的中国学者，才能在全球化视野中对中国美学理论作出现代阐释和创造性的发展，为世界美学作出自己的贡献。①

　　与此同时，与许多专门从事西方美学与文化研究的学者不同，作者对中国古代美学所具有的民族文化特色之外的普遍性价值，具有敏锐洞察和坚定信仰：

　　　　中西美学尽管在理论形态和论证方式上截然不同，但是在具体美学思想上有着许多共识。因此，中西美学思想的相互印证是必要的……中国古代美学思想作为中国古人审美经验的概括和总结，是人类共同的精神财富，理应获得重视。②

　　这与 20 世纪以来主流的中国美学研究思路迥然不同。整个 20 世纪，以西方美学为镜鉴，中国学者研究自己的审美传统，主要发现了中国审美传统与西方审美与文化传统的巨大差异。面对这种显著差异，其主体性的学术立场便是强调中华民族审美个性，强调中西差异。例如，中国美学是经验美学，西方美学是理论美学；西方艺术强调典型，中国艺术强调意境；等等。但是，若中西美学（极言之，中外美学）全然地只有差异，没有任何可以共享的部分，那么，艺术与美学这些概念便成为不可理喻、大可不必的虚构。意识到中西美学间存在共性，中国美学思想资源也具有普遍性，强调中国美学研究的普遍性或全球视野，这应当是新世纪中国美学的重要收获，作者在该著所表达的崭新学术立场便是此种收获的典型案例。

　　"整合概念"论如何对待和处理中国古代美学的相关概念。对于中国古代美学概念的特征，作者总结为三个方面：一曰"中国古代美学术语大都是在哲学术语的基础上，结合文学艺术实践向前延伸的"；二曰"艺际交流

---

① 朱志荣：《中国古代美学思想研究方法论》，安徽教育出版社，2022，第 135 页。
② 朱志荣：《中国古代美学思想研究方法论》，安徽教育出版社，2022，第 141 页。

对中国美学术语发展有着重要影响"；三曰"借用日常术语，又超越日常一般的认知，赋予其审美的含义，具体表达主体的审美体验"①，可谓独得而又允当。总体而止，与西方美学术语相比，中国古代的美学术语是开放性的，缺少内涵与外延的明确界定。就范畴而言，"一方面，中国古代美学范畴植根于中国古代哲学范畴；另一方面，古人又从艺术创作和批评实践中提炼出一些范畴来"②。如此概括地描述中国古代美学范畴的基本特征，可谓事半功倍。对当代研究者而言，明了了上述特征，需要做的便是既明其优势——基于哲学，而又得之于具体的审美经验；又当警惕其局限，在以今释古的过程中自觉强化其必要的学术界定环节。

"建构体系"问题肯定是一种"现代性"的学术诉求，因为传统的学问并不留心于此。对于中国美学研究中的"体系性"问题，作者首先肯定其必要性：

> 美学学科建设中的体系意识和概念的体系化是现代意识的体现，我们要兼顾中国古代美学思想的内在体系和当代要求，建构中国美学理论体系，以便与西方美学理论共存互补，使人们在思想方法和思维方式上获得启示，丰富人类的美学理论宝库。③

对于建构中国美学理论体系的基本思路，作者提出：

> 我们需要借鉴西方美学方法和学术范式，在当代语境下对中国古代美学思想进行重构，自觉地实行中西参证和比较，以适应当下国内和国际审美实践的需要，为最终会通中西的目标服务，从中体现出现代性和世界性视野。④

如此宏大的学术视野和周全的逻辑理路明显地超越了美学的传统形态，我们可以将其理解为中国美学理论当代性的重要证明。

作者认为，"建构体系"不仅是当代学术要求，更因中国古代美学自有

---

① 朱志荣：《中国古代美学思想研究方法论》，安徽教育出版社，2022，第164~165页。
② 朱志荣：《中国古代美学思想研究方法论》，安徽教育出版社，2022，第168页。
③ 朱志荣：《中国古代美学思想研究方法论》，安徽教育出版社，2022，第188页。
④ 朱志荣：《中国古代美学思想研究方法论》，安徽教育出版社，2022，第193页。

一个"潜体系"：

> 中国古代美学思想资源的潜在体系以中国古代哲学的潜在体系为
> 基础……建构中国美学理论体系需要对其中潜在的体系顺势而为，重
> 在揭示出中国古代美学的原创性特征。①

这样的论证最为有力，它使体系建构的努力不仅是一种当代学者的主
观努力，同时自有其古代思想资源自身特性的根基。令人可喜的是，在当
代中国美学理论体系建构这一学术努力上，作者不仅提出了上述极周全的
思路，更有其自身独特的学术个案以示范于同行，那就是作者近年来所提
出的"以意象为中心的"美学理论体系。在此体系中，作者努力以"意象"
范畴为灵魂，将相关的古代美学重要思想资源整合为一个脉络明晰的有机
体，使中国美学体系由"潜在"而"实然"，岂不伟哉！作者已然以"意
象"范畴为中心，建构出一个覆盖了以下五个方面的阐释系统：一曰意象
的界定；二曰意象本体论；三曰意象价值论；四曰艺术意象论；五曰意象
与意境等相关范畴论。②在当代中国古代美学研究界，叶朗先生首倡"意象"
范畴对中国美学的核心意义，以及它对整个美学理论的普遍性理论价值。
该著作者朱志荣教授则继而将其演绎为一套骨架清晰的美学理论体系，以
之阐释人类审美活动的各个环节。朱志荣教授的"意象"论美学，如同陈
望衡先生的"境界"论美学一样，乃当代中国美学理论的重要学术收获，
它们是当代中国美学超越民族特色论阶段，进入一个以普遍性学术视野重
新审视中国传统美学的固有价值，从而以普遍性学术视野谋求中西美学会
通的新阶段。相反，那种仅以民族审美个性谋求平等学术对话的思路则值
得反思。

"印证实践"乃该著的最后一个专题。"印证实践"之所以重要，是因
为除了其形而上的哲学潜在体系支撑外，中国古代美学中大部分思想资源
得之于艺术创造与欣赏的理性反思和总结，各门类艺术创作经验与鉴赏批
评构成中国古代美学思想的主体部分。中国美学既然在源头上具此显著特
征，当代的美学理论建构便不宜与之背道而驰，而当尽可能地接续此传统。

---

① 朱志荣：《中国古代美学思想研究方法论》，安徽教育出版社，2022，第 196 页。
② 朱志荣：《中国古代美学思想研究方法论》，安徽教育出版社，2022，第 204~205 页。

这一思路落到实处，便是作者所主张的审美意识对美学理论的印证。唯获得此印证，理论才有根底：

> 美学思想必须依托于审美意识，才能成为有本之木，有源之水。美学思想的合理性和深刻性，可以从审美意识中得到验证。①

作者以王国维的美学研究为典型范例，揭示了将开阔的学术视野、优良的知识结构、精致的审美趣味，以及严密的哲学思辨汇为一体，可以成就一种怎样优质的美学研究成果。

上述诸节，欲挂一漏万地展示作者在该著中所示范的中国美学研究方法之基本思路。

二

《中国古代美学思想研究方法论》是一本有见地的学术著作，是作者数十年从事中国美学研究后自家体贴出来的治学心得。有反思，因而有超越、有建树。作者为何会如此自信地谈论如何宏观性的方法论问题，在谈论过程中为何能对本领域几乎所有问题如数家珍，在面对研究路径所面临诸多针对性很强的问题时，作者的思路为何又能如此绵密、周全？那是因为作者在该著的撰写中真正做到了厚积而薄发。

此外，作者的学术研究视野十分开阔，几乎同时用力于中国美学史、美学理论、西方美学、艺术哲学、中西比较美学等诸领域。一方面，由于作者在上述诸领域均曾持续用心，故而当他总结性地盘点各领域的传统、问题与出路时，总是能头头是道，体现了极好的学术积累。更重要的是，由于作者曾持续地用力于西方美学与中西美学比较研究，他在探究什么是中国美学的自身特色，以及如何以更理想的方式研究中国美学这些问题时，自然与许多仅熟悉中国美学传统的研究者在思路与视野上大不相同。该著表现出自觉地通会古今中西方的意识，在思维与心态两个层面表现出一种难得的圆融与从容，这是作者学术研究已入老成之境的重要体现。

该著首先是作者从事数十年美学研究的个人性学术经验总结，故而体

---

① 朱志荣：《中国古代美学思想研究方法论》，安徽教育出版社，2022，第222页。

现了其个体性的学术方法自觉。但是，由于作者在推出何为理想的中国美学研究之前，在当代中国美学应当何以自处这样的关键问题上，认真、全面地总结了 20 世纪后期数十年的学界经验，特别是教训，诸如中国美学研究界在面对古今、中西张力时所表现出的种种偏执。所以，我们同时应当将该著理解为面对整个中国美学研究界的学术反思，一定意义上可将其理解为一部中国美学研究的学术史。作者在该著中处处表现的"允执厥中"智慧，在某种意义上可理解为当代中国美学研究界的一种集体无意识———一种群体性的学术自觉。自此，中国美学研究已然是一个思路成熟的学科，当代中国美学已然走过独奉某种美学的阶段，学界同人表现得视野开阔、心态超然，他们足可理解一切有价值的东西，无论古今中西，他们有反思一切的能力，包括对自己最钟爱的本民族文化传统的反思。在新的时代，也心存一份返本开新的学术抱负。

三

对于作者在该著中所勾勒出的这份中国美学思想史研究方法路线图，笔者乐于接受，服膺之极。诚心赞赏之外，笔者愿就中国美学研究在新世纪如何走向深化之路问题，略陈陋见，以示补充。

整体而言，21 世纪的中国美学研究进入一个自我深化的阶段。从大方向上说，该著作者所揭示的普遍性意识，即从美学科学的普遍性眼光，发掘中国古代美学思想资源中具有普遍性审美阐释价值的东西，是当代中国美学"返本开新"的有效途径。如何将这种"普遍性"思路落到实处？笔者以为，从空间上说，分领域的专题性审美形态研究——自然审美、工艺审美、艺术审美与生活审美等，似可成为有价值的着力点。我们可以在中国美学史的部门美学研究中，努力提炼出一些足以进入美学基础理论，足以言说人类自然审美、工艺审美、艺术审美与生活审美普遍性规律的观念成果。从时间上说，我们可以重新进入中国美学通史、断代史和领域史的研究，通过重新梳理中国古代审美各领域、各阶段的发展史，寻找人类审美意识各阶段具有普遍性阐释价值的发展规律，以此深化和细化我们对作为整体的人类美学史或世界美学史的认识。这样一来，宏观的普遍视野可以与具体的时空两方面专题研究结合起来，或许会有促进 21 世纪中国美学研究之效。关于中国美学研究的普遍性视野，用笔者的话表述，便是"以中华审美的特殊性材料，研究人类审美的普遍性问题"①。

并不是所有的中国古代美学思想资源都具有美学理论意义上的普遍性，就像并非所有的中国古代美学思想资源只能言说中华审美的民族文化个性一样，一种只有民族审美文化个性，而不具任何意义、程度的人类审美文化普遍性的民族审美文化传统是不可想象的。最有建设意义的工作是在人类审美共性积累上，各民族各自努力，共同努力，共识累进，积少成多，以成全天下之共美与大美，而非解构性地做减法：你的不具普遍性，他的也不具普遍性，等等。如此以往，艺术学与美学情何以堪？

Analyzing Thoroughly and Seeking Balance—Reading the *Methodology of Research on Ancient Chinese Aesthetic Thoughts*

Xue Fuxing

Abstract: Professor Zhu Zhirong's book, *Methodology of Research on Ancient Chinese Aesthetic Thoughts*, comprehensively summarizes the historical experience and paths of research on Chinese aesthetic since the 20th century. He proposes a set of operable roadmaps for how Chinese aesthetics self-deepen in the new century. With a broad vision, detailed thinking, and fair arguments, the author discusses six topics in the book, including "tracing the source", "interpreting resources", "borrowing from the West", "integrating concepts", "constructing systems", and "verifying practice". The publication of this book represents the overall self-awareness of discipline consciousness and academic research methods in the field of Chinese aesthetic research.

Keywords: Zhu Zhirong; *Methodology of Research on Ancient Chinese Aesthetic Thoughts*; Tracing the Source; Constructing Systems

---

① 关于中国美学研究的"普遍性视野"，可参见薛富兴《中国美学研究的深化途径》，《光明日报》2003 年 12 月 23 日；《普遍意识：中国美学研究自我超越的关键环节》，《江海学刊》2005 年第 1 期。

《中国美学》稿约

　　《中国美学》是以研究中国美学（包括古代和现代两大部分）为主的学术集刊，尤其侧重中国古代美学和审美文化的研究，兼及中西美学比较研究。

　　本集刊热诚欢迎海内外专家学者赐稿。

　　来稿注意事项有七。

　　1. 论文须严格遵守学术规范。

　　2. 除本集刊特约稿件外，以不超过 10000 字为宜，并附作者简介。

　　3. 为方便联系，请作者投稿时提供方便快捷的联系方式，包括作者的真实姓名、工作单位、职务职称、通信地址、邮政编码、联系电话和电子邮箱等。

　　4. 本集刊保留在不违背作者基本观点的前提下对稿件进行删改的权利，如不同意删改，请在投稿时予以说明。

　　5. 限于人力等原因，本集刊不予退稿，敬请作者谅解并请自留底稿。

　　6. 格式要求：

　　（1）中文文字，除个别情况下须用繁体或异体外，一律使用简化汉字。正文用五号宋体，成段落的引文退 2 格排版，用五号楷体。

　　（2）请在正文前提供论文提要 300 字左右，关键词 3~5 个。

　　（3）请提供论文题目、摘要、关键词的英文译文。

　　（4）文中大段落的小标题居中，序号与标题之间空一格，不用标点。

　　（5）注释请一律使用脚注，每页重新编号。

　　格式举例：

　　著作：

　　陈寅恪：《隋唐政治史论述》，上海古籍出版社，1997，第 3 页。

译著：

〔英〕蔼理士：《性心理学》，潘光旦译，商务印书馆，1999，第739页。注意：国家用〔〕而非（）。

古籍抄、刻本：

（清）钱谦益：《牧斋初学集》卷29《洪武正韵笺序》，《四部丛刊本》。

古籍排印本：

（清）钱谦益：《牧斋有学集》卷34，上海古籍出版社，1996年影印本，第1页。

论文：

邓立光：《从〈孝经〉说中国传统文化的精神》，《中国文化研究》2006年第1期。

论文集论文：

巨涛：《论〈金瓶梅〉中的西门氏族社会》，见杜维沫、刘辉编《金瓶梅研究》，齐鲁书社，1988，第15页。

外文：按各语种规定的注释体例，比如英文，书名和杂志名用斜体，论文用引号等。

注释中文文献卷、册、期等采用阿拉伯数字，比如，王船山：《读通鉴论》卷27，《船山全书》第10册，岳麓书社，1992，第123页。

7. 来稿可直接发送至《中国美学》电子邮箱 zgmxjk@163.com。

《中国美学》编辑部

图书在版编目（CIP）数据

中国美学. 第 16 辑 / 邹华主编 . --北京：社会科
学文献出版社，2024. 12. --ISBN 978-7-5228-5134-1

Ⅰ. B83-53

中国国家版本馆 CIP 数据核字第 2025NB2980 号

中国美学（第 16 辑）

主　　编／邹　华
副 主 编／杜道明　徐　良

出 版 人／冀祥德
责任编辑／罗卫平
文稿编辑／李小琪
责任印制／岳　阳

出　　版／社会科学文献出版社·人文分社（010）59367215
　　　　　地址：北京市北三环中路甲 29 号院华龙大厦　邮编：100029
　　　　　网址：www. ssap. com. cn
发　　行／社会科学文献出版社（010）59367028
印　　装／三河市龙林印务有限公司

规　　格／开本：787mm×1092mm　1/16
　　　　　印张：20. 5　字数：333 千字
版　　次／2024 年 12 月第 1 版　2024 年 12 月第 1 次印刷
书　　号／ISBN 978-7-5228-5134-1
定　　价／128. 00 元

读者服务电话：4008918866